国家出版基金项目
NATIONAL PUBLICATION FOUNDATION

现代农业科技专著大系

细胞学与遗传学
Cytology and Genetics

[印]萨米特拉·森
Sumitra Sen

迪帕克·库玛·卡
Dipak Kumar Kar

编 著

潘家驹 刘 康 周宝良 译

图书在版编目（CIP）数据

细胞学与遗传学/（印）森（Sen，S.），（印）卡
（Kar，K.D.）编著；潘家驹，刘康，周宝良译 .—北京：
中国农业出版社，2012.12
（现代农业科技专著大系）
ISBN 978 - 7 - 109 - 17186 - 2

Ⅰ.①细…　Ⅱ.①森…②卡…③潘…④刘…⑤周…
Ⅲ.①细胞学②遗传学　Ⅳ.①Q2②Q3

中国版本图书馆 CIP 数据核字（2012）第 220576 号

中国农业出版社出版
（北京市朝阳区农展馆北路 2 号）
（邮政编码 100125）
策划编辑　舒　薇　赵立山　杨金妹　贺志清
文字编辑　郭　科
————————————————————
中国农业出版社印刷厂印刷　新华书店北京发行所发行
2012 年 12 月第 1 版　2012 年 12 月北京第 1 次印刷
————————————————————
开本：787mm×1092mm　1/16　印张：19.75
字数：450 千字
定价：120.00 元
（凡本版图书出现印刷、装订错误，请向出版社发行部调换）

前　　言

　　遗传学是关于遗传的科学，是包括宇宙所有生物在内的关于生物学的统一学科。遗传规律具有普遍性。对染色体的研究是遗传学研究的基础，因为它是基因的载体、遗传的媒介。从细胞到分子水平对染色体进行最详尽的分析，揭示遗传物质的位点及其行为是遗传学必不可少的研究。因此，细胞学科或细胞学，包括染色体和细胞器，是研究遗传学的前提。这两种学科，细胞学和遗传学，即细胞遗传学，揭示了遗传物质、遗传行为和传递的完整图像。与此同时，彼此互不相同的生物的进化，主要是通过基因的数量或结构的改变而得来的。因此，本书包括三门学科，即细胞学、遗传学和进化。

　　遗传学学科的起源应归功于孟德尔遗传规律的发现以及 19 世纪后半期 Baranetsky 提出的染色体的概念。遗传学学科的真正构成是在 20 世纪初期形成的。而关于基因确切的化学属性知识及其表达机制方面的突破，是在于 1953 年 Watson 和 Crick 发现的 DNA 双螺旋结构，这一结构可以解释基因的所有属性。这之后的一系列发明和创造，导致遗传语言的确立。解释基因的核酸语言翻译成为蛋白质的氨基酸语言的机制的密码概念是一个重大的发展。一旦基因和遗传密码的属性得到认识，技术上的惊人发展将会导致这样的事实，基因可以被分离、合成、分析，并且可以被改造，被从一种有机体直接转移到另一种有机体上。这种培育转基因作物的新技术，结合传统的作物改良方法，如通过突变、染色体变异和杂交等所产生的影响，简直难以估量。

　　同时，作为遗传物质或基因的载体，需要用精细方法进行染色体的结构分析。这些研究已经导致在显微水平上对染色体基因进行精确定位，进而使对其进行调控成为可能。这些染色体和基因知识相结合，通过细胞及分子的方法，已经大量应用于工业、农业和医药领域。在过去的 50 年特别是近 20 年间，这一学科的发展已经使遗传学置身于所有学科的前沿。科学家现在既可以应用传统的突变和育种方法，又可以通过遗传工程方法直接调控基因来改良生物。这些基础知识的增加，也导致对进化本质的理解。对达尔文理论中有关进化体制以及物种起源的概念，现在有了更加全面的理解。

　　本书试图提供学生关于细胞学和遗传学基础、应遵循的定律，孟德尔遗传学理论及其以后的发展以及应用的策略。

　　无论通过传统方法还是现代遗传工程方法所取得的进展，包括成就和范围，已经清楚地介绍给读者了。关于进化的原理，已由不同作者根据不同学说及目前情况加以阐述，并在本书最后加以讨论。如果本书不仅能够满足现代课程对学生的要求，而且还能激发学生们对这些学科产生兴趣，那么就成功实现了作者的用意。

Sumitra Sen
Dipak Kumar Kar

目　　录

前言

第一章　导论 ………… 1

一、细胞学 ………… 1

二、遗传学 ………… 1

三、细胞遗传学 ………… 1

第二章　细胞 ………… 4

一、原核细胞与真核细胞 ………… 4

二、植物细胞与动物细胞 ………… 5

三、细胞的构造 ………… 6

  （一）细胞壁 ………… 6

    1. 结构 ………… 6

    2. 超微结构 ………… 7

    3. 起源 ………… 7

    4. 功能 ………… 8

  （二）细胞膜 ………… 8

    1. 组成 ………… 8

    2. 结构 ………… 8

    3. 功能 ………… 9

  （三）原生质体 ………… 9

  （四）内质网 ………… 9

    1. 结构 ………… 9

    2. 功能 ………… 10

  （五）高尔基复合体 ………… 10

    1. 结构 ………… 10

    2. 起源 ………… 11

    3. 功能 ………… 12

  （六）核糖体 ………… 12

    1. 结构 ………… 12

    2. 生物发生 ………… 14

    3. 功能 ………… 15

  （七）线粒体 ………… 15

    1. 结构 ………… 15

    2. 起源 ………… 17

    3. 功能 ………… 17

    4. 半自主性 ………… 17

  （八）质体 ………… 18

  （九）绿色质体 ………… 18

    1. 结构 ………… 18

    2. 起源 ………… 20

    3. 功能 ………… 20

    4. 半自主性 ………… 20

  （十）溶酶体 ………… 21

    1. 结构 ………… 21

    2. 功能 ………… 22

  （十一）微体 ………… 22

    1. 结构 ………… 22

    2. 功能 ………… 22

  （十二）微管 ………… 22

    1. 结构 ………… 23

    2. 功能 ………… 23

  （十三）中心体 ………… 23

    1. 结构 ………… 23

    2. 功能 ………… 23

  （十四）液泡 ………… 23

  （十五）细胞核 ………… 24

    1. 结构 ………… 24

    2. 功能 ………… 26

  小结 ………… 26

第三章　染色体 ………… 27

一、染色体的数目和大小 ………… 27

二、染色体的结构与形态 ········ 28
　　1. 染色线和染色粒 ········ 28
　　2. 染色单体 ············ 28
　　3. 初级及次级缢痕 ········ 28
　　4. 着丝粒 ·············· 29
　　5. 次级缢痕和随体 ········ 30
　　6. 端粒 ················ 31
　　7. 染色质——异染色质及常
　　　染色质 ·············· 31

三、核型和核型模式图 ········ 34
四、染色体的化学组成 ········ 34
五、染色体的分子组织 ········ 34
　　1. 折叠纤维模式 ········ 35
　　2. 核小体模式 ·········· 35
　　3. 螺旋管模型 ·········· 37

六、染色体的特殊模式 ········ 39
　　（一）副染色体 ·········· 39
　　（二）灯刷染色体 ········ 40
　　（三）多线染色体 ········ 40
　　（四）性染色体 ·········· 41
　　小结 ················ 41

第四章　核酸 ·············· 43

一、脱氧核糖核酸（DNA） ···· 43
　　（一）DNA 的成分 ········ 43
　　　1. 磷酸 ·············· 43
　　　2. 糖分子 ············ 43
　　　3. 有机碱 ············ 43
　　（二）DNA 的分子结构（Watson
　　　和 Crick 模型） ········ 45
　　　1. 核苷 ·············· 45
　　　2. 核苷酸 ············ 45
　　　3. 多聚核苷酸 ········ 45
　　　4. 双螺旋 ············ 45
　　（三）DNA 的构型 ········ 48
　　（四）DNA 复制 ·········· 49
　　　1. 半保留复制的证据 ···· 51

　　　2. DNA 复制的机理 ······ 53
　　（五）DNA 作为遗传物质的
　　　证据 ················ 56
　　　1. 转化试验 ·········· 57
　　　2. Hershey-Chase 试验 ···· 57
　　（六）DNA 含量和 C 值矛盾 ·· 61
　　（七）独特 DNA 与重复 DNA ·· 61

二、核糖核酸（RNA） ········ 62
　　（一）信使 RNA（mRNA） ·· 63
　　　1. 结构 ·············· 63
　　　2. 转录与加工 ········ 63
　　　3. 功能 ·············· 64
　　（二）核糖体 RNA（rRNA） ·· 64
　　　1. 类型 ·············· 64
　　　2. 转录与加工 ········ 64
　　　3. 功能 ·············· 64
　　（三）转移 RNA（tRNA） ···· 65
　　　1. 结构 ·············· 65
　　　2. 转录与加工 ········ 66
　　　3. 功能 ·············· 66
　　小结 ················ 67

第五章　细胞周期 ·········· 68

一、细胞周期的时期 ·········· 68
　　（一）中间期 ············ 68
　　（二）分裂期 ············ 68
二、细胞周期的调控 ·········· 69
三、有丝分裂 ················ 72
　　1. 前期 ·············· 72
　　2. 中期 ·············· 72
　　3. 后期 ·············· 72
　　4. 末期 ·············· 72
　　5. 胞质分裂 ·········· 73
四、减数分裂 ················ 73
　　（一）减数分裂 I ········ 73
　　　1. 前期 I ············ 73
　　　2. 中期 I ············ 75

3. 后期Ⅰ ……………………… 75
4. 末期Ⅰ ……………………… 75
（二）减数分裂Ⅱ ……………… 75
（三）减数分裂Ⅰ和减数分裂Ⅱ的
重要性 ……………………… 75
（四）联会丝复合体 ……………… 76
（五）减数分裂的意义 …………… 77
小结 …………………………………… 78

第六章　孟德尔遗传 ………………… 80
一、乔治·约翰·孟德尔 ……………… 80
（一）孟德尔的试验材料豌豆 …… 80
（二）孟德尔选择的豌豆植株的
性状 ………………………… 80
二、孟德尔的试验 …………………… 82
（一）单基因杂种杂交 ………… 82
1. 孟德尔假设 ……………… 82
2. 孟德尔结论 ……………… 83
（二）双基因杂种杂交 ………… 84
1. 双基因杂种杂交的解释 … 84
2. 孟德尔结论 ……………… 87
（三）三基因杂种杂交 ………… 87
（四）多基因杂种杂交 ………… 87
三、和孟德尔遗传有关的词语 …… 87
（一）回交和测交 ……………… 88
（二）庞纳特方格 ……………… 89
四、孟德尔定律的染色体基础 … 89
小结 …………………………………… 91

第七章　基因的表达和互作 ……… 92
一、不完全显性或混合遗传
——1：2：1 ………………… 93
二、共显性 …………………………… 93
三、超显性 …………………………… 93
四、致死因子——2：1 …………… 94
1. 隐性致死 ………………… 94
2. 显性致死 ………………… 95

3. 条件性致死 ………………… 95
4. 平衡致死 …………………… 95
5. 配子致死 …………………… 95
6. 半致死基因 ………………… 95
五、复等位基因 ……………………… 95
六、同等位基因 ……………………… 96
七、简单互作——
9：3：3：1 ………………… 96
八、互补因子——9：7 …………… 97
九、上位性 …………………………… 97
1. 隐性上位性——9：3：4 或
补加因子 …………………… 99
2. 显性上位性——12：3：1 … 99
十、抑制因子——13：3 ………… 99
十一、具有部分显性的抑制
因子——7：6：3 ……… 100
十二、多态基因——9：6：1 …… 101
十三、重复基因——15：1 ……… 102
十四、具有显性修饰作用的重复
基因——11：5 ………… 102
十五、多因子——1：4：6：4：
1/1：6：15：20：15：
6：1 ……………………… 103
小结 …………………………………… 105

**第八章　连锁、交换及基因
作图** ………………… 106
一、相引和相斥假设 ……………… 106
二、连锁 ……………………………… 107
1. 连锁群 …………………… 107
2. 完全连锁 ………………… 109
3. 不完全连锁 ……………… 109
三、交换 ……………………………… 109
交换的主要特点 …………… 110
四、交换的细胞学基础 …………… 111
1. Stern 的果蝇试验 ……… 111

2. Creighton 和 McClintock 的
玉米试验 ············· 111
3. 影响交换的因素 ········· 114
五、交换和交叉形成之间的
关系 ················· 114
1. 传统学说（交叉双面
学说） ············· 114
2. 交叉类型学说 ········· 114
3. 交换的（分子）机制 ····· 114
六、三点测交法基因作图 ······ 120
七、干扰与并发 ············· 123
八、细胞学图谱与遗传图谱 ····· 123
小结 ················· 127

第九章　性别决定与性连锁
遗传 ················· 128

一、性别决定 ············· 128
（一）染色体的性别决定 ····· 128
1. 雌性 XX 和雄性 XY 型 ··· 129
2. 雌性 XY 和雄性 XX 类型 ··· 129
3. 雌性 XX 和雄性 XO 类型 ··· 130
4. 雌性 XO 和雄性 XX 类型 ··· 130
5. 雌性 XO 和雄性 XY_1Y_2
类型 ············· 130
6. 雌性二倍体和雄性单倍体
类型 ············· 130
（二）基因的性别决定 ······· 131
（三）激素的性别决定 ······· 132
（四）环境的性别决定 ······· 132
二、性连锁遗传 ············· 133
（一）性连锁性状 ········· 133
1. X 染色体连锁遗传 ····· 133
2. Y 染色体连锁遗传 ····· 135
3. X - Y 染色体连锁遗传 ··· 136
（二）性别影响性状 ········· 137
（三）性别限制性状 ········· 139
小结 ················· 140

第十章　细胞质遗传（母性
遗传） ············· 141

一、核外基因与核基因控制
性状的区别 ············· 141
1. 正反交差异 ············· 141
2. 缺少分离、无规律分离、
体细胞分离 ········· 142
3. 缺乏染色体定位 ········· 142
4. 与细胞器 DNA 的联系 ····· 142
5. 通过回交转移核基因组
（染色体组） ········· 142
二、和细胞器有关的细胞质
遗传 ················· 142
1. 质体遗传 ············· 142
2. 植物中的雄性不育 ······· 144
3. 小菌落脉孢菌 ········· 144
三、母性效应 ············· 146
四、与感染遗传颗粒有关的
母性遗传 ············· 147
小结 ················· 149

第十一章　染色体的数量变异
与结构变异 ········· 150

一、染色体的数量变异 ········· 150
（一）非整倍性 ············· 150
1. 单体性 ············· 151
2. 缺体性 ············· 152
3. 三体性 ············· 152
4. 四体性 ············· 152
5. 非整倍性的重要性 ······· 152
（二）整倍体 ············· 154
1. 整倍体的类型 ········· 154
2. 多倍体的起源 ········· 161
3. 多倍性的诱导 ········· 161
4. 多倍体的外部特性和
生理学变化 ········· 162

5. 多倍体的重要性 ……… 164

二、染色体的结构改变——
　　染色体的变异 ……… 165
1. 缺失 ……………… 166
2. 重复 ……………… 168
3. 倒位 ……………… 170
4. 易位 ……………… 172
5. 染色体结构改变的效应 … 175
6. 其他的染色体变异 …… 176

三、染色体畸变的重要性 …… 179
1. 在进化上的作用 …… 179
2. 遗传分析上的作用 … 179
3. 植物育种中的作用 … 179

四、染色体片段及其畸变的
　　鉴定 ……………… 179
1. 染色体显带 ……… 180
2. 原位杂交 ………… 181

小结 …………………… 182

第十二章　突变 …………… 184

一、突变的类型 …………… 184
1. 形态学突变 ……… 184
2. 致死突变 ………… 184
3. 生物化学突变 …… 184
4. 抵抗突变 ………… 184
5. 条件突变 ………… 184
6. 体细胞生殖细胞突变 … 184
7. 错义突变 ………… 185
8. 无意义突变 ……… 185
9. 沉默突变 ………… 185
10. 抑制突变 ………… 185

二、自发突变与诱致突变 …… 185
三、突变的分子基础 ……… 186
（一）突变产生的方式 …… 186
1. 碱基对替换 ……… 186
2. 移码突变 ………… 187
（二）突变机制 …………… 187

1. 自发突变的机制 …… 187
2. 诱致突变的机制 …… 189

四、DNA 修复 …………… 196
1. 光复活作用 ……… 196
2. 烷基转移酶 ……… 196
3. 切割修复 ………… 196
4. 错配修复 ………… 196
5. SOS 修复 ………… 196

五、突变的检测 …………… 197
六、突变的重要性 ………… 197
小结 …………………… 198

第十三章　遗传密码 ……… 199

一、遗传密码的特征 ……… 199
1. 三联体密码子 …… 199
2. 密码子无重叠 …… 201
3. 密码子的简并 …… 202
4. 密码子无逗点 …… 203
5. 密码子无歧义 …… 203
6. 密码子的通用性 … 203

二、破译密码子：密码子
　　注释 …………………… 204
1. 同聚物技术（多聚 U
　　试验）…………… 204
2. 共聚物技术 ……… 204
3. 结合技术 ………… 204
4. 重复序列共聚物 … 204

三、密码子字典 …………… 205
1. 起始密码子 ……… 206
2. 终止密码子 ……… 206
3. 摇摆假说 ………… 206
小结 …………………… 206

第十四章　基因的现代概念 … 208

一、基因的性质 …………… 208
二、基因和酶的关系 ……… 209
1. 一个基因一个酶假说 … 209

2. 人类的证据 ……… 210

3. 一个基因一个多肽概念 …… 211

三、基因的再分（基因的细微
结构） ……… 212

四、断裂基因：外显子和
内含子 ……… 213

五、重叠基因和内含基因 … 215

六、移动基因 ……… 216

1. 插入序列 ……… 216

2. 转座子 ……… 217

七、拟等位基因 ……… 219

八、假基因 ……… 220

九、自在基因 ……… 220

小结 ……… 220

**第十五章　蛋白质合成及其
调控** ……… 222

一、中心法则 ……… 222

二、转录 ……… 222

（一）原核生物的转录 … 222

1. 起始 ……… 222

2. 延长 ……… 223

3. 终止 ……… 225

（二）真核生物的转录 … 226

1. RNA 的加工 ……… 226

2. RNA 的编辑 ……… 229

三、翻译 ……… 229

1. 转移核糖核酸的作用 … 229

2. 氨基酸的激活及其与
tRNA 的结合 ……… 230

3. 多肽合成的启动 ……… 230

4. 多肽的延长 ……… 232

5. 多肽的终止 ……… 234

6. 多肽释放后的修饰 …… 234

四、蛋白质合成的调控 …… 237

（一）原核生物的调控 … 237

1. 诱导和阻遏系统 …… 237

2. 操纵子模型 ……… 237

（二）真核生物 ……… 241

1. 转录的调控 ……… 241

2. 激素调控基因的表达 …… 241

小结 ……… 241

**第十六章　生物技术与遗传
工程** ……… 243

一、遗传工程（重组 DNA
技术） ……… 244

1. 相关的酶 ……… 245

2. 克隆载体 ……… 247

3. 克隆技术 ……… 248

4. 菌落杂交技术 ……… 250

5. 印迹杂交 ……… 252

二、基因组与 cDNA 文库 …… 254

1. 基因组 DNA 文库 …… 254

2. 从 mRNA 构建互补 DNA
（cDNA）文库 ……… 254

三、DNA 限制性片段长度
多态性 ……… 255

四、聚合酶链式反应 ……… 255

五、DNA 测序 ……… 257

六、DNA 指纹图谱 ……… 258

七、组织培养技术 ……… 259

1. 全能性 ……… 259

2. 胚培养 ……… 259

3. 单倍体培养 ……… 259

4. 体细胞克隆变异 ……… 260

5. 悬浮液培养 ……… 260

6. 原生质体培养 ……… 260

7. 微繁殖 ……… 260

8. 人工种子 ……… 260

八、细胞融合技术 ……… 260

九、转基因技术 ……… 261

1. 载体 ……… 261

2. 方法 ……… 261

3. 转基因的验证 ……………… 263
4. 转基因作物 …………………… 263

十、在农业、卫生和工业上的
　　生物技术 ……………………… 265
　　1. 生物能量生产的微繁殖 ……… 265
　　2. 生产无病、抗病、抗虫、
　　　　抗除草剂的植物 …………… 265
　　3. 突变体的引导和选择 ……… 265
　　4. 体细胞杂种的产生 ………… 265
　　5. 转基因植物的产生 ………… 266
　　6. 工业生物技术和微生物、
　　　　植物、动物及人类有关的
　　　　一类过程和技术在商业上
　　　　的应用 …………………… 266

十一、未来的发展 …………………… 267
　　小结 …………………………… 269

第十七章　进化及群体遗传 ……… 271

一、进化的学说 …………………… 271
　　1. 拉马克学说 ………………… 271
　　2. 达尔文学说 ………………… 271
　　3. 突变学说 …………………… 272
　　4. 合成学说 …………………… 272

二、物种的进化——目前
　　情况 …………………………… 273

三、群体遗传学 …………………… 274
　　1. 等位基因频率的测定 ……… 274
　　2. Hardy‑Weinberg 平衡 …… 274
　　3. 影响基因频率的因素 ……… 275
　　4. 等位基因频率的估测 ……… 275
　　小结 …………………………… 275

第十八章　染色体技术 …………… 276

一、预处理 ………………………… 276
二、固定 …………………………… 277

三、处理 …………………………… 277
　　1. 包埋处理和超薄切片 ……… 278
　　2. 压片法 ……………………… 278
　　3. 涂片法 ……………………… 279

四、染色 …………………………… 279
　　1. 常用染色剂 ………………… 279
　　2. 常用染料的准备和染色
　　　　程序 ……………………… 279

五、制片 …………………………… 281
　　1. 结晶紫染色后切片和涂片的
　　　　制片法 …………………… 281
　　2. 醋酸地衣红、醋酸洋红和
　　　　孚尔根染色的压片和涂片
　　　　制片法 …………………… 281

六、有丝分裂染色体研究 ……… 282
　　1. 根尖压片技术 ……………… 282
　　2. 叶尖压片技术 ……………… 282
　　3. 根尖切片技术 ……………… 283

七、有丝分裂指数和中期分裂
　　相频率的确定 ……………… 283

八、根尖细胞和叶尖细胞的
　　核型分析 …………………… 283
　　1. 方法 ………………………… 283
　　2. 一些常用的材料 ………… 284

九、减数分裂染色体的研究 …… 287
　　1. 临时涂片法（醋酸洋红
　　　　染色） …………………… 287
　　2. 永久涂片法（结晶紫
　　　　染色） …………………… 288
　　3. 一些常用的材料 ………… 288

习题 ………………………………… 291
词汇 ………………………………… 297
鸣谢 ………………………………… 301

第一章　导　论

　　所有有机体都在不同种下分组集合于一起，各反映一组独特的性状，由一组的性状分化为另一组的性状。在另一方面，每一个性状都是由一个或一组基因所控制的。严格说来，每一性状，无论是一朵花、一张叶片或一条根，都是在基因水平上所引发的一系列生化反应的最终表现的显示。在另一方面，基因在染色体上呈线性序列，在每一种内染色体的数目是保持恒定的。染色体位于细胞核内，细胞核是细胞最重要的细胞器，然而，在植物体系中，遗传物质也存在于两个其他的细胞器中，即叶绿体和线粒体。前者与光合作用过程有关，而后者和植物的呼吸有关。

　　大量的细胞最后构成和整个身体本身有关的不同的器官。一个有机体中形形色色的性状的表现是基因内容及其表现多样性的反映。

一、细　胞　学

　　细胞学或细胞科学涉及细胞结构及其构成成分功能的理解。所有细胞的细胞器的结构特点及功能细节，特别要强调最重要的成分——细胞核，都在细胞学的范围之内。染色体——遗传物质基因的载体，在一个有机体生命中，其活动方式明显来自细胞学或细胞科学的范围之内。事实上，细胞学涉及细胞的所有细胞器，包括详细的染色体结构特征、物理和化学特征，体细胞和生殖细胞的行为。它们的行为影响在于一方面保持遗传的稳定性，另一方面导致物种起源的异质性。

二、遗　传　学

　　遗传学就其含义是基因及遗传的科学。基因的研究，其物理、化学性质以及其特性与行为构成遗传学的主题。基因按不同生物学体系再生及持续的方式以及控制所有性状的基因表现的机制，形成了遗传学的若干基本主题。通过遗传的核酸语言被翻译成为蛋白质和酶的氨基酸语言的机制，构成了遗传密码。影响基因表达及彼此互作的不同因子，来自不同类型的基因互作。应用减数分裂中连锁和交换的数据，以及基因型和表现型之间的相关，决定基因在染色体上的定位，都遵循有些已经确定的遗传学的概念。细胞质基因的特殊行为，以及它们在性分化中的关系，也包括在遗传学范围之内。

三、细胞遗传学

　　在另一方面，细胞遗传学涉及可以在细胞水平上研究的所有方面的遗传行为。从细胞水平起源的遗传行为的表现，直到表现型显示的顶点，都在细胞遗传学的范围之内。染色体的详细研究，如在生物繁衍、生殖、器官发育以及物种进化中染色体的行为，都包含在细胞遗传学学科的范围内。基因组的起源与分析，如在染色体水平上所推断的，及其在杂种和突变体行为的特征，也在细胞遗传学的范围之内。通过细胞学和遗传学方法，鉴定在染色体水平上的基因序列，也形成细胞遗传学的一个重要成分。细胞遗传学由于处于重叠的学科领域，经常很难去划定遗传学和细胞遗传学的界限。实际上，细胞遗传学考虑到细胞行为的所有方面，特别是关于染色体、细胞周期分化、繁殖、杂交及进化。

表 1-1 列出的是 1665—2002 年关于细胞学和遗传学方面发生的主要事件。

表 1-1　主要事件的编年史

年份	调查研究者/等	事　　件
1665	Robert Hook	发现细胞
1831	Robert Brown	叙述细胞中存在细胞核
1838	Shleiden M J 及 Schwann T S	提出细胞学说
1861	Schultzee	提出原生质学说
1866	Gregor Johann Mendel	系统地阐述遗传的定律
1870	Meischer F	分离核蛋白
1879	Flemming W	叙述细胞核中的染色质
1882	Flemming W	叙述细胞分裂（有丝分裂）
1883	Schimper	给叶绿体定名
1885	Hertwig D 及 Stras-burger E	提出遗传中细胞核的作用
1888	Waldeyer W E	叙述染色体
1898	Benda C	给线粒体定名
1898	Golgi C	描述高尔基复合体
1902	McClung C E	发现性染色性
1903	Sutton W E	提出染色体学说
1905	Farmer J B 及 Moore J E	创造减数分裂（meiosis）这一名词
1910	Morgan T H	发现连锁
1913	Strutrant A H	构建第一张染色体图
1927	Muller H J	利用 X 射线辐射诱导突变
1931	Stern C，Creighlon H 及 McClintock B	用细胞学论证交换
1937	Blakeslee A E	用秋水仙素诱致多倍性
1941	Beadle G W 及 Tatum E L	提出一个基因一个酶的学说
1949	Pauling L	论证蛋白质结构受基因控制
1950	McClintock B	提出跳跃基因概念
1952	Chase M 及 Hershey A D	指出基因是 DNA
1953	Watson J D 及 Crick F C	证实 DNA 的双螺旋模型

（续）

年份	调查研究者/等	事　件
1955	Kornberg A 及 Ochou S	核酸的体外合成
1957	Seymour Benyzer	提出顺反子、重组子和突变子的概念
1958	Meselson M S 及 Stahl F W	以试验证实 DNA 的半保留复制
1958	Crick F H C	提出分子生物学的中心法则
1961	Crick F H C	证明遗传密码的三联体性质
1961	Nirenberg M W 及 Mathaei J H	译解遗传密码
1961	Jacob F 及 Monod J	提出操纵子概念
1970	Khomna H	从 DNA 核苷酸合成一个人工基因
1970	Temin H 及 Baltimore D	发现逆转录作用
1972	Paul Berg	利用限制性内切酶产生 DNA 重组
1973	Stanley Cohen 及 Herberd Boyer	遗传工程
1974	Claude A 及 Palade G	细胞的超微结构
1974	Kombelg T	提出染色体中核小体模式（染色质中直径约 10nm 的粒子）
1975	Southern E M	DNA 印迹法（Southern blotting，一项用于杂交测试的基因操作法）
1976	Clarke Carbon	cDNA 文库
1977	Maxam A M，Gilbert W，Sanger Frederick F 及 Coulson	DNA 的测序
1979	Alwine	RNA 印迹（Northern blotting）（指任何采用 RNA 样本的印迹，然后与放射性 DNA 杂交，与 Southern blotting 相对）
1980	Zambryski VanMontagu 及 Schell	转基因植物的发育（农杆菌介导法）
1981	Harbes，Jahner 及 Jaenisch	转基因鼠的发育
1983	Zimmerman 等	借电穿孔直接转移 DNA
1997	Clayton 等	单细胞有机体（酵母菌）的完整基因组序列
2000	拟南芥基因组计划	拟南芥基因组序列
2001	Craig Venter（人类基因组计划）	人类基因组的完全测序
2002	Goff 等，Yu 等	水稻基因组测序

第二章 细 胞

细胞是生物基本的结构和功能单位，可以进行生命所必需的所有活动。1865 年，Robert Hook 用光学显微镜观察到软木塞薄片中有空腔，他把这些空腔命名为细胞。1838 年，Schleiden 和 Schwann 发现所有生物的组织都由细胞组成，这就是细胞学说。

一、原核细胞与真核细胞

已知有两种类型的细胞，即原核细胞和真核细胞。原核细胞的细胞核没有膜包被（图 2-1），如细菌、蓝绿藻等。真核细胞的细胞核由膜包被，如大多数植物和动物细胞。原核生物与真核生物有着根本的区别（表 2-1）。

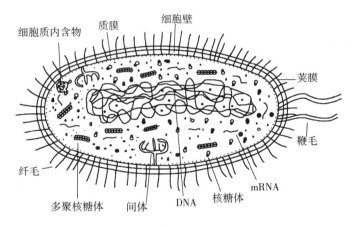

图 2-1 典型的原核生物——细菌的细胞结构

（引自 Duibey 和 Maheshwari，1999）

表 2-1 原核细胞和真核细胞的区别

特　　征	原核细胞	真核细胞
1. 细胞大小	多数 1～10μm	多数 10～100μm
2. 组织状态	单细胞，少数多细胞	多细胞，少数单细胞
3. 细胞壁	多数但不是都有细胞壁；有肽聚糖	植物、真菌有细胞壁，无肽聚糖
4. 细胞核	无	有
（1）核膜	无	有
（2）核仁	无	有
（3）染色质与组蛋白	无	有

（续）

特 征	原核细胞	真核细胞
（4）遗传物质	环状或者线状双链 DNA，基因不被内含子分隔	线状双链 DNA；基因常被内含子分隔
（5）有丝分裂装置	无	有
5. 细胞器	无膜	除内质网以外都有膜
（1）线粒体	无	有
（2）内质网	无	有
（3）溶酶体	无	有
（4）叶绿体	无	有（仅限于植物）
（5）中心体	无	有（仅限于动物）
（6）核糖体	有（70S——50S＋30S）	有（80S——60S＋40S）
（7）微管	无	有
6. 液泡	无	有
7. 鞭毛	由鞭毛蛋白组成的简单结构	由微管蛋白和其他蛋白质组成的 9＋2 复合体

二、植物细胞与动物细胞

植物细胞与动物细胞在很多方面存在着差异（表 2-2、图 2-2、图 2-3）。

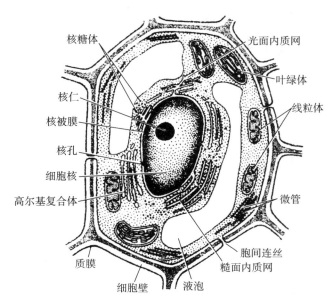

图 2-2 典型的植物细胞结构

（引自 Gupta P K，1999）

表 2-2 植物细胞与动物细胞的差异

动物细胞	植物细胞
1. 没有细胞壁	1. 有细胞壁
2. 除少数原生动物以外没有质体	2. 有质体
3. 液泡小而多	3. 细胞中有大的成熟液泡
4. 有中心体	4. 无中心体

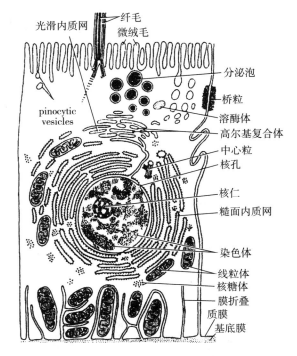

图 2-3 典型的动物细胞结构

（引自 Gupta P K，1999）

三、细胞的构造

（一）细胞壁

细胞壁是植物细胞膜外面的无生命的刚性边界。多数植物细胞有一层细胞壁，这是植物细胞区别于动物细胞的特征之一。细胞壁具有支撑和防御功能。

1. 结构　细胞壁可以分为 3 层：它们是胞间层、初生壁和次生壁（图 2-4），偶尔也有三生壁出现。

（1）胞间层　是在细胞分裂过程中相邻细胞之间形成的，是一种黏性的物质，是相邻细胞之间的黏合剂。它主要是由果胶酸钙组成的。

（2）初生壁　形成于细胞生长的早期阶段，厚度 $1\sim3\mu m$。它主要由纤维素、半纤维素和果胶质组成。它是有弹性的，随着细胞的生长而延伸。

（3）次生壁　是初生壁成熟生长时沉积到初生壁上去的，厚 5～10μm。次生壁有 3 层：外层、中间层和内层。除了纤维素和半纤维素之外，还含有木质素、木栓质、果胶、角质等。

（4）三生壁　裸子植物管胞等少数情况下形成于次生壁内表面的一层非常薄的主要由木聚糖取代纤维素的组织。

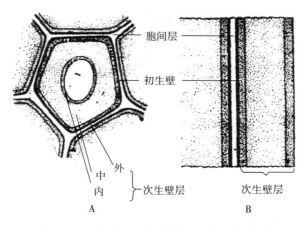

图 2-4　成熟的木质化植物细胞的细胞壁结构
A. 横切面　B. 纵切面

2. 超微结构　细胞壁含有 0.5μm 宽的大纤丝，而大纤丝又是由直径为 25nm 的微纤丝束组成，微纤丝只有在电子显微镜下才能观察到，它是由成束的微团或者初级原纤组成，初级原纤直径约 10nm。初级原纤包含约 100 条纤维素链，纤维素链则是多聚化的葡萄糖分子（图 2-5）。在初生壁中微纤丝是随机排列的，而在次生壁中微纤丝紧密堆积并彼此平行排列。

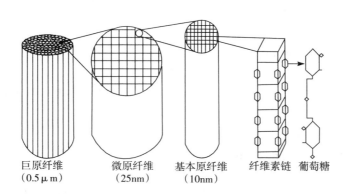

巨原纤维　　微原纤维　　基本原纤维　　纤维素链　葡萄糖
（0.5μm）　　（25nm）　　（10nm）

图 2-5　细胞壁的结构元件

微纤丝包埋在多糖物质的基质中。基质中的物质随植物不同生长时期而变化，早期以果胶质为主，半纤维素、木聚糖在后期出现。木葡聚糖、阿拉伯半乳聚糖、半乳糖醛酸鼠李聚糖等复合多糖彼此相互连接并连接到纤维素微纤丝上去。一种称为伸展素的糖蛋白也出现在基质中。

初生细胞壁的某些区域包含有很多小的开口或孔。相邻细胞的细胞质借助于被称为胞间连丝的细胞质桥梁穿越这些孔相互交流。某些植物中，次生壁有简单或有边界的凹注或空穴。

3. 起源　细胞核分裂之后，成膜体或者细胞板出现在细胞的赤道板上。有丝分裂之后，由高尔基复合体形成的微粒排列在赤道板上，最终相互融合形成细胞板。细胞板的厚度通过增加细胞板物质而增厚。

4. 功能 细胞壁保护细胞质免受外部伤害。它同时赋予细胞的形状、大小和机械强度。由于可穿透性，水分、盐可以轻松穿越细胞板扩散进出细胞。通过胞间连丝维持细胞之间的联系。细胞壁阻止细胞的过度膨胀。

（二）细胞膜

所有的细胞都由一层包围着细胞质的膜所界限，这就是细胞膜或质膜。细胞膜有活性、选择性透性、动态功能和行为等特点。

1. 组成 细胞膜主要由脂质和蛋白质组成，糖类则以糖蛋白和糖脂的形式出现。

细胞膜含有 3 种不同类型的蛋白质——结构蛋白、酶和载体蛋白质，其中膜蛋白构成细胞膜的骨架而且表现为极为亲脂性。质膜蛋白质分为两大类型：内在蛋白或者整体蛋白质、外在蛋白或者外周蛋白。前者与膜紧密相连，后者联系较松并被静电相互作用包围。

细胞膜中的脂肪主要由磷脂组成，还有糖脂和固醇。极性脂包含亲水的头部和疏水的尾部，甘油是二者的桥梁。

2. 结构 已经提出了几个模型来解释细胞膜的物理和生物学特性。

（1）3 层三明治模型（Daielli-Davson） 根据这个模型双分子脂层由极性区朝外的两层分子组成。球蛋白被认为与脂质的极性基团相连（图 2-6）。有两种类型蛋白质——切线排列的与脂肪相连的蛋白质以及在外表面的球蛋白。细胞膜中的脂肪主要由磷脂组成，其非极性基团相互靠近，极性基团向外。很多情况下，脂层由卵磷脂和类固醇分子——胆固醇交替组成。卵磷脂分子由两条甘油酯链和包含磷酸和胆碱的极性头组成。

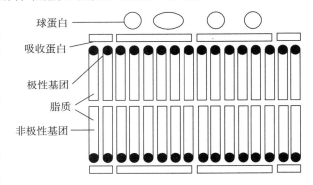

图 2-6 Danielli-Davson 的细胞膜 3 层三明治结构模型

（2）单位膜（Robertson） 单位膜的基本结构被认为适用于多种动植物细胞。像线粒体、溶酶体、质体、高尔基复合体、内质网以及核膜被认为有单位膜结构。提示细胞的同一性。单位膜被认为是三层结构，双分子脂层位于两层蛋白质层之间（图 2-7）。电子显微镜下，用锇固定后细胞膜表现为被一个清晰区分隔开的两个致密亲锇条带。致密带是由蛋白质组成（2nm）和脂的极性基团（0.5nm）组成的，所以厚度为 2.5nm（图 2-8）。

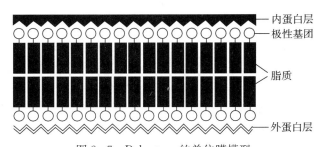

图 2-7 Robertson 的单位膜模型

清晰区域厚 2.5nm，是由不含极性基团的双分子脂层组成的。这样，单位膜的厚度为 7.5nm，其中每个蛋白质层厚 2nm，两个蛋白质层之间是 3.5nm 的脂层。

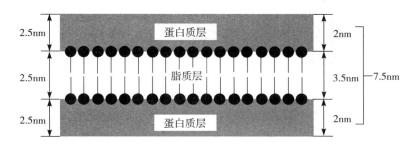

图 2-8 单位膜

（3）流体—马赛克模型（Singer 和 Nicolson） 细胞膜被认为类似流体结构，脂肪和整体蛋白质在其中以马赛克方式排列。膜的流动性是脂与蛋白质之间的疏水性互作的结果。连续的双磷脂分子层中包埋着球蛋白。

膜中的球蛋白有两种不同类型：外周（外在）蛋白质和整体（内在）蛋白质。外周蛋白质是可溶性的，已经从膜上解离下来，完全位于双脂肪层的外侧。整体蛋白质相对难溶，贯穿于双脂层的两个表面。整体蛋白质是两性分子，其亲水的极性头从膜表面突出出去，而非极性区包埋在膜内部。整体蛋白质可以侧向扩散在双脂层中。双脂层具有很多动态运动特性——快速内部运动，包括弯曲、脂肪侧向扩散、脂质分子从一侧向另一侧转移、脂质分子围着轴线旋转，由于脂肪和蛋白质分子的快速运动，膜被认为是高度流动的。

3. 功能 质膜作为一道屏障，允许某些物质进出细胞。细胞膜是选择性透性而不是半透性。分子跨膜运输可以是主动或被动的过程。因此细胞膜调控某些营养分子进入细胞，清除细胞内的废物，释放分泌物。它还能保护细胞质内各种细胞器，赋予细胞形状，有时还产生某些细胞器。细胞膜还有识别特定激素的受体，响应各种刺激物的分子以及细胞识别的位点。细菌的质膜还包含在细胞呼吸作用中起重要作用的电子传递链。

（三）原生质体

原生质体是细胞的生活物质，胶体质地，包含有机和无机物质。细胞核内的原生质体是核浆，核外的原生质称为细胞质。各种细胞器例如质体、线粒体、内质网、高尔基体、核糖体、溶酶体等包埋在细胞质中。

（四）内质网

细胞有一个精致的通道网络悬浮在细胞质中，这就是内质网。它从细胞膜一直延续到细胞核膜。内质网是 Porter 等（1945）首先观察到的。内质网是各种代谢反应的基底，而且帮助各种代谢物质的运输和储存。

1. 结构 内质网（ER）的结构包括池、小管和囊泡（图 2-9）。池是宽而平的膜包被空间，彼此平行排列形成彼此相互连接的薄层。小管直径 5～10nm。囊泡是膜包被的游离的球状空腔。内质网的膜具有典型的3层单位膜结构。内质网把细胞质分成很多隔室（图2-10）。

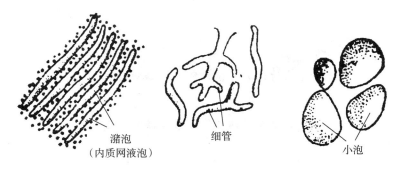

图 2-9　内质网的不同形态

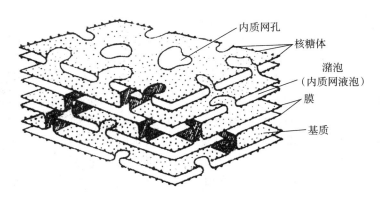

图 2-10　内质网的三维结构

内质网有两种形态类型：粗糙（载粒）型内质网和光滑（无粒）型内质网。粗糙型内质网的膜表面有核糖体，而光滑型内质网的膜表面则没有覆盖核糖体。它们不能相互转换。

2. 功能　内质网是分泌蛋白质的场所。蛋白质在核糖体内合成并通过膜内的通道进入池中。内质网还与脂肪酸和糖原的合成和分解有关。内质网是合成胆固醇和类固醇激素的主要场所。为细胞质提供额外的机械支撑。它还作为胞内各种物质的运输系统。Watson（1959）提出细胞核和细胞质的相互交换是通过核孔与内质网的交流进行的。内质网也为细胞质基质与池内腔之间物质交换提供广阔的内部界面。

（五）高尔基复合体

一垛与分泌有关的细胞质小管称高尔基体，是根据发现者的名字 Golgi（1890）命名的。植物细胞中的类似结构被称为分散高尔基体。

1. 结构　超微结构分析显示有3种膜组分：扁平囊或池、小管和小囊泡、大囊泡。池或者薄层是高尔基复合体不变的元素。3～8个扁平囊彼此堆叠成为垛（图2-11）。高尔基复合体是极性的（Mollenhauer 和 Whaley，1963），外侧是形成面，对侧是成熟面。池在形成面形成，而在成熟面芽裂成分泌囊泡。小囊泡直径 40～80nm，与池密切相连并可显示出与池的连续性。清晰的大囊泡一般都位于复合体的边缘。它们是变化和伸展的池，其中的两层膜被扩大的空泡大大地间隔开。

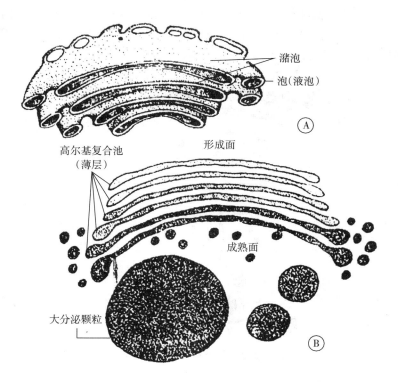

图 2-11　高尔基复合体（A）立体图（B）截面

（引自 Powar C B, 1981）

高尔基复合体在不断地形成、变化、分解和重组。质膜、核膜、环形薄层……内质网都被描述为可以形成高尔基复合体（图 2-12）。

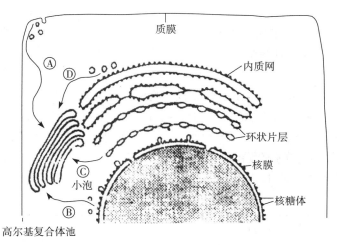

图 2-12　高尔基复合体形成的不同观点

Ⓐ从质膜形成　Ⓑ从核膜形成　Ⓒ从环形薄层形成　Ⓓ从内质网形成

（引自 Powar C B, 1981）

3. 功能 高尔基体与不同物质的合成、包装和分泌有关（图 2-13）。分泌物质见于高尔基复合体的池。某些细胞中，形成的产物出现在高尔基薄层的延伸端。而在另外一些细胞中，分泌物中完全充满池。高尔基复合体在质膜糖类的合成中起重要作用。细胞板基质组分中果胶质和半纤维素也是由高尔基体贡献的。

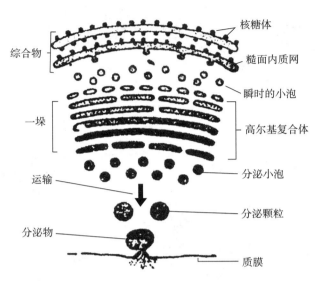

图 2-13 高尔基复合体合成、包装、运输和分泌示意
（引自 Powar C B）

（六）核糖体

核糖体是细胞的一个重要组成，是 Palade（1955）首先观察到的。核糖体参与蛋白质的合成，在原核和真核生物中都有发现。核糖体可见于自由状态或者附着于如内质网这样的细胞质膜的外侧。

1. 结构 核糖体是细胞质中没有膜的直径为 15～20nm 的核糖—蛋白质颗粒。它们有典型的二元收缩结构，有两个大小不同的亚基。原核生物和真核生物的内质网是以沉降系数加以区分的。

它们是两种基本类型：原核生物和真核生物的核糖体分别为 70S 和 80S。"S"（Svedberg 单位）是指沉降系数，它表明一个细胞器在超速离心时沉淀的快慢。一个结构越重，它的沉降系数越大。原核生物的 70S 核糖体相对比较小，含有一个 50S 的大亚基和一个 30S 的小亚基。真核生物的 80S 核糖体比较重，含有一个 60S 的大亚基和一个 40S 的小亚基（图 2-14）。70S 和 80S 核糖体的区别见表 2-3。

表 2-3 70S 和 80S 核糖体的差异

	70S 核糖体	80S 核糖体
出现场所	原核生物、质体、线粒体	真核生物
沉降系数	70S	80S
大小	小	大

（续）

	70S 核糖体	80S 核糖体
分子质量	3 Mu	4~5 Mu
亚基	小亚基 30S 和大亚基 50S	小亚基 40S 和大亚基 60S
RNA	3 分子	4 分子
	30S 亚基：16S	40S 亚基：18S
	50S 亚基：23S、5S	60S 亚基：28S、5.8S、5S
蛋白质的数目	30S 亚基：21 种	40S 亚基：33 种
	50S 亚基：31 种	60S 亚基：49 种
	共计：50~60 种	共计：70~80 种

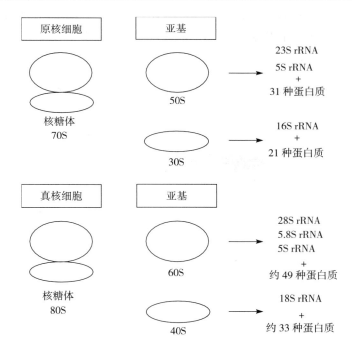

图 2-14　典型的原核生物和真核生物核糖体的组成

　　在化学成分方面，核糖体是由 r-RNA、蛋白质和一些二价金属离子组成的。核糖体的亚基可以随 Mg^{2+} 浓度不同而解体或联合。原核生物中，核糖体可以以游离态存在，所以称之为单体；也可以像真核生物那样与 mRNA 连成多聚体。质体和线粒体中报道的核糖体的沉降系数为 70S，大小与原核生物的核糖体相近，而与细胞质核糖体不同。

　　核糖体的结构模型：Stoffler 和 Wittmann 提出 30S 亚基正面的凹部正对着 50S 亚基的拱形座位。30S 亚基的长轴横穿 50S 亚基的中央突起，在小亚基的凹陷与大亚基的突起座位之间形成一个通道（图 2-15）。

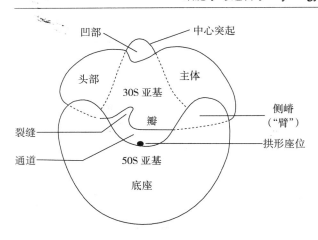

图 2-15 Stoffler 和 Wittmann 的 70S 核糖体模型

2. 生物发生 真核生物中，大多数的核糖体 RNA 是在核仁里合成的。核仁形成者含有多拷贝的核糖体 DNA（重复 DNA）。已经从细胞中分离出若干不同类型的 rRNA，其中只有 4 种，即 28S、18S 和 5.8S 和 5S 已经在核糖体中发现。另外一些类型是核糖体 RNA 形成的中间体。核仁 DNA 转录 45S 前体，经过加工之后产生 28S、18S 和 5.8S RNA（图 2-16）。5S RNA 是在核仁以外转录的。核糖体蛋白质在细胞质中合成之后再转运到细胞核，在那里与 RNA 结合。核心结构的蛋白质首先与 45S RNA 结合成核糖核蛋白颗粒。其他蛋白质可能晚些结合。核糖核蛋白颗粒经过加工形成核糖体的 40S 和 60S 亚基。

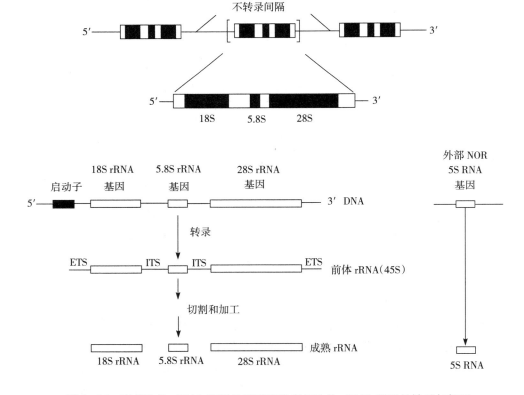

图 2-16 真核生物 rRNA 基因的排列以及真核生物 rRNA 基因的转录与加工

（引自 Winter 等，1999）

在原核生物中，DNA 转录 30S rRNA 前体再剪切形成 16S、23S、5S RNA。它们与蛋白质结合形成 30S 和 50S 的核糖体亚基（图 2-17）。

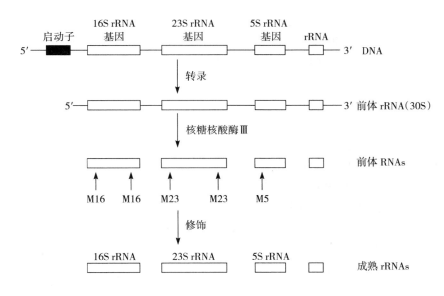

图 2-17 原核生物 rRNA 基因的转录与加工

（引自 Winter 等，1999）

3. 功能 核糖体是蛋白质合成的场所并由 mRNA 串联成多聚体或多聚核糖体。核糖体协调 tRNA -氨基酸复合物与 mRNA 的相互作用而翻译遗传密码。在蛋白质合成的过程中，mRNA 通过两个亚基之间的通道移动。每个核糖体有两个功能位点：氨酰基部位（受体部位）和肽基部位（供体部位）（图 2-18）。受体部位接纳 tRNA -氨基酸复合物，供体部位连接成长的多肽基 tRNA。因而，它们在蛋白质合成中起非常重要的作用。

（七）线粒体

线粒体是由膜包被的细胞器，与细胞的呼吸作用、能量供应有关，被称为细胞的动力工厂。线粒体是由 Benda（1898）发现的，见于真核细胞中。是一种豆子形

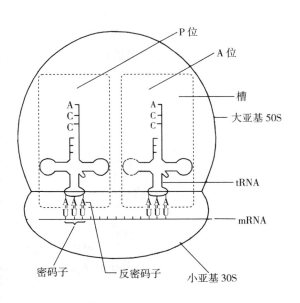

图 2-18 核糖体（示 A 位和 P 位以及 mRNA 和 tRNA 分子在亚基上的位置）

状的细胞器，长 1～10 μm，宽约 0.5 μm，游离于细胞质中。

1. 结构 线粒体有内膜和外膜两层膜包被（图 2-19）。外膜和内膜的厚度都为 6～7nm。外膜比内膜含有更多磷脂和胆固醇，磷脂酰胆碱是外膜主要的脂肪，而内膜含有线粒体大部分的双磷脂酰甘油（心磷脂）。两层膜之间的空间称为外腔、膜间空间或者环线

粒体空间。外腔中充满液体，宽 4～7nm。外腔边界以内的空间称为内腔或者内膜空间。内膜空间充满了基质，基质中含有致密颗粒、线粒体核糖体（70S）、环状线粒体 DNA 以及 Krebs 循环的酶。面对基质和外腔的内膜分别称为 M 面和 C 面。

线粒体外膜光滑，内膜则向内形成很多折叠突出到内腔，称为嵴（图 2-20A）。嵴的空腔称为嵴内空间，与膜间空间相连。有数千个连接到内膜上的小颗粒被称为基粒、Fernandez-Moran 复合体、F_0-F_1 复合体、ATPase 复合体或者氧化粒。每个颗粒由基部、柄和头部组成。颗粒之间的间隔约 10nm，头部直径 7.5～10nm，柄长约 5nm（图 2-20B）。

呼吸链由一系列蛋白质组成，位于线粒体的内膜上。已经鉴定了 5 个复合体（表 2-4），其中 4 个（Ⅰ～Ⅳ）组成电子传递系统，其余的（Ⅴ）是 ATP 合成系统。基粒包括复合体Ⅴ，其他的组分则包埋在内膜中（图 2-21）。

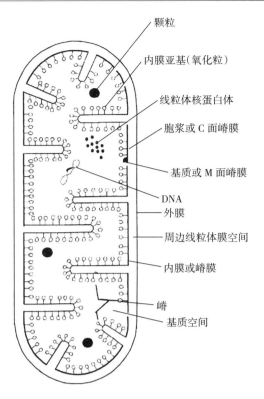

颗粒
内膜亚基(氧化粒)
线粒体核蛋白体
胞浆或 C 面嵴膜
基质或 M 面嵴膜
DNA
外膜
周边线粒体膜空间
内膜或嵴膜
嵴
基质空间

图 2-19 线粒体截面

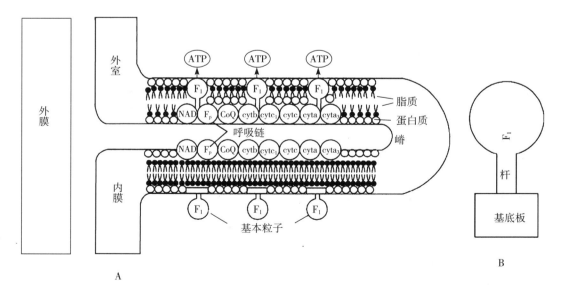

图 2-20 线粒体嵴和基粒

（引自 Powar，1981）

表 2-4　呼吸链的组分

复合体	组　分
复合体Ⅰ	NADH/NADPH：CoQ 还原酶
复合体Ⅱ	琥珀酸：CoQ 还原酶
复合体Ⅲ	还原的 CoQ（CoQH$_2$）：细胞色素 c 还原酶
复合体Ⅳ	细胞色素 C 氧化酶
复合体Ⅴ	ATPase（ATP 合成系统）

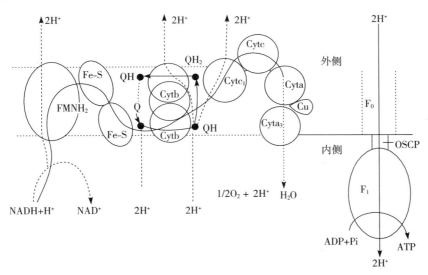

图 2-21　线粒体内膜上的呼吸链组分

（依 Hinkle 和 McCarty，1978）

2. 起源　线粒体的寿命为 5~10d。关于线粒体的产生有 3 种观点：

①来源于各类细胞膜。

②完全形成的线粒体的分裂。

③从头形成。

3. 功能　线粒体提供几乎所有必需的生物能源。只有线粒体才完全具备将丙酮酸转变成二氧化碳和水的能力，它们是细胞呼吸道中心。三羧酸循环的酶见于线粒体的基质。细胞呼吸作用产生的 ATP 分子在线粒体中积累。一套控制由脂肪酸合成卵磷脂、磷脂酰乙醇胺、甘油、含氮碱基合成的酶存在于大多数线粒体中。线粒体基因调控某些遗传性状，如玉米的雄性不育。

4. 半自主性　毫无疑问线粒体表现出一定程度的自主性：

①有 mtDNA 的存在（环状）。

②有依赖于 DNA 的 RNA 合成的证据。

③有线粒体核糖体的存在（70S）。

④有蛋白质合成的证据。

⑤含有控制遗传（玉米的雄性不育）现状的基因。

⑥可以分离增殖。

按照共生体假说，宿主细胞是一种通过无氧呼吸或糖酵解来产生能源的厌氧生物，而寄生物线粒体（好氧细菌）包含有 Krebs 循环的酶和呼吸链，因此能够进行呼吸作用和氧化磷酸化。

（八）质体

质体是由膜包被的、盘状的、真核植物细胞的细胞质内悬浮的细胞器，主要与食物的合成和储藏有关，由 Schimper（1885）发现。

质体可能有色，也可能无色，可以分为 3 种类型。白色体是无色的质体，主要作用是储藏。根据储藏物质的性质，白色体有淀粉体（淀粉）、造油体（油）和蛋白质体（蛋白质）。绿色质体或者叶绿体是光合作用所必需的。含有色素的质体称为有色体，控制花瓣或者其他部分的颜色。

（九）绿色质体

最常见的质体是叶绿体。绿色质体是重要的植物细胞器，负责糖类的合成、太阳能的利用。被誉为生命的灵丹妙药的叶绿素与蛋白质和脂肪一起存在于绿色质体中。高等植物的叶绿体可能有球形、卵形或者扁圆形，而一些藻类中则可能为星形、杯形或者螺旋形。它们的直径一般为 $4 \sim 6 \mu m$，高等植物的每个细胞中通常有 $20 \sim 40$ 个叶绿体，均匀地分布在整个细胞质中。

1. 结构　叶绿体由两层脂蛋白膜包被，外膜和内膜之间有一个膜间空间。内膜包装的基质中有圆柱状结构被称为叶绿体基粒。大多数叶绿体有 $10 \sim 100$ 个基粒（图 2-22）。每个基粒有很多碟形的膜囊泡称为基粒片层或者类囊体（宽 $8 \sim 12nm$）彼此垛叠。基粒由吻合管网络即基粒间片层相互连接（图 2-23）。单个类囊体称为基粒片层，也在叶绿体中发现。电子致密体，嗜高渗颗粒以及核糖体（70S），环状 DNA 以及可溶性酶也都出现在基质中。

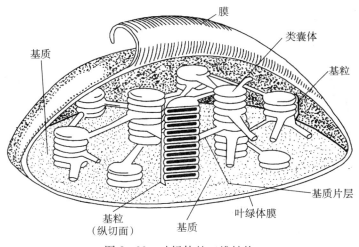

膜

类囊体

基质

基粒

基质片层

基粒
（纵切面）

基质

叶绿体膜

图 2-22　叶绿体的三维结构

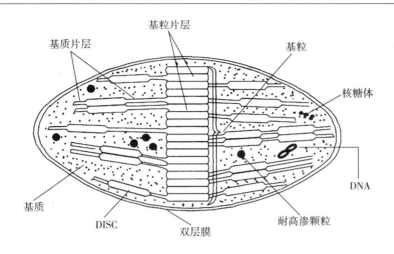

图 2-23　植物叶绿体亚显微剖面结构示意

　　因此叶绿体有 3 种不同的膜：外膜、内膜以及类囊体膜。类囊体膜由脂肪含量更高的脂蛋白组成，这些脂肪包括半乳糖脂、硫脂、磷脂。类囊体膜内表面有类似球体的微小光能转化体形成的粒状结构（Park 和 Pon）。光能转化体是光合基本单位，有两个结构不同的光系统组成：PSⅡ和 PSⅠ，每个系统含有约 250 个叶绿素分子。每个光系统含有天线叶绿素复合体和一个反应中心，能量的转换发生在反应中心之中。高等植物的色素包括叶绿素 a、叶绿素 b、胡萝卜素和叶黄素。

　　这两个光系统以及电子传递链不对称地跨类囊体膜分布（图 2-24）。PSⅠ和 PSⅡ的电子受体都在类囊体的外（基质）表面。PSⅠ的电子受体在内（类囊体空间）表面。电子传递链分三段：

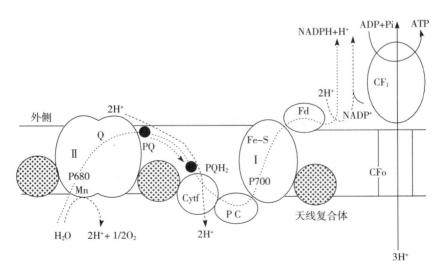

图 2-24　内囊体膜的模式图，示色素和电子传递组分的定位

（依 Hinkle 和 McCarty，1978）

（1）水——PSⅡ（P680）　　Mn-蛋白质。

（2）PS[I（P680）———►PS[（P700） 醌、质体醌、细胞色素 b₆、细胞色素 f、质体蓝素。

（3）PSI（P700）———►NADP 铁硫蛋白、铁氧还蛋白、NADP。

内囊体膜含有光合作用所必需的所有酶。叶绿素、电子载体、偶联因子以及其他组分的相互作用发生在内囊体膜内。因此内囊体膜是捕获光能和电子传递的专化结构。

2. 起源 叶绿体发生于有双层膜的小球形原质体。在阳光下其内膜内褶形成囊泡。囊泡再变形成为大碟盘。在某些区域这些碟盘紧密堆积成的内囊体垛称为基粒（图 2-25）。质体也可以从已经存在的质体分裂或者出芽而来。

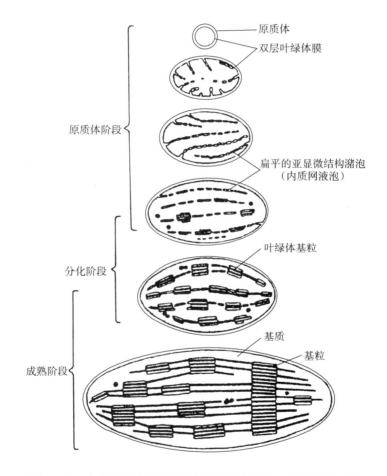

图 2-25 在光照下从亚显微结构的原质体发育成叶绿体的过程

3. 功能 叶绿体是光合作用和糖类代谢的中心。在光合作用过程中，二氧化碳和水在光照下转变为有机物（蔗糖、多糖、脂肪和氨基酸）。光合作用由光反应和暗反应组成，它们分别发生在基粒和基质中。在光反应过程中，功能在内囊体中转变为化学能，这个过程包括水电光解、电子转移、光合磷酸化和 NADP 的还原。在暗反应过程中，通过达尔文循环在基质中合成葡萄糖，这个过程包括利用 NADPH 和 ATP 把 CO_2 还原称为最终成为糖类的初级产物。质体基因（质体基因组）控制一些性状的遗传，如四点钟植物的质体遗传。

4. 半自主性 叶绿体表现某种程度的功能自主性：

①有分裂增殖。

②含有遗传信息，表现细胞质遗传（四点钟植物的质体遗传）。

③有 cpDNA（环状）。

④有质体核糖体（70S）。

⑤合成 mRNA。

⑥有蛋白质合成的证据。

根据共生学说，叶绿体可能起源于自养型微生物（光合细菌）和异养型宿主细胞之间的共生关系。

（十）溶酶体

溶酶体是细胞中的超微结构颗粒，含有负责消化作用的水解酶。虽然它们在动物细胞中普遍存在，但是在植物中见于较低等的眼虫藻、黏霉以及某些腐生真菌中。从烟草和玉米幼苗分离出来含有一些在动物溶酶体中发现的水解酶的颗粒。溶酶体因其含有溶胞酶或破坏性的酶而得名（de Duve，1955）。这些酶一旦释放可以消化细胞，因此溶酶体有时候被称为"自杀袋"。

1. 结构　溶酶体是 $0.2\sim0.5\mu m$ 大小的无任何特定形态或结构的球状体或粒状体。它们由一层简单的脂蛋白膜包被，内含结晶态酶。这些酶包括磷酸酶、核酸酶、酯酶、蛋白酶、糖苷酶、硫酸酯酶、淀粉酶。这些酶的底物不能透过溶酶体膜。某些称为活化物的物质可以引起溶酶体膜不稳定，导致酶从溶酶体中释放出去。另外一些称为稳定剂的物质对膜有稳定作用，可以防止细胞的不可控降解，从而防止细胞的自溶。

不同类型细胞的溶酶体有多态性。溶酶体有两种基本类型。高尔基体芽裂形成的初级溶酶体含有水解酶。由内吞作用产生的吞噬体或泡与初级溶酶体相连或者融合形成次级溶酶体（图 2-26）。不完全消化导致残留体的形成。溶酶体有时还把线粒体或内质网等胞内

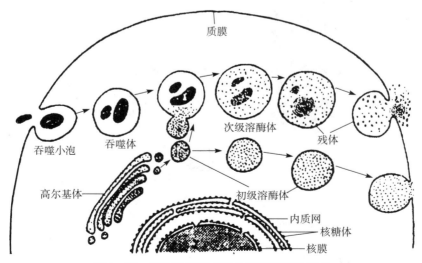

图 2-26　溶酶体的形成以及不同时期的模式

（引自 Powar C B，1981）

组分囊括进去进行消化，称为自噬小体。

2. 功能　溶酶体是含有消化胞内或胞外颗粒的消化酶的袋子。初级溶酶体通过胞外分泌释放水解酶，导致胞外物质的降解（胞外消化）。腐生真菌利用胞外消化获取营养。消化胞内物质称为胞内消化。胞内消化包括异体吞噬或者自体吞噬。异体吞噬即通过内吞作用把外部物质吸收到细胞之中，再由次生溶酶体中的酶降解这些物质。自体吞噬导致细胞因自身物质的消化而死亡或损伤。

（十一）微体

微体是囊状的含有特定酶的细胞器，在植物和动物中都有发现（Duve，1966）。

1. 结构　微体是直径 $0.2\sim1.5\mu m$ 的球形囊泡。微体有单层膜包被，内有精致的粒状、纤丝状或者无定形的基质。微体中有不同的酶，根据酶的种类，通常可以把植物的微体分为两种类型：有糖分解酶的过氧化物酶体和有乙醛酸循环酶的乙醛酸循环体。

2. 功能　过氧化物酶体因氧化酶和过氧化氢酶而具有潜在的过氧化活性。在绿色叶片中，过氧化物体与光呼吸的乙醛酸途径相关联。乙醛酸循环体含有乙醛酸循环的酶，在脂肪种子发芽过程中参与降解脂肪酸形成糖类（糖异生）。

（十二）微管

所有的真核细胞的细胞质空心纤丝结构称为微管（De Robertis，1953）。

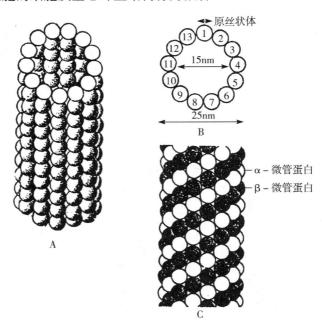

图 2-27　微管的结构

A. 微管结构的三维模式　B. 细胞质微管的横切面，示 13 个初纤维构成微管的壁

C. 微管的表面观，示亚基的排列

1. 结构 微管为长而中空的管状圆柱，外径 25nm，壁厚约 5nm，中间的空心直径约15nm。微管的长度从不到 0.1nm 至若干纳米不等。

细胞质微管的横断面显示 13 个亚基（初纤维）平行于微管的长轴排列。初纤维似由一系列线性排列的球蛋白（微管蛋白）像串珠那样构成。微管蛋白是一个二聚体，由两个相似但是不同的多肽组成。微管蛋白二聚体的两个亚基称为 α 和 β 微管蛋白（图 2-27）。α 和 β 微管蛋白在初纤维上相间排列。微管蛋白的基本排列呈螺旋形，螺旋的一圈有 13 个微管蛋白分子。除了微管蛋白，还有 20～25 个次级蛋白质被称为微管相关蛋白（MAP）。它们对于微管的功能和组装的调控有重要意义。

2. 功能 由于微管非常坚硬，它们构成细胞的支持网络（细胞骨架）并赋予细胞的形状。微管为纤毛或鞭毛提供轴向的支持并与运动有关。有丝分裂和减数分裂的纺锤丝由成束的微管组成。根据当前流行的装配—解体假说，因解体而缩短的丝粒微管和（或）因装配而延长微管的连丝为细胞分裂后期染色体的运动提供了动力。

（十三）中心体

中心体是一种色浅而均一的细胞质结构，位于细胞核附近，在细胞分裂过程中形成纺锤体（Boveri T）。见于所有的动物、低等植物以及原始的鞭毛虫。

1. 结构 每个中心体有两个中心粒，所以称双心体，位于细胞质区也称中心球。中心粒看似彼此右夹角的两个圆柱体，每个圆柱体有 9 个三元纤维围绕中心轴排列。每个纤维包含 3 个相互平行相依的亚纤维或亚细管（图 2-28）。相邻三元纤维的亚纤维之间有连接丝相互连接。中心体的近端部位呈车轮形，中心杆或轮轴放射出 9 根辐条，每根辐条与纤维相连。有时有些附属物从纤维处放射状延伸出去，称为卫星。中心体与纤毛的基体的结构相同。

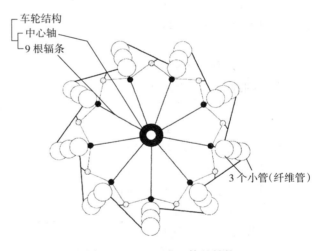

图 2-28 T.S中心体的结构

2. 功能 中心体参与有丝分裂、微管的形成、纤毛的形成。在动物细胞中，它们在组织有丝分裂装置中起重要作用。而在原始的鞭毛虫中，它们专一性地作为鞭毛的基体。显然，中心粒的原始功能是运动器官，而在有丝分裂中的作用是次要的。

（十四）液泡

液泡是由液泡膜包被的腔。随着植物细胞的衰老，液泡经过融合、增大，把细胞质推向周边成为一个薄层，称为原始胞果。它们主要是储藏并帮助维持细胞的膨胀度。低等生物中的液泡有收缩性，承担分泌功能。液泡常含有气体、酸、糖和盐分。

（十五）细胞核

细胞核是细胞最重要的成分，呈球形，控制细胞的遗传（Robert Brown，1831）。几乎所有高等生物细胞都有细胞核。成熟的哺乳动物 RBC 和完全发育的筛管缺乏细胞核，不过它们的不成熟阶段是有细胞核的。

1. 结构 细胞核由一层核被膜即核膜覆盖。细胞核内是清澈而略嗜酸性的物质，称为核液或核质。间期核浆含有精细的嗜碱性的丝状体，称为染色质即染色体。还有一个或几个球状体称为核仁（图 2-29）。

（1）核被膜 在电子显微镜下，显示核被膜由两层膜即外核膜和内核膜组成的。两层核被膜之间有一个 20nm 的核周腔。每层核被膜都有 7～10nm 厚的 3 层单位膜结构。外核膜在若干个点上与内质网有交流，而且外膜外侧有核糖体。核被膜上有很多孔，称为核孔。每个核孔显示有一个电子致密的环或圆柱称为环面。因此核孔的实际开度定义为环面空穴的大小。环面向核内延伸到核质，向外延伸到细胞质（图 2-30）。典型的环面有 8 个亚基放射对称排列在核孔外围。亚基有微圆筒、灯丝、球体或卵球体等各种解释。一个 10～15nm 大小的中央核蛋白颗粒见于某些核孔复合体中，而在邻近的核孔则没有。在核被膜的内侧，很多类型的细胞中有纤维状物质延伸到核质中去，它们被称为纤维薄层。

（2）核仁 核仁通常是位于细

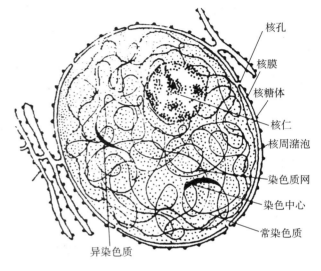

图 2-29 细胞核的超微结构（剖面图），示构造

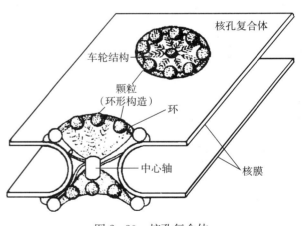

图 2-30 核孔复合体
（引自 Franke，1970）

胞核中央或周边的一种球状体（Fontana，1874），它与两个或更多染色体的核仁形成中心紧密相连（图 2-31），一个核内可以有一个或几个核仁。

核仁的超微结构组成有 4 个主要成分：无定形的核基质、核仁相伴染色质、纤丝和微粒（图 2-32）。核仁基质（或核仁无定形区）是匀质的，含有分散的微粒和纤丝。核仁相伴染色质含有 DNA，是合成 rRNA 的模板。核仁的周围是一层壳状的核仁外周染色质。

染色质从核仁外周伸进核仁形成的柱状隔膜称为核仁内染色质。纤丝的直径为 8～10nm，是核仁纤维区的组分之一。微粒含有蛋白质和 RNA 以及核糖体的前体。微体是中央透亮、外周致密的囊泡状结构，它们由细丝相互连接成一种类似串珠的结构——核仁丝。初级的核仁丝经过折叠形成次级核仁丝。

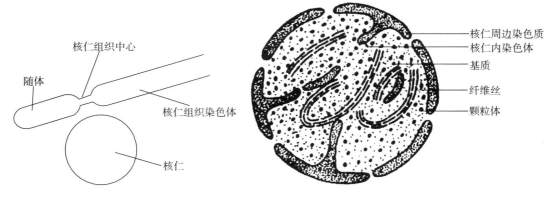

图 2-31 随体染色体及其附着的核仁　　图 2-32 核仁的超级结构（剖面图）示其组分

（3）核质 核仁内透明、半固体、有颗粒、微嗜酸性的基质即核质。细胞核的成分，如染色质线、核仁悬浮于核质中。它主要由核蛋白质组成，不过它也含有各种无机或有机化合物，如核酸、蛋白质、酶和矿物质。

（4）染色质 核质内一种线状绵长、容易被碱性染料染色的丝状结构称为染色质纤维。它是 DNA 和蛋白质的复合体。染色质纤维只能在细胞分裂期间观察到。在细胞分裂过程中，这些染色质丝变成粗而短的线，称为染色体。已经认识到有两种类型的染色质物质，染色质上染色深的浓缩区域称为异染色质，它们的代谢和遗传都可能不活跃。染色浅的染色质纤维称为常染色质，常染色质区有活跃的 DNA，因此在遗传上非常重要。

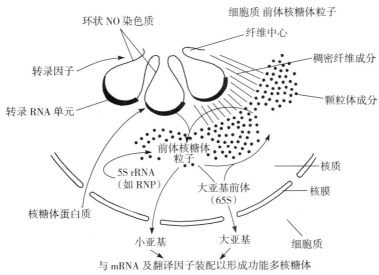

图 2-33 核仁的 3 个不同的区域及它们在核糖体装配中的作用

2. 功能

（1）核膜功能 核膜是细胞核与细胞质的界面。把细胞的遗传组分（染色体）与蛋白质合成机器（核糖体和内质网）隔离开来。因此它为 DNA 提供保护防止细胞质酶的诱变效应。它参与核—质交流、结构元件附着到细胞质、核组分的附着、分配到其他细胞内膜以及电子运输等活动。

（2）核仁功能 核仁是最活跃的合成 RNA 的场所，也是 rRNA 库。核仁中的染色质含有编码核糖体 RNA 的基因或者核糖体 DNA（rDNA）。核仁纤丝是核糖体 RNA 的起始，进而形成微粒。微粒反过来是核糖体的前体（图 2-33）。

（3）染色质功能 染色质是染色体的基本组分，染色体是遗传物质——基因的处所。它含有可以合成不同类型 RNA 并控制参与不同代谢过程的酶的合成的 DNA。

■ 小结

细胞是生命的结构和功能基本单位。细胞有原核（细菌）和真核（高等动植物）两种。一个真核细胞有以下不同的结构组分：

1. 细胞壁 细胞壁出现在植物细胞中，由纤维素、半纤维素、果胶质、木质素等组成。它分为 3 个不同的层：胞间层、初生壁和次生壁。细胞壁有通透性。细胞壁赋予细胞以形状和刚性，还可以使细胞免受外界损伤。

2. 细胞膜 细胞膜包围着每个细胞，是由脂肪和蛋白质构成的，它具有半透性，有助于细胞的运输系统运行。

3. 内质网 它们是细胞质基质中由无数膜包被的长或圆形囊泡形成的网状结构。有附着核糖体的粗糙型以及没有核糖体的光滑型。它们形成细胞的骨架协助合成、储藏和运输各种代谢物质。

4. 高尔基体 细胞质内的膜包被体，垛叠成垛与分泌作用有关。

5. 核糖体 核糖体是细胞质中位于膜上的 RNA-蛋白质二裂形颗粒。参与蛋白质的合成。

6. 线粒体 线粒体是双层膜细胞器，含有呼吸作用的酶，其内膜向内折叠成手指状并将基质分割成连续的不完全区隔。线粒体酶参与细胞的呼吸作用。

7. 叶绿体 叶绿体是双层膜包被的植物细胞的细胞器，含有绿色光合色素——叶绿素，参与光合作用。叶绿体基质含有多种膜包被的扁平囊（类囊体），类囊体排列成垛成为基粒。

8. 溶酶体 有单层膜包被的含有水解酶的细胞质囊，参与消化作用。

9. 微体 由单层膜包被的含有氧化酶和过氧化氢酶的细胞质囊泡，参与光呼吸和糖异生。

10. 微管 是细胞质内的微管蛋白纤维结构，形成细胞的骨架和纺锤丝。

11. 中心体 动物细胞中的细胞器，含有由 9 个三元微管组成的中心粒，参与形成纺锤丝。

12. 液泡 植物细胞中出现的大囊泡，动物细胞中较小。含有各种形成细胞汁的溶解物质。

13. 细胞核 细胞核是细胞最重要的组分，由一层核膜包被。它含有由 DNA-组蛋白组成的染色质，可以形成染色体，是基因的载体，控制细胞所有的代谢过程。

第三章　染　色　体

染色体是遗传物质的载体，并且是一代又一代，从一细胞到另一细胞，运输遗传物质的交通工具。作为遗传的单位基础（unit basis）的基因位于染色体之内。因此，每一条染色体是一个大而复杂的分子，由较小的但不是很复杂的分子——基因所组成，基因按直线次序排列于染色体线中，位于细胞核的内部。

染色体的存在首先由 Strasburger（1875）所证实，由 Waldeyer（1888）创造染色体这一名词（chromo——有色；some——物体）。此"染色体"被 Baranetsky 看成细胞核中的主要成分，并负责保持遗传稳定性。

在低等有机体中，原核生物（prokaryote）没有明显的核膜，染色体单独呈现于DNA 中，这样的结构和在较高级的生命形式或真核生物（eukaryote）——染色体的复杂的有机结构相比，称为基因线（带）（genophore）（狭义）。处于分子大小水平的基因线的结构超越了光学显微镜所能解决的范畴，而可以在电子显微镜下的超结构水平下加以分析。另一方面，比较高级的有机体可以在光学显微镜下观察，并由核酸和蛋白质（既是碱性的又是非碱性的）组成。

染色体研究通过物理的、化学的和分子水平的研究，结合基础的细胞学和遗传学的分析已大为充实。这样的综合研究的途径对细胞代谢的各个方面的染色体结构和行为以及遗传控制模式给予更加深入的理解。

一、染色体的数目和大小

一个特定物种的染色体的数目和大小都是稳定的。有机体的每一个细胞都含有相同数目和类型的染色体，这使每个基因都能够行使其影响。身体所有部分染色体数目的稳定性（constancy）是靠细胞分裂（cell division）或者称为有丝分裂（mitosis）的类型而保持的，它涉及染色体的均等的分裂（separation），每一个子细胞均含有双亲的染色体组（chromosome complement），称为二倍体（diploid）。成半的染色体数目通过另外一种细胞分裂类型而达到，称为减数分裂（meiosis 或 reduction division），导致具有半数染色体的细胞形成，成为配子（gametes），既有雄配子，又有雌配子，称为单倍体（haploid）。该原有的二倍体染色体数目可以通过有性生殖（sexual reproduction）而恢复。有性生殖包含雌、雄配子的结合，导致受精。导致从二倍性（diploidy）成为单倍性（haploidy）的减数分裂或染色体数目减半，和父母本染色体（同源染色体对）之间的配对和片段的互换（interchange）相联系。

虽然一个特定种的染色体数目保持稳定，但不同的种与种之间染色体数目有所不同。在植物中记载的最低和最高的染色体数目分别是菊科植物的纤细单冠菊（*Haplopappus* gracilis，$2n＝4$）和蕨类植物的瓶尔小草（*Ophioglossum*）（$2n\geqslant1\,200$）。

根据有丝分裂中期（mitotic metaphase）所研究的染色体的大小，可能短的如真菌，短到 $0.25\mu m$，到像小麦属的长达 $30\mu m$；宽度的变异范围从 $0.2\sim2\mu m$。

二、染色体的结构与形态

染色体是高等植物细胞核的主要成分。它包含直线排列的基因，负责保持遗传的稳定性。在细胞中，细胞核分裂早期呈现卷曲线状，到后期变成凝集状态。

1. 染色线和染色粒 染色体的基本结构广义地说是线状结构，早期称之为染色线（chromonema）。在另一方面，染色线的外形像珠子，这珠子被称为染色粒（chromo-mere）。早期学者所想象的将染色体结构理解为珠子线体状，在以后的年代中经受了许多精炼和改进。

染色体的现代概念认为染色体是纤维丝结构，由纤维丝所组成，折叠若干次，达到直径为 $10\mu m$ 的厚度。在细胞分裂开始时，该结构似乎呈卷形，之后形成螺旋形结构并进行凝集，继之以不断地脱螺旋和脱凝集。图 3-1 是一个连续的 DNA-蛋白质纤维的过程，其中有凝集和脱凝集片段交替形成。较高级有机体的染色体的单独凝集片段可和一个微生物的整个 DNA 线相比拟。染色体的染色线及染色线成分可以在细胞分裂的一定时期，如前期，在光学显微镜下分解，这里的结构没有完全螺旋化。染色线表现为螺旋状的线，并且是染色体的永久的成分。染色线呈现为较高度的

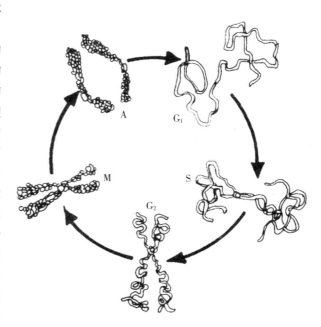

图 3-1 染色体的凝集和脱凝集循环

坚实体（compaction），并含有亚微观的（普通显微镜下看不到的）圆粒——核粒（nucleosome），它只有在超结构水平下才能分解出来。

2. 染色单体 在光学显微镜水平下，观察染色体依靠碱性染料的应用。染色体的结构主要从细胞分裂的中期（metaphase）进行分析，也就是细胞分裂的中间时期（阶段），染色体高度凝集并成螺旋形，并与碱性染料反应强烈。中期的每一染色体由两个对称的染色单体（chromatid）组成，染色单体借着丝粒连在一起，到后期（anaphase）分离。

3. 初级及次级缢痕 用一般的固定和染色方法，在分裂时期的染色体，似乎有些像圆筒体（圆柱体），在"圆筒体"上有一区段或更多区段的收缩（图 3-2）。

这些收缩的位置是任何一套特定染色体的经常有的特点。它们经常被称为初级及次级缢痕（primary and secondary constriction），前者指分裂时与活动有关的染色体的区域，而后者只出现在与核仁生产有关（核仁区域）的某染色体。初级缢痕称为着丝粒（centromere 或 kinotochore），显然是一主要部分，因为缺少着丝粒的染色体在有丝分裂时不能移动到极处（pole）。

4. 着丝粒　着丝粒（centromere）或着丝点（kinetochore）是染色体的特殊区域，和它在后期时沿着纺锤体（spindle）移动到两极有关。它可能位于染色体的特殊部分——初级收缩区，或者它可能扩散，整条染色体呈现纺锤形的形状。着丝粒形成：

①当中期向后期转变，姐妹染色单体的最后附着点。

②有丝分裂纺锤纤维的附着点。

③调节染色体运动的动力蛋白的地位。

定位着丝粒（localized centromere）基本上在中期（metaphase）以小的脱色的隙裂出现。这样的出现是由于在

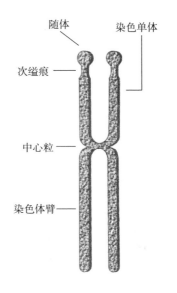

图 3-2　一个典型染色体的结构

染色粒两边存在两块异染色质。它呈现异染周期性（allocycly）。它们在中期退色，而在间期染色，形成明亮染色的物体或间期核（interphase nucleus）的前期染色体（pro-chromosome）。

着丝粒的位置已经被用做拟定不同种类的染色体的标准。根据着丝粒的相对位置，染色体被描述为中着丝粒染色体（等臂染色体，metacentric）、近（亚）中着丝粒染色体（submetacentric）、近端（点）着丝粒染色体（acrocentric）以及端着丝粒（点）染色体（telocentric）（图 3-3）。如果着丝粒趋向于中部，将染色体分为两个等长的臂，这染色体称为中着丝粒染色体（metacentric），相类似地，近中着丝粒和近端（点）着丝粒是用以描述具有分别位于接近中部或接近端点的缢痕（constriction）的染色体。如果着丝粒位于染色体臂的端点，称为端着丝粒染色体，根据着丝粒的位置，在后期活动中染色体分别呈 V 形、L 形、J 形、I 形（图 3-4）。

在一个正常的细胞分裂中，着丝粒染色粒和线（centromeric chromomere and thread）纵长分裂，因此一个一致的复制物转移到每一个子染色体。然而，在某种情况下，可以观察到横断分裂（transverse division）。Darlington（1939）在 Nicandra 种中称之为错分裂（misdivision）或着丝粒裂解（bursting of the centromere）。所形成的子染色体呈现端点着丝粒（terminal centromere）。

根据着丝粒的数目，染色体可能是单着丝粒（monocentric）（只有一个着丝粒——通常如此）、双着丝粒（两个着丝粒，像在小麦中）、多个着丝粒（有许多个着丝粒——像在蛔虫中）、或无着丝粒（acentric，没有着丝粒，不能成活）。

漫散着丝粒（diffuse centromere）并不显现任何单独的附着点，而显示两个染色单体的平行行动，遍及纺锤体的长度。Luzula 着丝粒的漫散特性已经染色体的辐射而证实，

图中标注：随体　染色单体　次缢痕　中心粒　染色体臂

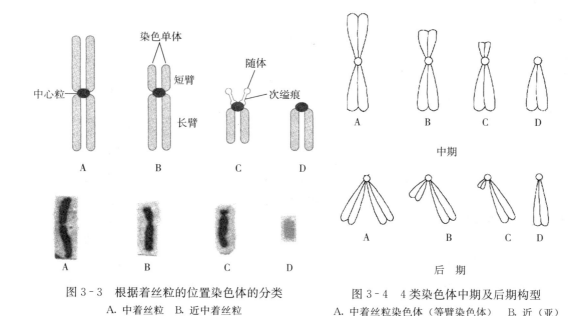

图 3-3　根据着丝粒的位置染色体的分类
A. 中着丝粒　B. 近中着丝粒
C. 近端着丝粒　D. 端着丝粒

图 3-4　4 类染色体中期及后期构型
A. 中着丝粒染色体（等臂染色体）　B. 近（亚）
中着丝粒染色体　C. 近端（点）着丝粒染色体
D. 端（点）着丝粒染色体

其断裂的片段（broken fragment）行为像具有着丝粒的染色体。按照这样，在这一属内，染色体数目通过片断化而增加。

电子显微镜研究已经提出了定位着丝粒（localized centromere）的更加详细的结构。微管附着在着丝粒上，这是三片层结构位于着丝粒缢痕的任何一边。超结构分析进一步显示中期染色体的两个染色单体在着丝粒处保持于一起。在植物和动物中，微管和染色质之间可以看到各种不同的联结方式。

在某些高等植物中，如百合属植物和紫鸭跖草，大的块状或重复序列位于几个种的着丝粒的周围。一般情况下，着丝粒 DNA 蛋白质复合体在培养剂中抗核酸酶的分解。在有些体系（system）中，已显示能够超过减数分裂重组。许多植物在它们的着丝粒上或其附近，有高度重复序列的簇。在少数植物种内，并行的重复位于特殊的着丝点上或其附近，不同类型的蛋白质也位于着丝粒中。

5. 次级缢痕和随体　除了着丝粒以外，着丝粒也可以称为初级缢痕，它具有促使染色体移动的作用，有的染色体还具有另外一种缢痕，称为次级缢痕。这一缢痕如果几乎位于该染色体臂的端点，该染色体的端点片断（terminal segment）像一个小圆点形状，称为随体（satellite），而该染色体则称为随体染色体（SAT chromosome）。随体，虽然经常广泛地被应用，其严格的意义是指该染色体臂的末端小节（end segment）随体线（satellite thread），也就是染色体的连接线呈现该所谓随体和该主要染色体臂之间的连接关系的，是经常可见的。次级缢痕或随体片断（satellited segment）负责核仁（nucleolus）的组织，因此被称为核仁组织区（nucleolus organizing region，NOR）。因为这一片段含有编码 18S 和 28S 核糖体 RNA（ribosomal RNA），这是核糖体核蛋白代谢（ribonucleo protein metabolism）所必需的。另外，在某种情况下，染色体可能有多于 1 个的次级缢痕——称为超数缢痕（super numerary constriction）。

6. 端粒 端粒（telomere）是核蛋白结构，并出现在染色体的末端。它们是染色体加大了的末端，并且根据不同染色周期所观察，它们是异染色质（heterochromatic）的。它们执行若干生命功能包括末端的保护。端粒能够使染色体区分正常的染色体末端和断裂（break）。因此，周期（cycle）可以延缓以便修补断裂。染色体末端的保护可以通过一种特殊的机制加以解决，包括端酶（telomerase）——一种端粒酶——一种完全相反的转录酶，这可以弥补 DNA 多聚酶不可能完全地复制染色体的缺陷。正常的 DNA 重复机制不可能导致完全的端粒重复，因为它们产生一个钝端 DNA 而其他端具有 3′突出端（over hang）。

较高等有机体的端粒的稳定性和完全复制，说明它们具有某种共同的特点。

端点 DNA，包括染色体的最后的分子末端，包括简单的重复序列，特点是一条线上有成簇的鸟嘌呤核苷的残余（G residue）。一个全面不对称的束（strand）的组成，导致富于鸟（嘌呤核）苷以及互补的富含 DNA 总量的束。双链染色体 DNA 分子的每一束的 3′端是富含鸟（嘌呤核）苷的末端束（telomeric strand），并且它形成 3′的端点突出端（terminal overhang），12～16 核苷酸的长度，从双链伸出（图 3-5），每一种都有一个特有的端点重复序列。在有些种内可以发现有限制的序列变异。然而，许多不同的种也可能有相同的端粒重复单位（telomeric repeat unit）。

图 3-5 端粒复合片的结构［端粒结合蛋白，以一个卵圆形表示，由端粒 3′14 个碱基延伸而成］

（根据 Blackburn，1990）

TTGGGG 的聚合作用是这样形成的，在富鸟（嘌呤核）苷束的 3′端加入末端寡核苷酸引物，与外源加入的核酸模板无关。每一个端粒合成它的种所特有的富鸟（嘌呤核）苷束的顺序（图 3-6）。

端粒的模式可以作为控制生命幅度（life span）的分子时钟（molecular clock）。真核细胞的端粒 DNA 在相继世代中不断地丧失，既由于不完全的重复（incomplete replication），又由于特殊束的外切核酸酶的活动，如果基因座（loci）没有构成，端粒继续变短，每一代加倍缩短，因此，缺失了端粒活动，染色体每次分裂都会缩短。

7. 染色质——异染色质及常染色质 染色体主要由两种成分组成——异染色质和常染色质（heterochromatin and euchromatin）。常染色质构成染色体的主要功能区。另一方面，异染色质出现于着丝粒的两边，并出现于端粒、次级缢痕以及中间环节（闰节）（intercalary segment）上（表 3-1）。

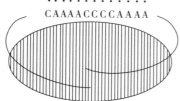

图 3-6 端粒 DNA 借端粒酶伸展

A. 具有最端点端粒 DNA 核苷酸的端粒酶 RNA 碱基对的模板区域

B. 端粒酶应用 RNA 作为模板促进 dGTP 和 dTTP 的聚合作用扩展端粒

端粒酶的蛋白质成分以有影印的卵圆形表示；端粒酶的 RNA 成分以曲线表示

（根据 Blackburn，1990）

表 3-1 常染色质和异染色质的区别

常染色质	异染色质
1. 常染色质在不大凝集的区域发现	1. 异染色体在更加凝集的区域发现
2. 在常染色质区的染色质纤维和在异染色质区的相比较，卷曲比较疏松	2. 在异染色质区的染色质纤维比在常染色质区的卷曲折叠得更加紧密
3. 在分裂周期染色较深，而在分裂间期染色较浅	3. 在分裂间期染色较深，而在分裂周期染色较浅
4. 这一区域遗传上较活跃，并含有单—DNA	4. 这一区域遗传上不大活跃，并含有重复 DNA
5. 常染色质区域能离体合成 mRNA	5. 异染色质区域不能离体合成 mRNA
6. 常染色质区可见复制其 DNA 比异染色质区早。它们在 S 期（细胞周期中 DNA 合成期）进行复制	6. 异染色质区可见其复制 DNA 比常染色质区晚，它们在分裂周期开始时复制
7. 本区域的增加或丧失影响自发突变	7. 本区域的增加或丧失并不影响自发突变
8. 本区域并不黏着	8. 本区均黏着
9. 在常染色质区域交换率较高	9. 交换率低于常染色质区
10. 并不呈现异固缩	10. 呈现异固缩现象
11. 常染色质不像异染色质那样不稳定	11. 异染色质比常染色质更容易变异，受温度、亲本的性别年龄的影响接近于着丝粒

异染色质这一名词最初由异染色体（heteromosome）或性染色体（sex chromosome）衍生而来，系 Heitz 由常染色体（autosome）分化而来。因为性染色体在它们的染色行为上和其他染色体不同，凡是表现染色环（staining cycle）的染色体片断，与性染色体相类似，称为异染色质的（heterochromatic）。然而，Darlington 将异染色质归于异染周期性（allocycly），这意指在分裂间期（interphase）染色体或异固缩正向染色（positive staining），到了中期（metaphase）则行为相反。然而，在许多情况下，染色体可能是明显的凝聚或解凝聚（condensed or decondensed），比如次级缢痕区域（secondary constriction region）。因此，所有这些片断在异染色质情况下都是棒状的，通常的性状染色行为不同于染色体片断的其余部分。

根据 Vanderlyn（1949），任何片段，表现的特性不同于常染色质的那些特性的，应该称为异染色质（heterochromatin）。这并不意味着所有异染色体区域，包括那些初级和次级区域基本上是相类似的。因此异染色质包含表现不同种的不同特性的染色质的各种各样的组合。较早期应用于异染色质区的名称是组成型的（constitutive）或兼性的（facultative），或在发育时表现的。

在发育中表现的兼性异染色质的最好实例由粉状臭虫（mealy bug）所提供，其中有一组染色体在发育时成为异染色质化的（heterochroma tinized），而其余的仍保持为常染色质的。在哺乳动物的性染色体中，由于剂量补偿（dosage compensation），一个 X 染色体保持为活跃的而其他的变成不活跃的或异染色质化的（heterochromatinized）。在植物中，经过寒冷处理后，染色体的某些区域经常表现为负染色（negative staining），例如在贝母、延龄草、重楼属植物种内。这些区域被 Darlington 称为核酸饥饿区域（nucleic acid starved area），是由于环境改变而产生的，也是由于兼性异染色质的类别而出现的。

在另一方面，组成型异染色质（constitutive heterochromatin）在染色体中保持稳定，并在间期（interphase）表现凝集，像在许多植物种，如蚕豆（*Vicia faba*）所呈现的。还有一个特点是迟或早的 DNA 复制（replication of DNA），和常染色质的不同，像性染色体那样。构成异染色质的最好实例是着丝粒两边的片段所提供的，着丝粒在中期保持凝集的块，称为前染色体（prochromosome）。

除上面讨论的着丝粒之外，组成型的异染色质也着生于端粒区、核仁组成区，以及某些有机体胞间区。整条染色体也可能是异染色质的，如有些植物的性染色体和副染色体（accessory chromosome）。

有些这样的假设，异染色质虽然遗传上呈现凝集的染色质状态，但是可能由效应小而相似、具有互补作用的基因所组成，像 Mather 的多基因概念所体现的。在此之后，重复DNA 序列的发现及其在染色体中的分布，说明异染色质片段是由重复的 DNA 序列所组成，既富含 GC 也富含 AT。数目及凝集状态因不同染色体片段而异。有些片段像前染色体表现高度同质复制。

直到现在还没有特殊的性质功能归诸异染色质。然而，这种片段可能和调节染色体代谢、细胞质合成以及染色体水平的非特殊功能有关，而所有这些都可以归类为核类型（nucleotypic），它在不同分类学水平上的变异使它适合于生物异质性的研究（study of biodiversity）。异染色质性质的基因型可能有所不同。

关于功能，组成型异染色质（constitutive heterochromatin）也有助于 Triticale 的同源染色体的配对。它也能影响细胞周期的缩短，像若干生长于干旱和高山地区不良环境下的种所显示的。而且在进化过程中，总的 DNA 的含量经常有大量的改变，这主要局限于异染色质的重复 DNA 序列。

三、核型和核型模式图

核型（karyotype）这一名词用以表示能用来鉴定一特殊染色体组的一组性状，也就是染色体的数目、相对大小、染色体臂的长度、着丝粒的位置、次级缢痕的存在和随体的大小。核型当用图解表示，能够显现所有染色体的形态性状的，称为核型模式图（idiogram）。

四、染色体的化学组成

关于染色体的化学知识，早在 1874 年 Miescher 在各种动物细胞核的分析中，报道了存在蛋白质成分和另一种物质——大麻哈鱼（salmon）精子中的核素或核蛋白（nuclein），现在称为核酸（nucleic acid）。以后，不同学者的工作促进对染色体化学结构的理解，染色体具有蛋白质和核酸的连续的框架，后者则和遗传稳定性有关。

脱氧核糖核酸，细胞核染色体的主要成分，与蛋白质结合，形成染色体的核蛋白成分。染色体由基础蛋白质骨干被脱氧核糖核酸包围而组成的起始概念已经有了显著的改变。现在已经了解，酸性及碱性蛋白质，与脱氧核糖核酸一起组成染色体。根据有些学者，核糖核酸似乎在这一周期的某些阶段，出现在联合（丝）复合体（synaptonemal complex）。两类蛋白质以及 DNA 的存在已经被肯定，分别通过应用脱氧核糖核酸研究 DNA，应用胰蛋白酶和胃蛋白酶研究碱性及非碱性蛋白质。然而，在动物器官的研究中，残余染色体（residual chromosome）这一名词被采用，它被假定为染色体的基本骨架。在分裂周期中，进行螺旋状活动的这一基本骨架，显示除 DNA 外，还存在酸性蛋白质和 RNA。假定核酸组蛋白部分在残余染色体上形成基质（matrix）。前者可以借氧化钠处理和分级分离加以除去，以保持基本结构完整。然而，这种残余结构，被称为基本骨架的，并没有在所有有机体上定位。

五、染色体的分子组织

比较高级有机体的染色体已经证明由原纤维（纤丝）所组成，其直径为 2~3nm，重叠几次，产生厚度为 $10\mu m$ 的直径，它表现为一个连续的 DNA-蛋白质纤维。关于纤维长度的原纤维（纤丝）的数目，较早期的不同科学家提出了多股的（多线的）（malt-strained）概念（Steffensen，Ris）。以后有人通过试验证据宣称整条染色体长度只是一个分子，从端粒到端粒，通过着丝粒区域，并不受任何影响。因此染色体结构已经证明是单线骨架（单线概念）。若干模式已进一步解释了在染色体中 DNA 与蛋白质联合和折叠的情况。

1. 折叠纤维模式　根据 Du Praw 所提出的模式，染色体的每一染色单体由一个直径为 20～50nm 的单纤维组成，纤维经过纵长和横向的折叠（图 3-7）。

2. 核小体模式　这是 Roger Kornberg 1974 年提出的最现代化并且可以接受的模式。

（1）核小体（nucleosome）　电子显微镜和生物化学证据已经揭示，染色体（染色质）结构的外形是串珠状的（beaded）（图 3-8）。每一个珠子称为核小体（核粒）（nucleon some 或 nu-body）。核小体是 DNA 和组蛋白的复合体。在核小体集群中，有 5 个组蛋白的小部分，其中 4 个（H_2A、H_2B、H_3

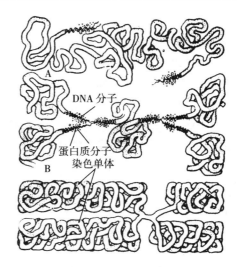

图 3-7　Du Praw 的在间期（A 和 B）以及在中期（C）的染色质的折叠纤维模式

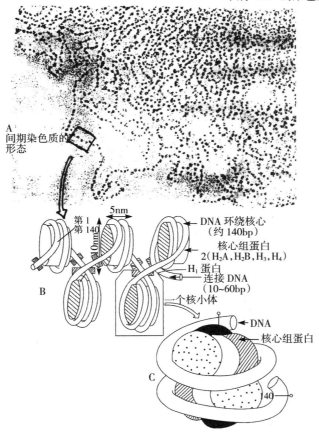

图 3-8　科恩伯格核小体模式
A. 珠状染色质的周期　B. 核小体的重复的单位　C. 单独的核小体
（根据 De Robertis，1980；Mitra S，1994）

和 H_4）进入核小体的组成，还有第五个 H_1 蛋白，作为核小体珠间的连接者（linker）。八聚体（octamer）被具有几乎 200bp DNA 分子所包围，其中约 140bp 进入小聚体的螺旋卷曲，其余的碱基对保持与 H_1 分子相结合。核小体的结构显示进化稳定性（evolutionary stability），甚至在酵母及人类中也能注意到核小体的试验证据，支持核小体的证据如下：

①X 射线衍射图研究。染色质的 X 射线衍射证明每 10nm 重复一次的结构存在。

②电子显微镜检技术研究。断裂细胞核的电子显微镜技术显示由一条细线串联的一系列圆形颗粒的存在——称为成串的珠子。珠子的直径为 7～10nm，但串联成线的长度有变化。

③具有微球菌核酸酶（micrococcal nuclease）的染色质的消化。已经明确说明核小体很像成串的珠子。很明显珠子是非珠子的束（string）或掌握核小体的结合 DNA（linker DNA）所联结。当含有 4～5 核小体的 DNA 小块受微球菌核酸酶处理时，它逐渐降解结合 DNA（linker DNA），但是核小体保持部分抵抗核酸酶的作用。DNA 体积的分析说明连续的核小体间的空间约是 200bp，DNA 首先减少到 166bp，最后到 146bp，而 H_1 被降解。

（2）组蛋白的联合（association of histone）　在每一种重复单位中只有 5 种组蛋白。其中的 4 种是 H_2A、A_2B、H_3 和 H_4 以及第五种 H_1。

据观察 H_3 和 H_4 作为四聚体（四聚物）出现（一对二聚体或二聚物），即 $(H_3)_2$、$(H_4)_2$。已经表明大多数有机体的染色体具有数目相等的 H_2A、A_2B、H_3 和 H_4 分子，而每一个组蛋白分子具有 25 个 DNA 的核苷酸。因为 H_3 和 H_4 作为四聚体出现，每一个重复单位可能具有一个这样的四聚体和 2 个分子，H_2A 和 H_2B 各一个。因此，组蛋白将形成一个八聚体（costamer，$2H_2A+2H_2B+2H_3+2H_4$），在一个重复单位中和 200 碱基对相结合。一个 H_1 分子与每一个重复单位相结合，但在核心中并没有。

也有人认为四聚体成为单位的核心，八聚体决定空间，因此形成一个可变动的结构。H_2A 和 H_2B 相加成为四聚体每一面的二聚体 $(H_3)_2$、$(H_4)_2$、$(H_3)_2$、$(H_4)_2$、四聚体产生与 2 个独立的二聚体 H_2A - H_2B（图 3 - 9）相结合的中央核心，DNA 进入并离开同一边，而 H_1 封住 DNA 的两端。

（3）DNA 的结合（association of DNA）核酸酶经过长期的分解之后，在核小体之间的卵裂（clearage）之外，DNA 离开产生颗粒的两端，该颗粒只含有 146bp 而不是 200bp，这个核小体减少了的形式称为核小体核心颗粒（core-particle）。在核小体核心

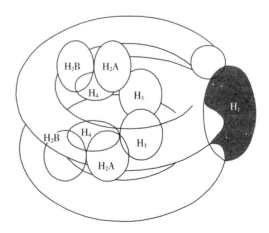

图 3 - 9　以 $(H_3)_2$、$(H_4)_2$ 形成核心核小体模式

颗粒的靠近处，每一核小体颗粒具有一个核心 DNA，彼此通过称为结合 DNA（linker DNA）的 DNA 片段相连接，结合 DNA 在核酸酶长期的分解中被除去。核心 DNA（core DNA）具有 146bp，但连接区 DNA 有 8～114bp。

三维结构可以由 X 射线结晶学显示，核小体核心颗粒既不是圆的，也不是完全平的，而是楔形的（wedge shaped），直径约 11nm，高 6nm。晶体研究认为 DNA 双螺旋卷曲成为

一个大螺旋或超级螺旋，在颗粒中央组蛋白（histone）的周围形成 2r（two turns）。由 DNA 的结构以及核心颗粒的直径，估测 2 个超螺旋卷（superhelical turn）将有 160bp，因为中央的 DNA 的长度只有 146bp，因此它只能围绕 4/7 圈。

因此颗粒的一边是薄的，说明楔形（accounting for the wedge shape）的形成。

3. 螺旋管模型 10nm 核心体纤维本身卷曲形成 30nm 宽的螺旋体，每一个螺旋体有 5～6 个核小体。在这一螺旋体中，继续紧密地旋转，因此它们中心到中心的距离约为 10nm，这一 30nm 的结构被称为螺旋管（solenoid）（图 3 - 10），H_1 蛋白质帮助 10nm 纤维折叠成 30nm 螺线管，因为当 H_1 被除去时，这个有序的折叠就没有了。H_1 分子借交联（cross linking）连接而积聚形成多聚体（polymer）并可能因此控制螺线管的形成。

在核小体链中 DNA 的包扎（packaging）比自由 DNA 紧密 5～7 倍，而在 30nm 螺线管中，包扎更紧密 40 倍。

染色体的环状结构、功能域（结构域，domain）及支架结构（scaffold）：30nm 的螺旋管模型以后组织成为染色体的环状结构和功能域结构（图 3 - 11）。每一染色体环状结构约有

图 3 - 10 螺旋管模型，每一转约具有 6 个核小体的一个螺旋（helix），其中毗邻的核小体 H_1 分子是接触的

［根据 Sci. Amer.（1981 年 244 卷）重绘］

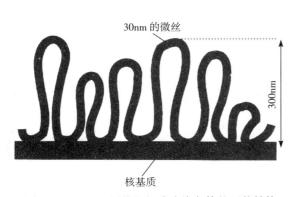

图 3 - 11 30nm 纤维组织成为染色体的环状结构

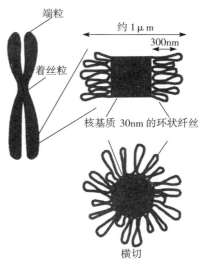

图 3 - 12 有丝分裂染色体的结构

50r 的螺旋管。每一染色体环状结构具有 85kb 的 DNA，长度为 $10\sim30\mu m$。这些环状结构包围支架或基质的中央核心，组成染色体蛋白质的非组蛋白纤维网（non histone fibrous network）。这些支架结构和凝集螺旋管纤维成为紧密包装的中期染色体有关（图 3-12）。

支架结构蛋白质包含 2 个丰富的蛋白质——较大的 DNA 拓扑异构酶 II 以及较小的基质蛋白质。无论 DNA 的起始（initiation）或与基质蛋白质及拓扑异构酶 II 限制地点相联系出现的 DNA 的继续复制均在基质联系 DNA 中可以发现。拓扑异构酶 II 结合的地点称为支架结构相关区（scaffold attachment region，SAR），而基质蛋白质结合于基质附着区

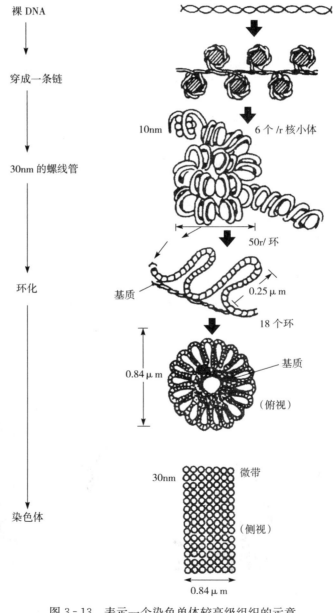

图 3-13　表示一个染色单体较高级组织的示意

(matrix attachment region，MAR)。相信 DNA 的活动像间期细胞核 MAR 和后期染色体 SAR 相同的次序进行。

组织的顺序（order of organization）：假定染色体纤维是由 3 组不同水平的线圈形成的（图 3-13）。

①凝聚的第一水平包括 DNA 作为超级线圈（super coil）包装进入核心体，这产生了直径为 10nm 的间期纤维。

②凝聚的第二水平包括 10nm 核小体的进一步折叠和超级卷曲，以便产生 30nm 螺旋管（solenoid）。

③最后 30nm 的螺旋管纤维组织成为环状结构，围绕中央支架结构，成为紧密包装的后期染色体。

六、染色体的特殊模式

（一）副染色体

副染色体（accessory chromosome）或者又称为超数染色体（supernumerary chromosome）或 B 染色体（B chromosome）。按照它最简单的形式，可以定义为并非个体所必需的并且在任何正规染色体中没有和它同源（homologous）的一条特殊的染色体（Muntzing，1967）。这些染色体和正常染色体不同，它们的数目有变化，体积较小，而异染色质化的程度较高。它们在同一个体的不同组织内，相同群体的不同个体间，甚至同一种在不同地区的群体间，都可能数目有变异。它们在性质上经常是近端着丝粒（acro centric）或端着丝粒的（telocentric），也曾经记录过是亚中着丝粒的（submetacentric）或中着丝粒的（metacentrie），在减数分裂时它们不经常和正常染色体配对。

这样的染色体是 Longley 和 Randolph 于 1927—1928 年首先在玉米中记录下来的，他们称之为 B 染色体，以便和正常玉米植株的正常数目 $2n=20$ 区别。这些染色体比正常染色体小得多，并且在不同的玉米品系中以不同的频率出现。在洋葱种 *Alliums stracheyii* 中，个体之间在 B 染色体数目上也不相同，但是在鸭跖草（*Tradescantia virginana*）中，这样的副染色体（超数染色体）曾经记录过在一个群体中的所有个体都绝对稳定。

在植物中，所存在的 B 染色体数目在种系发育时可能增加或减少，特别是孢原细胞和或当配子体发育时。在延龄草、百合属植物、紫鸭跖草及车前草属中，单价 B 染色体在雌性减数分裂时，优先分离为有功能的大孢子。在某种情况下，B 染色体的增加可以在生长在不同环境条件下的植物中观察到，如黏土及干燥气候条件下的植物中。

B 染色体通常是异染色质的，表现不同的染色行为——无毛紫露草（*Tradescantia virginian*）、*Alliums stracheyii* 和黑麦（*Secale cereale*）。着丝粒表现不规则的行为，形成不规则的后期分离和不均匀的分离。

后期异常分离或不间断（non-disjunction），这和 B 染色体的数量变异有关，可能导致相同种的不同群体内的变异，如黑麦、印度海葱（*Urginea indica*）、高山早熟禾（*Poa alpina*）和 *Allium stracheyii*。在另一方面，在羊茅属内，B 染色体的数目总是稳定的。

在植物中，B 染色体的减数分裂配对显示大范围的变异，这可能是两个相似的 B 染色体的同源配对，没有交错点（chiasma）的形成，例外地也和 A 染色体的非同源配对，如在山字草种内。一个典型的配对可能和 A 及 B 染色体的端点和端点相联络有关，如在 *Haplopappus spinulosus* 中。

异染色质化的程度可能包括从黄花茅种的总体异染色质 B 染色体到紫鸭跖草的总体常染色质染色体的范围。重复 DNA（repetitive DNA）的数量似乎也包含在内。

副染色体（即 B 染色体）的共同性状是它们的毒害作用，或者在某种情况下它们缺乏活力。B 染色体已证明在某种情况下能修改密切联系的种，例如黑麦草属、小麦和羊茅属之间杂种的染色体配对。

副染色体（即 B 染色体）的来源是相当朦胧的，它们可能在遥远的过去，可能从平常染色体衍生而来，可能从异染色质中央块（centric fragment）开始。

B 染色体性质上是异染色质（heteromatic）的，即这些染色体的结构和行为是高度变异的。它们的性质和存在的效应更可能解释为由于重复 DNA 在它们的大多数中有大量的存在，重复 DNA 在有些情况下也可能在正常染色体中存在。

（二）灯刷染色体

有些两栖类生物的卵母细胞（oocyte）具有巨形染色体。这些染色体有时甚至不用显微镜也能够看见。它们的长度在减数分裂前期的双线期是最大的，有些情况下，甚至可以达到 1 000μm。在这一时期，每一条染色体可以辨认出一个中央异染色质轴（central heterochromatic axis）和由轴投射出的大量的成对的环。由于它们在这一时期刷形的外表，这些染色体被称为灯刷染色体（lamp brush chromosome），放射自显影术显示，这些环是 RNA 合成的地点，也就是，反映活性染色质（active chromatin）。在卵母细胞中，双线期（diplotene）是一段比较长的时间，在这段时间中，合成大量的信使 RNA（messenger RNA），并储藏以供胚发育，当迅速合成蛋白质时应用，一个 DNA 双螺旋形成环（loop）的主轴。染色体主轴的 DNA 是不活跃的，因此，非常凝聚（condensed），但是染色体环的 DNA 是活跃的，并且伸长。当活动终止时，成环 DNA 也凝聚，因此，环消失。成环的 DNA（loop DNA）表现厚实（thick），这是因为有非组蛋白蛋白质（non-histone protein）和新生 RNA 分子（nascent RNA）的覆盖。

（三）多线染色体

多线染色体（polytene chromosome）也是巨形染色片的实例。大多数的研究已经用唾液腺染色体进行，因为它们的染色体是最大的。它们的出现是由于许多染色单片的纵长分裂，而分裂部分不再相继分离。染色体加倍而没有细胞分裂的过程被称为核内有丝分裂（endomitosis）。果蝇的多线染色体（polytene chromosome）有特殊重要性。因为在它们上面有横向条带，暗的染色条带和轻度染色条带在染色体区域交替出现。

许多多线染色体在它们的条带或条带内区域表现各种类型的肿胀或膨大，特别是在幼虫生长和分化时期。植物中由于核内有丝分裂而产生的多线染色体在胚乳、吸器（haustoria）以及胚柄（suspensor）中也有报道。

（四）性染色体

在雄性和雌性植株彼此有明显区别的植物系统中，与性别有联系的染色体可以定位。然而，只有少数种（女娄菜属、红瓜属）已经显示具有明显的性染色体（sex chromosome）。性染色体的详细情况和性的决定在其他章节中介绍。

然而最为常见的性别决定机制是XY，其中X和Y染色体彼此有区别。雌性植株以两个X染色体（XX），再加上常染色体（auto some）表示。雄性植株以一对异型染色体（heteromorphic pair）XY表示，形成一个二价体（bivalent）。这两条染色体都表现异染色质化（heterochromaticity），Y比X染色更加异染色质化。它们在减数分裂时是正常分离的。在雌性个体中，所有配子都含有X染色体，而在雄性个体中，半数配子含有X染色体，而另外半数配子含有Y染色体。性染色体和常染色体相比较一般复制较晚，并且它们可以根据染色行为与常染色体相区别。

■ 小结

染色体是遗传物质的携带者，是由细胞到细胞一代又一代传递的工具。染色体的数目和大小对一个种来说是恒定的，但种与种之间则有差异。

每一染色体具有线状结构称为染色线（chromonema），带有珠状物，称为染色粒（chromo mere）。从形态上看，一个中期的染色体有两个对称的染色单体。初级缢痕（primary constriction）或着丝粒（centromere）帮助染色体移动到两极，通过微管（microtubule）呈纺锤形附着于两极。

根据着丝粒的位置，一条染色体可能是中着丝粒的（metacentric）、近中着丝粒的（submetacentric）、近端（点）着丝粒的（acrocentric）或端着丝粒的（telocentric）。着丝粒性质上可能是局部的（localized）或分散的（diffused）。

染色体可能带有次级缢痕（secondary constriction），它也被称为核仁组织区（nucleolus organizing region，NOR），因为它与核的机体组成有联系，端粒（telomere）显示染色体加大了的末端，带有简单的同时重复的次序。

染色体由常染色质和异染色质所组成，这两种成分在凝聚、染色行为复制（replication）及功能上有所不同。异染色质在性质上可能是构成的（constitutive，着丝点、端粒、核仁组织区），或者是兼性的（facultative）（人类雌性的X染色体），在化学性质上，染色体由核酸（DNA和RNA）以及蛋白质（组蛋白及非组蛋白）组成。

在超微结构及分子水平上，每一个真核生物的染色体由一个20nm DNA的大分子所组成，由染色体的一端通过着丝粒到染色体的另一端。在细胞分裂间期，具有其独特的10nm直径的纤维染色质具有珠状结构（beaded structure），在链上的每一个珠子称为核小体式核粒（染色质中直径约10nm的粒子）。

八聚体由 $2H_2A + 2H_2B + 2H_3 + 2H_4$ 组成，它被一个146bp的DNA分子所包围（7/4圈），核小体通过与 H_1 蛋白质有联系的结合DNA相连接，核小体的折叠产生30nm的螺旋管（solenoid），每一转有6个核小体。最后螺旋管组织成为环（loop），围绕一个中央支架，成为中期染色体。

除了正常的染色体外，在有些有机体中有一些特殊的染色体，副染色体或 B 染色体、灯刷染色体（lamp brush chromosome）（两栖类动物的卵母细胞）、多线染色体（polytene chromosome，果蝇的唾腺染色体）以及性染色体。

第四章 核 酸

染色体是由蛋白质和核酸两种大分子组成的。核酸有两大类，即脱氧核糖核酸（DNA）和核糖核酸（RNA）。

DNA 和 RNA 是链状大分子，其功能是起遗传信息的储存和转运作用。它们是细胞的主要成分。DNA 主要发现于细胞核，而 RNA 则多见于细胞质。DNA 是大多数有机体包括病毒的遗传物质。不过也有一些病毒的遗传物质是 RNA。

一、脱氧核糖核酸（DNA）

脱氧核糖核酸（DNA）存在于除植物病毒以外的生物细胞中。DNA 一般是双链分子，但是噬菌体（如 ΦX174）的 DNA 以单链螺圈包被在蛋白质中。细菌的 DNA 可以呈环状，真核生物的线粒体和质体的 DNA 可呈螺旋圈和不分支的线状分子。

（一）DNA 的成分

脱氧核糖核酸是一种长的、由被称为核苷酸的单体所组成的线性多聚体（多核苷酸）。每个核苷酸由一个核苷（一个糖和一个碱基）以及一个磷酸基团组成。

化学分析高度纯化的 DNA 表明，它由 4 种构件组成，每一个构件包含 3 种分子：磷酸、糖分子、有机碱。

1. 磷酸 核酸中的磷酸（H_3PO_4）称为磷酸酯（图 4 - 1）。磷酸有 3 个活性羟基团（—OH），其中的两个羟基参与形成 DNA 的磷酸糖骨架。磷酸酯使核苷酸带负电荷。

2. 糖分子 DNA 含有一种五碳糖，即戊糖（图 4 - 1）。由于 $2'$ 碳上的氧原子的缺失而称之为 $2'$-脱氧核糖。5 个碳原子中的 4 个和 1 个氧原子组成一个五元环。第五个碳原子在环的外面形成一部分—CH_2 基团。

3. 有机碱 不同类型的含氮杂环化合物被发现是 DNA 结构中的一部分。因为它们在酸性溶液中可以与 H^+ 结合而简称为碱基。因为含有氮原子，它们也被称为含氮碱基。

主要有两种类型的碱基——嘧啶和嘌呤。

（1）嘧啶 嘧啶碱基是由类似于苯环的六元嘧啶环组成的，与苯环不同的是在 1 位和 3 位上由氮原子代替了碳原子。嘧啶碱基有胸腺嘧啶和胞嘧啶两种（图 4 - 1），通常分别缩写为 T 和 C。

（2）嘌呤 嘌呤是嘧啶的一种衍生物。它一个嘧啶环在第五和第四位与一个五元的咪唑环（在第七第九位上有氮原子）融合而成。有两种嘌呤化合物即腺嘌呤（A）和鸟嘌呤（G）（图 4 - 1）。

（3）稀有碱基 除 4 种常见的碱基（A、T、G、C）之外，还有一些不常见的嘧啶和

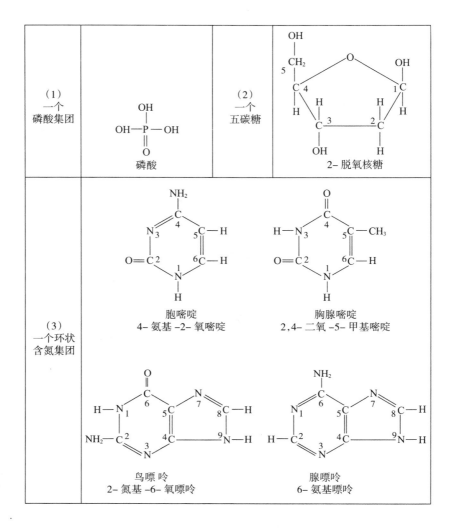

图 4-1 脱氧核糖核酸组分的结构式（每个核苷酸由 3 个单元组成）

嘌呤衍生物，称之为稀有碱基，见于一些生物的少数 DNA 中。T 偶数序列的噬菌体含有 5-羟甲基胞嘧啶取代胞嘧啶。这种修饰可以保护病毒 DNA 不被寄主细胞的核酸内切酶降解。

（4）DNA 分子中的氮碱基摩尔比例（Chargaff，1955）

①DNA 分子中的嘌呤和嘧啶数量相同。

②腺嘌呤（A）的数量和胸腺嘧啶（T）的数量相当，胞嘧啶（C）的数量和鸟嘌呤（G）的数量相当。

③DNA 中 A+G/T+C 值总是等于或者近似于 1。

④A+T/G+C 比例因物种不同而不同，但是对于某一特定的生物这个数值是不变的。因此这个比例被用来鉴定特定生物种来源的 DNA。

（二）DNA 的分子结构（Watson 和 Crick 模型）

1953 年，Watson 和 Crick 推导出来一个关于 DNA 分子的三维工作模型，即根据 Wilkins 的 X-衍射数据和 Chargaff 的碱基等量规律的 DNA 双螺旋结构。

1. 核苷 一个碱基与一个糖分子结合称为核苷。当脱氧核糖与碱基结合，则形成脱氧核苷。DNA 中发现有 4 种不同的核苷，它们是脱氧胞苷、脱氧胸苷、脱氧腺苷以及脱氧鸟苷。

2. 核苷酸 一个核苷酸是由一个核苷加一分子的磷酸衍生而来，磷酸分子在第五或者第五碳原子与糖连接（图 4-2）。DNA 中的核苷酸有 4 种类型（表 4-1、图 4-3）：脱氧胞苷酸、脱氧胸苷酸、脱氧腺苷酸、脱氧鸟苷酸。

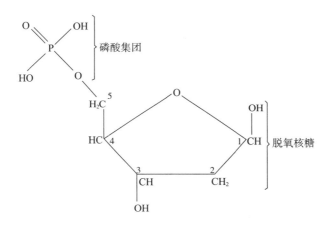

图 4-2 一个脱氧核糖分子在 5′位与磷酸连接

表 4-1 DNA 中糖与各种碱基、核苷和核苷酸

糖	碱基	脱氧核苷 （糖＋碱基）	脱氧核苷酸 （糖＋碱基＋磷酸）
脱氧 核糖	腺嘌呤（A）	脱氧腺苷	脱氧腺苷酸（5′-磷酸腺苷）
	鸟嘌呤（G）	脱氧鸟苷	脱氧鸟苷酸（5′-磷酸鸟苷）
	胞嘧啶（C）	脱氧胞苷	脱氧胞苷酸（5′-磷酸胞苷）
	胸腺嘧啶（T）	脱氧胸苷	脱氧胸苷酸（5′-磷酸胸苷）

3. 多聚核苷酸 许多脱氧核苷酸一个接一个共价连接在一起形成多核苷酸链，也即是说，脱氧核苷酸单体通过形成磷酸二酯键（一个二酯键包含两个酯键）连为一体（图 4-4）。

4. 双螺旋 Watson 和 Crick 认为一个 DNA 分子中有两条多核苷酸链相互盘绕成螺旋。这两条多核苷酸链通过相反链碱基之间的氢键结合在一起，产生的碱基对好比旋转梯子的梯级一样垂直于分子的轴线堆叠在两条链之间（图 4-5）。

碱基配对是特异性的，腺嘌呤总是与胸腺嘧啶配对，鸟嘌呤总是与胞嘧啶配对（图 4-6）。

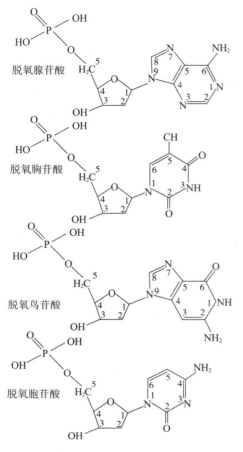

图 4-3 DNA 中 4 种不同 5′P3′OH 核苷酸的结构

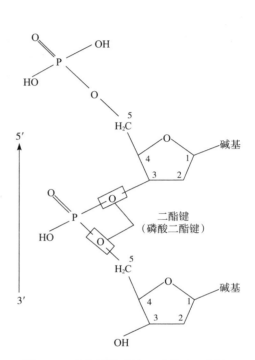

图 4-4 多聚核苷酸链（示磷酸二酯键）

因此所有的碱基对总是由一个嘌呤和一个嘧啶组成。碱基配对的特异性是由正常结构的碱基的氢键决定的。最通常的结构形态下，腺嘌呤和胸腺嘧啶形成两个氢键，鸟嘌呤和胞嘧啶形成三个氢键（图 4-7）。

因而 DNA 双螺旋的两条链被说成是互补的（不是相同的）。两条链互补的特性使 DNA 尤其适合于遗传信息的储存和传导。DNA 分子中，10 碱基对堆叠成一个螺圈（360°），长度达 0.34nm。两条互补链的糖—磷酸骨架是反向平行的，也就是，它们的化学极性是相反的。当沿着 DNA 双螺旋向同一个方向移动的时候，一条链的磷酸二酯键是从一个核苷酸的 3′碳原子向邻近核苷酸的 5′碳原子，而在互补链上则是从 5′碳原子向 3′碳原子。互补链的相反极性对于 DNA 的复制机制具有非常重要的意义。

DNA 双螺旋的高度稳定性部分来自碱基对之间的大量氢键以及堆叠在一起的碱基对的疏水键。碱基对的平面两侧相对没有极性因此倾向于水不溶性（即疏水性）。堆叠碱基对的这种疏水核心有利于使 DNA 分子在活细胞内水性原生质中保持相当高的稳定性。

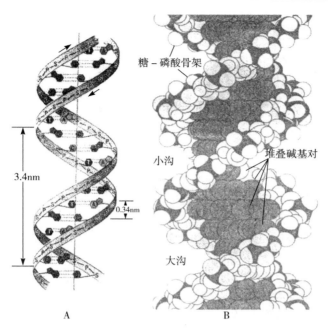

图 4 - 5 Watson 和 Crick 的 DNA 双螺旋结构模型的示意（A）和空间填充模型（B）
A. 腺嘌呤 T. 胸腺嘧啶 G. 鸟嘌呤 C. 胞嘧啶 S. 糖（2-脱氧核糖） P. 磷酸基团
（空间填充模型图参照 Feughelman M 等的示意，1955）

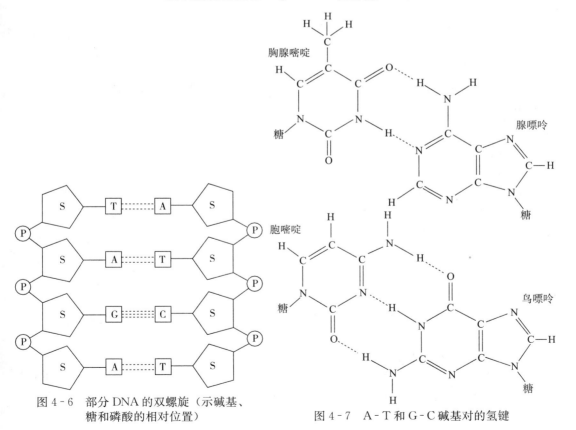

图 4 - 6 部分 DNA 的双螺旋（示碱基、
糖和磷酸的相对位置）

图 4 - 7 A - T 和 G - C 碱基对的氢键

（三）DNA 的构型

DNA 分子的构象具有相当大的可变性。它可以呈现 A、B、C、D、Z 等构型（表 4 - 2）。

表 4 - 2　不同 DNA 构型的特征

	A 型	B 型	C 型	D 型	Z 型
缩写	A - DNA	B - DNA	C - DNA	D - DNA	Z - DNA
每个螺旋的碱基对（bp）	11	10	9.33	8	12
碱基对的轴升距（nm）	0.256	0.337	0.332	0.303	0.375
碱基对的倾角	20.2°	6.3°	−7.8°	−16.7°	7°
螺距（nm）	2.815	3.4	3.1	—	4.5
螺径（nm）	2.55	2.37	2.37	—	1.84
每个碱基对的旋转角度	+32.7°	+36.0°	+38.6°		−30.0°

B 型（B - DNA）结构是由 Watson 和 Crick 提出的，是溶液中 DNA 的天然构型。它由一个右手反向平行的双螺旋糖—磷酸形成骨架，嘌呤—嘧啶碱基对与双螺旋轴线几近垂直。每个碱基对与正常螺旋线的夹角为 6.3°。单个碱基的升距为 0.337nm。

A 型（A - DNA）有 11 个碱基与螺旋轴有明显倾斜。单个碱基对的升距为 0.256nm。在脱水或者高盐条件下观察到的双螺旋比 B 型螺旋要宽而短，大沟和小沟之间的差别变小。

C 型（C - DNA）将 B 型 DNA 的水化程度降低到 66% 以下并有过量的盐存在而得到。C 型 DNA 的双螺旋要比 A 型大，但是比 B 型小，约为 3.1nm，每个螺圈为 9.33bp，每个碱基对的轴升距为 0.332nm，倾角为 7.8°。

D 型（D - DNA）和 E - 型（E - DNA）因变异体极多而罕见。D 型每个螺旋圈有 8bp，每个碱基对的轴升距为 0.303bm，倾角 16.7°。E 型 DNA 每个螺旋圈为 7.5bp。

Z 型（Z - DNA）是唯一的左手双螺旋（图 4 - 8），反向平行的糖—磷酸骨架呈 Z 形（图 4 - 9），这种 DNA 也称为 Z-DNA。

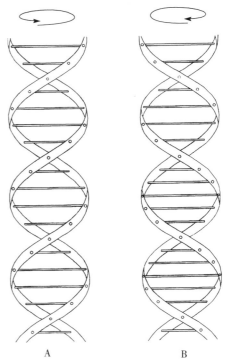

A　　　　　　　　　B

图 4 - 8　两种螺旋（一种是如 B - DNA 中发现的右旋，另一种是如 Z - DNA 中发现的左旋）

A. 右手螺旋　B. 左手螺旋

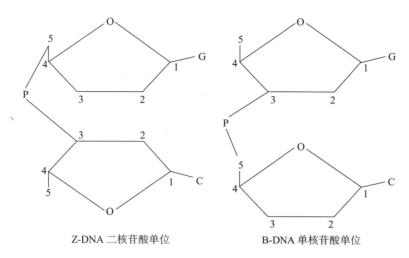

图 4 - 9　Z - DNA 和 B - DNA 相邻糖残基的方向
（B - DNA 中方向相同，Z - DNA 中方向相反，因此 Z - DNA 中是双核苷酸单元，
B - DNA 中是单核苷酸单元）

（四）DNA 复制

DNA 复制是细胞拷贝其 DNA 的过程。复制是使细胞中的遗传信息能够传递给分裂后的子细胞所必需的。Delbruck 假设 Watson-Crick 模型的 DNA 理论上可以通过 3 种模式进行复制：保留式、半保留式以及分散式（图 4 - 10）。

①根据保留模型，形成的两个双螺旋一个将完全由旧的物质组成，另一个则完全由新的物质组成。

②根据半保留模型，每个双螺旋分子都是由一条新链和一条旧链组成的。

③根据分散式模型，DNA 双螺旋会在多干点断裂形成多个片段，每个片段都将复制，然后这些片段随机重新连接。这样形成的两个双螺旋则是由新旧两种片段拼接起来的。

不过，半保留复制模型被证明是真核生物普遍采用的复制方式，这种试验方法在下面讨论。

Watson 和 Crick 提出的 DNA 双螺旋模型赋有复制的特性，由 A - T、G - C 两对碱基之间形成的 H 键把两条链连接起来形成的双螺旋经过解旋分离成两条单链。两条单链彼此反向缠绕。Kornberg 发现解旋开始以后，在 DNA 聚合酶的作用下新链开始合成（图 4 - 11）。由

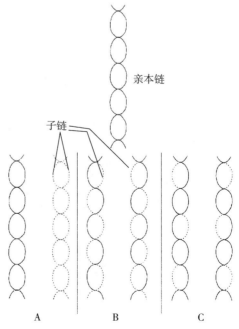

图 4 - 10　复制的 3 种可能的理论模型
A. 保留式　B. 半保留式　C. 分散式

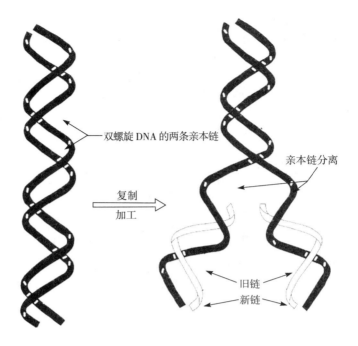

图 4 - 11 Watson 和 Crick 的 DNA 半保留复制模型

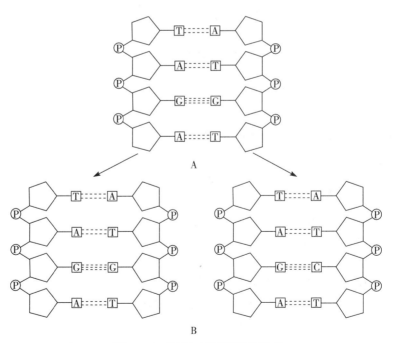

图 4 - 12 DNA 复制机制的示意

A. 母链 DNA 分子 B. 两条合成的新链与母链 DNA 碱基互补，母链用粗线表示

（依 Kornberg A）

于两条链之间互补，互补碱基附加到与母链相对的姐妹链中去（图4-12）。新合成的双螺旋分子的两条链中，一条是母链，另一条是新合成的链。因此这种复制称为半保留复制。只要有一条单链，就可以根据互补原则提出其姐妹链的组成，母链作为新链合成的模板链。联合复制时，同样的过程重复进行，双螺旋的两条链都作为新的双螺旋合成的模板链。整个过程类似于照相中从负片冲印相片，负片中越暗在正片中显示越亮。照相与DNA复制的根本区别在于照相中的负片仍然可以作为负片，从同一张负片中可以印出无数张相片，而相片不能像DNA复制那样可以作为负片印出相片。在DNA复制中，新合成的双螺旋中的两条链虽然理论上含有正链和负链，但是它们都可以作为下一个复制循环的负链。

1. 半保留复制的证据 有足够的证据证明双链DNA通过半保留方式复制。

（1）Meselson和Stahl的试验 Meselson和Stahl 1958年报道了一个测试双链DNA复制是否以半保留方式的试验结果，包括以下两个原理：

①用重氮（^{15}N）标记DNA然后使其在含有^{14}N的培养基中进行复制。如果复制是半保留，那么复制一代之后，双链之一将含有正常的^{14}N，子代DNA分子的密度应该介于^{15}N-DNA和^{14}N-DNA之间。每次复制之后，这个密度逐步降低并趋近^{14}N-DNA。

②另外一个原理是氯化铯密度梯度的制备。这种梯度通过逐渐稀释重盐溶液，对此梯度重盐溶液进行超速离心，如果一种物质的密度在这个梯度范围以内，它就会找到其密度

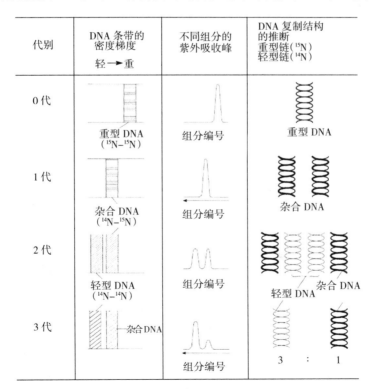

图4-13 Meselson和Stahl的试验揭示DNA半保留复制

（依Gupta P K，1997）

所在的位置。由此可以检测密度上的细微差异。

　　Meselson 和 Stahl 让大肠杆菌在 ^{15}N 培养基中生长 14 代，以使 DNA 中几乎所有的氮（^{14}N）都被 ^{15}N 替代。然后把这些细胞突然转移到 ^{14}N 培养基中。因为测定的细胞繁殖一代所需的时间为 30min，因此可以在一代或若干代复制之后移走细胞，然后分析其 DNA，获得了如下结果。

　　转移到 ^{14}N 培养一代后的提取的 DNA 密度梯度离心后，只有一个紫外吸收密度峰（带）。这条带表明经过一代繁殖的 DNA 的浮力密度是均匀一致的。这条带正好位于 ^{15}N-DNA 与 ^{14}N-DNA 形成的条带之间，说明在 ^{14}N 繁殖一代后的所有 DNA 具有中间密度（图 4-13）。这与 DNA 半保留复制模式的预期相符。

　　两代以后再分析 DNA 时，观察到两条带，这与半保留复制方式的预期一致。这两条带在第二代后的强度相等。在之后的世代里，虽然出现了两条带，但是杂交的 DNA 带的强度逐渐下降，而轻带逐渐增强。

　　Meselson 和 Stahl 的经典试验首先揭示了 DNA 以半保留模式复制（图 4-14）。

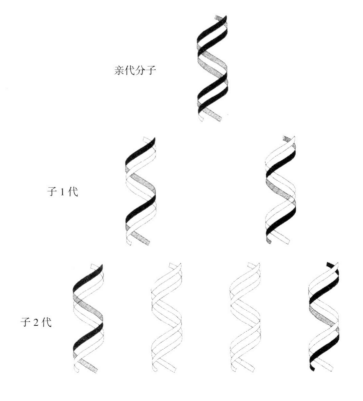

图 4-14　DNA 的半保留复制

　　（2）Taylor 的试验　1957 年，Taylor 等用巢豆作了一个试验，首先将植物细胞培养在含有放射性胸腺嘧啶的培养基中，然后转移到正常培养基中。S 期细胞核把胸腺嘧啶整合到 DNA 中，而完成了 DNA 复制的 DNA 不能被标记。X_1 分裂中期之后用秋水仙碱捕获，放射自显影显示两条染色质都被标记。下一代（X_2 代）在正常培养基中生长，每条染色体的一条单链被标记，另一条则没有。因此得出结论：复制之前每条染色体的行为显示沿着每条染色体有两个单位的 DNA，S 期有两个新标记的单位沿着原始的 DNA 线生成。因此每条染色体包含一条没有标记的原始链和一条新标记的互补链。在第二个 S 期，由于培养基中没有同位素，标记和未标记的链分离成为有标记和无标记的姐妹染色质（图 4-15）。

阶段	放射自显影	
	观察	推测
复制前	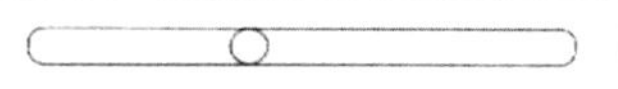	
复制时用胸腺嘧啶核苷酸标记	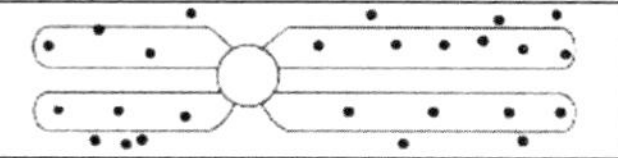	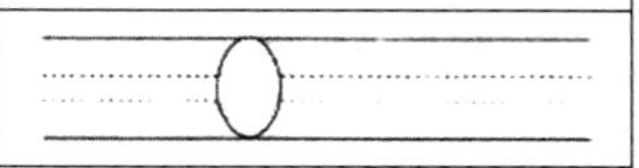
中期 X₁ 后期	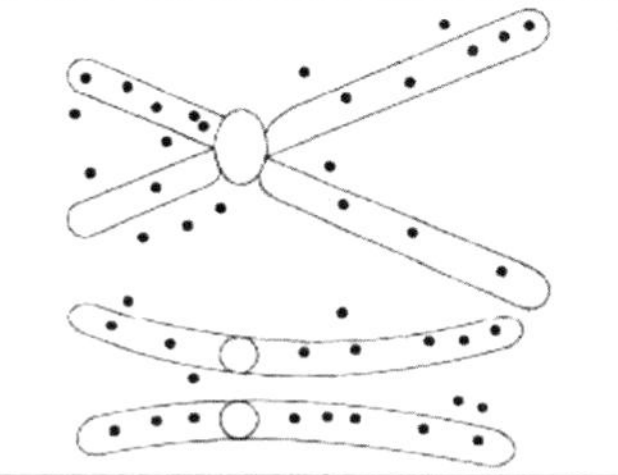	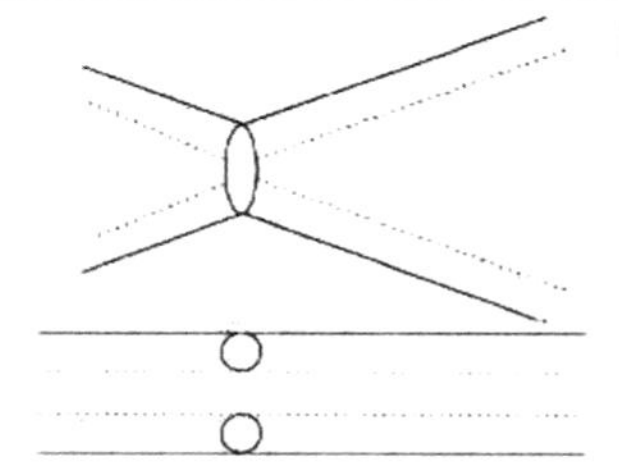
复制但不用胸腺嘧啶核苷酸标记	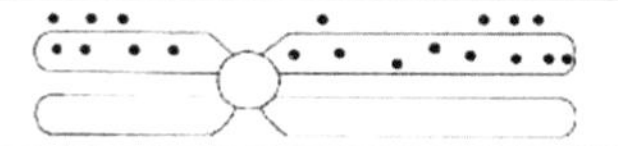	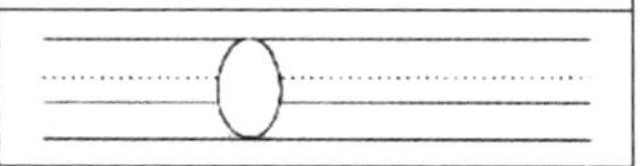
中期 X₂ 后期	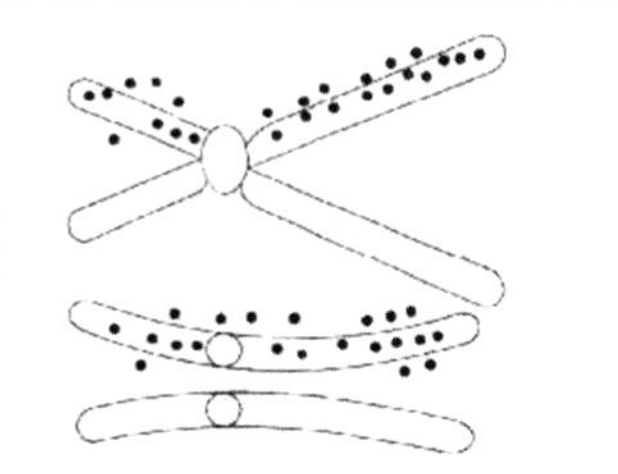	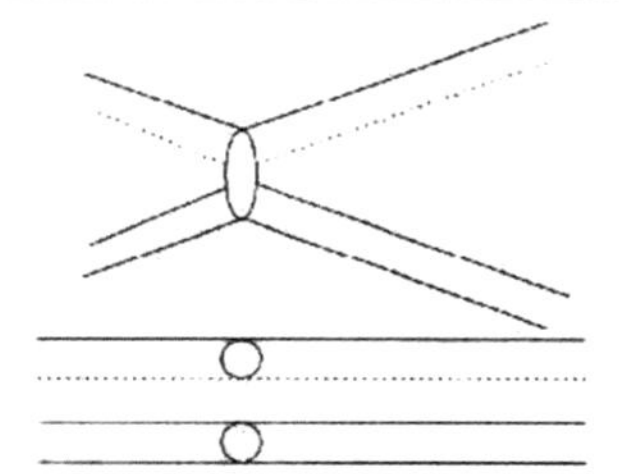

图 4-15　Taylor（1957）的试验

（放射自显影图中，虚线表示氚标记的 DNA 链）

（依 Lewis K R 和 John B，1963）

2. DNA 复制的机理　大多数生物的 DNA 复制机理非常相似。区别仅存在于涉及的酶和蛋白质。在大肠杆菌这样的原核生物中，DNA 聚合酶Ⅰ和Ⅲ负责 DNA 的复制，真核生物则是由 5 种 DNA 聚合酶负责（α、β、γ、δ、ε）。复制必须非常精确，因为即使一个小的错误都可能导致几次细胞分裂之后重要遗传信息的丢失。精确性由 DNA 聚合酶具有检查正确的碱基插入到了新合成的链中去的能力来保障。这是通过 DNA 聚合酶的反向（$3' \rightarrow 5'$）外切核酸酶活性可以去除新合成的 DNA 中错误插入的碱基，并用正确的碱基取代，即校对能力。

（1）复制叉　DNA 复制过程中，整个 DNA 双螺旋不断向前解旋产生单链 DNA 区段以便 DNA 聚合酶复制。在称为复制起始点的某个特定位置解开双螺旋，然后沿着 DNA

分子，通常同时向两个方向逐渐向前进行复制。复制起始点通常富含氢键较弱的 A - T 碱基序列，双螺旋解链、新 DNA 合成的区域称为复制叉（图 4 - 16）。在复制叉发生很多独特的过程。

①双螺旋的分离。在解旋酶的作用下完成。双链分离之后，单链结合蛋白（SSB）附着到 DNA 上防止双螺旋的重新形成。

②领头链和滞后链的合成。DNA 聚合酶只能从 $5' \rightarrow 3'$ 方向合成，由于双螺旋的两条链是反向平行的（一条 $5' \rightarrow 3'$，另外一条 $3' \rightarrow 5'$），每条链的合成机制有微小的区别。一条链称为领头链，是以与接

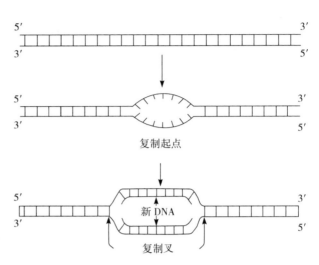

图 4 - 16　复制起始与复制叉
（依 Winter、Hickey 和 Fletcher，1999）

螺旋相同的方向复制的，因此可以连续合成（图 4 - 17A），另一条链称为滞后链，是以相反的方向合成，必须不连续合成，滞后链合成一系列的冈崎片段（图 4 - 17B）。

③引发。DNA 聚合酶需要一小段双链区启动或者引导 DNA 的合成。这是由 RNA

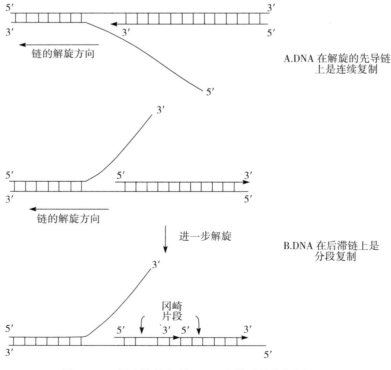

图 4 - 17　领头链的复制（A）和滞后链的复制（B）

聚合酶产生的，称之为引发酶，它可以启动单链 DNA 上的合成。引发酶合成一小段 RNA 引物，在 DNA 模板上形成一小段双链区域。在大肠杆菌中，DNA 聚合酶Ⅲ接着 RNA 引物合成 DNA，在滞后链上，当遇到下一个 RNA 引物时，DNA 合成即结束，在该点，DNA 聚合酶Ⅰ解体 DNA 聚合酶Ⅲ，去除 RNA 引物，代之以 DNA（图4-18）。真核生物中的情况则不同，DNA 聚合酶 α 具有引物酶全酶的活性，负责启动 DNA 的合成。DNA 聚合酶 α 和 δ 复制 DNA，其中 α 合成滞后链，δ 合成领头链。其他的聚合酶起辅助作用。DNA 聚合酶 ε 参与 DNA 修复，DNA 聚合酶 γ 复制线粒体 DNA。

④连接。滞后链合成的最后一步是要把冈崎片段通过磷酸二酯键连接起来。这是由 DNA 连接酶执行的（图4-18）。

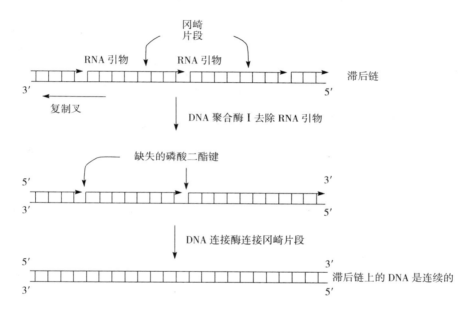

图4-18 滞后链合成的完成
(依 Winter、Hickey 和 Fletcher，1999)

（2）细菌 DNA 的复制 虽然各种生物的 DNA 复制机制相似，但是总过程因复制的 DNA 分子而不同。细菌中的环状 DNA 与高等生物中的线性染色体 DNA 的复制需要不同的机制。最简单也是最普遍的复制只有一个复制起始点，从那里开始，两个复制叉向两个相反的方向进行。这样就形成了一个中间 θ 形（图4-19）。两个复制叉最终相遇、融合，复制终止。

DNA 的复制需要解 DNA 双螺旋，这引起双螺旋在复制叉前面滚动，由于环状 DNA 没有自由的末端，复制叉的滚动引起超螺旋的形成阻止复制叉的前行。这个障碍被拓扑异构酶Ⅰ的作用克服。拓扑异构酶有两种类型，DNA 拓扑异构酶Ⅰ在紧接复制叉之前的 DNA 的一条单链的多聚核苷酸骨架上产生一次短暂的断裂，DNA 可以自由滚动而使另外一条完整的链消除超螺旋。然后该酶再把断裂的链连接起来。但细菌染色体复制完成时，

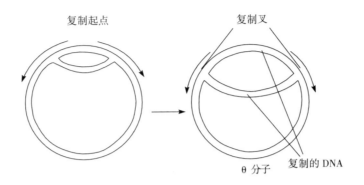

图 4 - 19　圆形 DNA 分子通过 θ 中间体的复制

形成两个互锁的环形的子代 DNA 分子。这时需要 DNA 拓扑异构酶Ⅱ在某一个 DNA 分子上的两条链都形成短暂的断裂，允许另一个 DNA 分子通过，从而使两条子代 DNA 分子彼此分离。然后拓扑异构酶Ⅱ再把断裂的链重新连接起来。

（3）真核生物的 DNA 复制　由于真核生物染色体特别长，DNA 的复制必须从多个起始点启动以确保这个过程在一个合理的时间范围内完成。复制叉从每个起始点开始向前形成很多复制泡，这些复制泡最终将相遇并融合。并不是所有的 DNA 都同时复制，S 期，约 50 个复制子为一簇在某些特定的点同时启动，含有转录活跃基因的区域首先复制，无活性区稍后复制。

真核染色体 DNA 与蛋白质一起包装成称为核小体的 DNA-蛋白质复合体。复制叉前进时，DNA 必须从核小体上解下才能复制，减慢了复制叉的前进，可以解释为什么滞后链上的冈崎片段真核生物（100～200 碱基）比原核生物（1 000～2 000 碱基）要短。复制叉通过之后，核小体重新形成。

线性的真核染色体的复制会遇到一个在环状细菌染色体中没有的问题，即线性染色体的 5′末端的滞后链难以复制，因为没有空间留给 RNA 引物启动复制。这将产生每轮复制之后染色体将变短而遗失一部分遗传信息的可能。这个问题被含有简单串联重复的非编码序列的端粒这样的染色体末端特殊结构所克服。此外，3′末端的领头链延伸超过滞后链的 5′末端。端粒转移酶含有一个可以与领头链上的重复序列部分重叠的 RNA 分子并能与之结合。然后这个酶以 RNA 为模板延长领头链。然后端粒末端转移酶解离再与新的端粒末端结合，以便领头链再延长。延伸过程在端粒末端转移酶最终解离之前可能发生数百次。然后新延伸的领头链再作为滞后链 5′末端复制的模板（图 4 - 20）。DNA 正常复制时缩短与端粒末端转移酶作用下的延长粗略平衡，使得染色体的整体程度基本保持不变。

（五）DNA 作为遗传物质的证据

许多杰出的发现无可争辩地表明染色体中的核酸（DNA）是遗传物质。其中有两个里程碑式的发现是在细菌和病毒中进行的。细菌生物学家提供了支持 DNA 为遗传物质本质的证据。

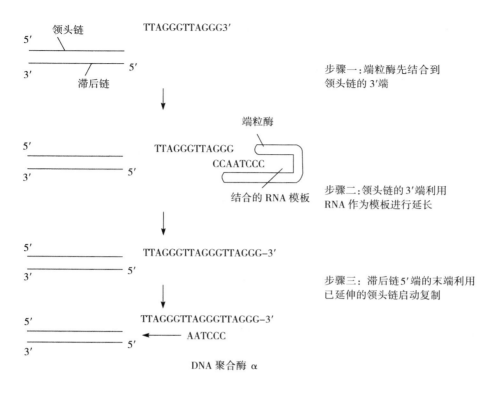

图 4 - 20 端粒 DNA 的复制

（依 Winter、Hickey 和 Fletcher，1999）

1. 转化试验 转化试验是 Griffith F 最初于 1928 年进行的（图 4 - 21）。他把两个肺炎球菌（*Diplococcus pneumoniae*）菌系的混合液注射到老鼠体内，这两个菌系一个是无毒的 SⅢ。另一个是有毒性的 RⅡ（不感染）。注射加热杀死的 SⅢ 菌株，杀死的菌株丧失感染能力，注射活的 RⅡ 和加热杀死的 SⅢ 菌株的混合液的老鼠死亡，并能从这只老鼠身上分离出有毒性的肺炎球菌。这种现象被称为转化。

为了鉴定将无毒型转化为有毒型的原理，Avery O T，Macleod C M 和 McCarthy M 用体外系统重复了 Griffith 的试验，并于 1944 年报道了他们的结果（图 4 - 22）。

肺炎球菌菌株的毒性取决于荚膜中的一种多糖，SⅢ 菌株中有荚膜而 RⅡ 菌株没有荚膜。用从有荚膜的 SⅢ 菌株提取的 DNA 处理无荚膜型的 RⅡ 细胞，可以从混合液中分离到 SⅢ 类型的菌株，这种通过 DNA 将一个菌株的性状转移到另一个菌株的现象称为转化。但用 DNase（一种破坏 DNA 的酶）处理提取液时，这种转化能力丢失，蛋白酶（破坏蛋白质的酶）不影响转化能力。这些试验表明 DNA 是遗传物质，而蛋白质不是。

2. Hershey-Chase 试验 还有关于 DNA 是遗传物质的直接证据由 Hershey A D 和 Chase M 于 1952 年发表。这些试验表明一种细菌病毒（T2 噬菌体）的遗传信息在 DNA 分子中。T2 噬菌体感染普通大肠杆菌（图 4 - 23）。

Hershey-Chase 试验原理是：DNA 含有 P 而不含 S，而蛋白质含 S 不含 P，因此

Hershey 和 Chase 可以在含有放射性同位素^{32}P 的培养基中标记噬菌体 DNA，而在正常的^{31}P 但含有放射性^{35}S（取代正常的^{32}S）的培养基中标记噬菌体的蛋白质（图 4-24）。

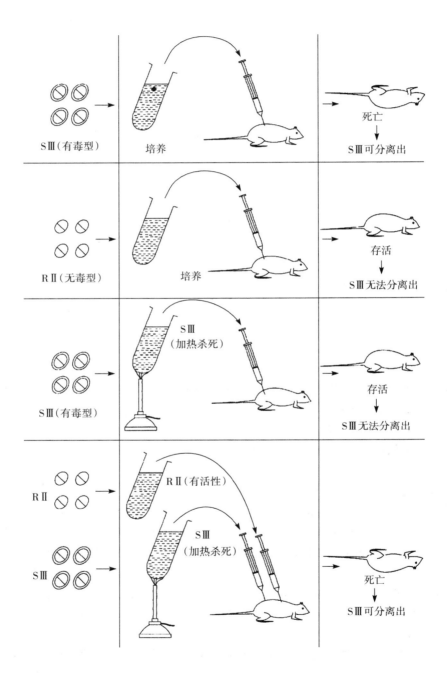

图 4-21　Griffith 揭示肺炎球菌转化的试验

当^{35}S 标记的 T2 噬菌体与大肠杆菌细胞混合培养几分钟之后，将感染的细胞放入洗

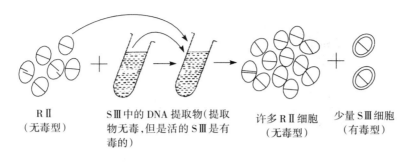

RⅡ
（无毒型）

SⅢ中的DNA提取物（提取物无毒，但是活的SⅢ是有毒的）

许多RⅡ细胞
（无毒型）

少量SⅢ细胞
（有毒型）

图4-22 Avery等的转化试验（1944）

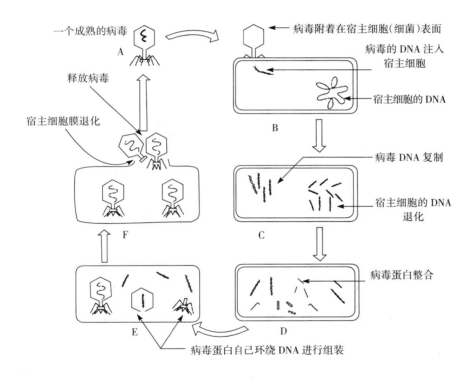

一个成熟的病毒

释放病毒

宿主细胞膜退化

病毒附着在宿主细胞(细菌)表面

病毒的DNA注入宿主细胞

宿主细胞的DNA

病毒DNA复制

宿主细胞的DNA退化

病毒蛋白整合

病毒蛋白自己环绕DNA进行组装

图4-23 病毒的生命周期

涤搅拌机中搅拌剪切之后，发现多数放射性（蛋白质）可以从细胞中去除，而不影响后代噬菌体的繁殖。而用^{32}P标记的T2噬菌体试验时发现几乎所有的放射性都在细胞内部，不能被搅拌剪切去除（图4-25）。低速离心将剪切下来的噬菌体外壳（悬浮液）与感染细胞（沉淀）分离开。这个结果表明病毒的DNA进入寄主细胞而蛋白质外壳留在胞外，因为后代病毒产生于细胞内部。Hershey和Chase试验结果表明决定后代病毒DNA和蛋白质合成的遗传信息都在亲代DNA分子中，后代噬菌体颗粒含有一些^{32}P而不含^{35}S。

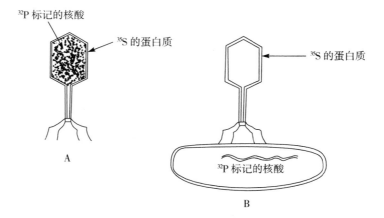

图 4 - 24　病毒侵染示意

A. 侵染前　B. 侵染后

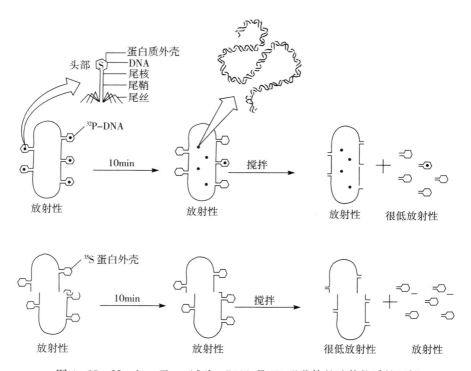

图 4 - 25　Hershey-Chase 试验：DNA 是 T2 噬菌体的遗传物质的证据

大肠杆菌细胞用³²P - DNA 的噬菌体感染，在允许噬菌体侵入的时间之后，用搅拌器搅动使噬菌体外壳脱落。离心使噬菌体外壳与侵染的细菌细胞分离。在细胞（沉淀）和上清液中都检测到放射性，但主要在细胞中。当用³⁵S-蛋白质的细胞进行同样的试验时，结果有很大的不同：放射性主要见于上清液的噬菌体蛋白质外壳，只有微弱的放射性进入寄主细胞。因为噬菌体繁殖（包括 DNA 和蛋白质外壳的合成）发生在被侵染的细胞内部，而仅噬菌体 DNA 进入寄主细胞，DNA 而不是蛋白质携带遗传信息

（根据 Sagar R 和 Ryan R J，1961）

（六）DNA 含量和 C 值矛盾

已经观察到同一属内的不同种以及同一科内的不同属之间的 DNA 含量存在很大的差异。同一属内的不同种之间存在的核 DNA 含量的宽幅变异可能部分是由于染色体数目的差异。然而，倍性相同而且染色体数目相同的物种或者就只有极小甚至没有差异（如大麦属、燕麦属等），或者有数倍的差异（山藜豆属、巢豆属、向日葵属、还阳参属、葱属等）。这种种间差异可以连续或不连续。近年来已经报道了种内 DNA 含量的差异，因此不同基因型之间的 DNA 含量的差异是一条规律而不是例外。这种差异有时候被用来解释种群进化的机制。

总之，DNA 含量的巨大变化未必与生物的性质和地位相关，而主要由于重复 DNA 序列含量比较高。禾谷类植物中有近 $70\% \sim 80\%$ 的 DNA 是重复 DNA，只有一部分 DNA 控制质量性状的结构基因。实际上，比较从藻类到被子植物不同植物的基因组，结果表明 C 值有显著的差异。个体的单倍未复制的 DNA 含量称为 C 值。仅被子植物内部，C 值的差异达到 600 倍，从十字花科拟南芥的 0.2pg 到百合科植物 *Fritillaria assyriaca* 的 127pg。这种被称为 C 值矛盾的 C 值荒谬状态主要是由重复 DNA 含量引起的。

组成人类基因组的 30 亿 bp 中，只有约 5 万个基因，40% 以上的 DNA 是高度重复序列，总之，DNA 总数中只有一部分编码结构蛋白质和酶，其余的是重复序列、非编码或者编码无效应的序列。

（七）独特 DNA 与重复 DNA

原核生物的染色体 DNA 含有独特（非重复）碱基对序列，这就是由几千碱基对组成的只在基因组中出现一次的各个基因。如果原核生物染色体断裂成许多小的片段，每个片段将含有不同序列的碱基对。

在高等生物里，主要负责质量性状的独特 DNA 序列比重复序列的数量少得多，这样的独特序列出现在高等生物的染色体中的重复序列之间，控制酶—蛋白质的合成。

一般来说，真核生物的染色体非常复杂，某些碱基序列在单倍染色体中重复很多次，有时候达百万次，含有这种重复序列的 DNA 成为重复 DNA，常常是真核生物基因组的主要组分。

在染色体中发现有多个拷贝的相似 DNA 序列是 Crick 研究染色体时的一个主要成果。这些重复序列高度同源，如同异爪蛙的卫星 DNA，长度中等或较小，这些序列也可能是反向的回文序列。染色体结构中，这些高度同源的重复序列可能定位于一个位点，小的或者中等重复在中间或末端交替排列。重复序列占不同生物大量 DNA 的很大一部分。高等生物只有 $1\% \sim 0.1\%$ 的 DNA 是结构基因的独特序列，其余都是非编码序列或重复序列。在生物系统中，总体上，不同生物的核 DNA 含量变异范围达到 1×10^5 而不相应增加基因的数目和结构。重复 DNA 的重要性可以从人类几乎 40% 的 DNA 是重复序列这个事实进行判断。几种植物中，一般 $72\% \sim 75\%$ 的 DNA 是重复序列，果蝇只有 50%。重复 DNA 序列出现在整条染色体上，包括着丝粒、端粒、内含子、核仁形成区域、异染色质区。总之，在整条染色体中，高度重复或同源的重复序列定位于同一个位点，如次级缢痕或着丝粒，中等或较小重复分散在整条染色体上。

二、核糖核酸（RNA）

RNA 的结构与 DNA 相似，但是有不少区别（表 4-3），RNA 中，核糖代替了 DNA 中的 2′-脱氧核糖，尿嘧啶代替了 DNA 中的胸腺嘧啶（图 4-26）。此外，RNA 分子通常以单链多聚核苷酸存在，不形成双螺旋。然而，同一 RNA 链上碱基互补的部分可以配对，形成短的双链区域。

表 4-3　DNA 和 RNA 的差异

脱氧核糖核酸（DNA）	核糖核酸（RNA）
1.DNA 是控制遗传的遗传物质	1. 除某些病毒外，RNA 不是蛋白质合成的遗传物质
2.DNA 主要见于染色体中，有些 DNA 也见于细胞质即线粒体和叶绿体中	2.RNA 在细胞核和细胞质中都有发现
3. 常为双链，稀有单链，如 ΦX174	3. 常为单链，某些病毒中有双链，如呼肠弧病毒
4. 只有一种 DNA 类型；但是可以有不同的结构——A、B、C、D、Z	4. 3 种类型：mRNA、rRNA、tRNA
5. 脱氧核糖	5. 核糖
6. 有机碱基为腺嘌呤（A）、鸟嘌呤（G）、胸腺嘧啶（T）和胞嘧啶（C）	6. 有机碱基为腺嘌呤（A）、鸟嘌呤（G）、尿嘧啶（U）和胞嘧啶（C）
7. 碱基配对：A＝T、T＝A、G≡C、C≡G	7. 碱基配对：A＝U、U＝A、G≡C、C≡G
8. 稀有碱基较少	8. 较多的稀有碱基
9. 整个分子都有碱基配对	9. 仅在螺旋区有碱基配对
10.DNA 含有很多核苷酸	10.RNA 含有的核苷酸较少
11. 复制形成 DNA，转录形成 RNA	11. 不复制、不转录。某些病毒中可以合成 RNA 链
12. 遗传信息编码在 DNA 中	12. 编码在 DNA 中的信息翻译到蛋白质中去

RNA 有 3 种类型，它们在蛋白质合成中起不同的作用。它们是 mRNA（信使

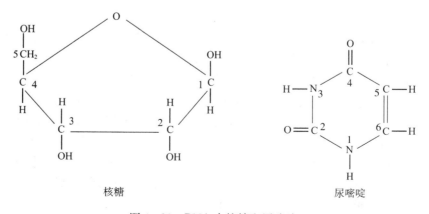

核糖　　　　　　　　　　　　尿嘧啶

图 4-26　RNA 中核糖和尿嘧啶

RNA)、tRNA（转移 RNA）和 rRNA（核糖体 RNA）。

（一）信使 RNA（mRNA）

Monod 和 Jacob（1961）创造了"mRNA"这个术语来描述把细胞核 DNA 上的遗传信息运输到细胞质核糖体上合成蛋白质的模板 RNA。信使 RNA（mRNA）占细胞总RNA 不到 5％，mRNA 的平均相对分子质量约为 500 000，其沉降系数为 8S，mRNA 的长度和分子质量变异很大。

1. 结构　mRNA 总是单链的。主要含有腺嘌呤、鸟嘌呤、胞嘧啶和尿嘧啶等碱基。有少数替代碱基。虽然分离的 mRNA 中有一些随机螺旋，但是没有碱基配对。通常各个基因转录自身的 mRNA，因此，有多少基因就有约相同数目的 mRNA 类型。真核生物mRNA 分子有下列结构特征（图 4‐27）。

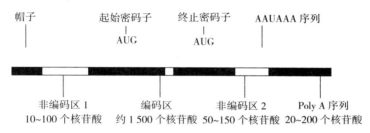

图 4‐27　真核 mRNA 的普遍特征

（1）帽子　mRNA 分子的 5′末端，大多数真核细胞和动物病毒都发现有一个"帽子"。这是一种封闭的甲基化结构：$m^7Gpp\ Nmp\ Np$ 或者 $m^7Gpp\ Nmp\ Nmp\ Np$，这里的N＝4 种核苷酸中的任何一种核苷酸，Nmp＝2′O 甲基核糖。蛋白质合成的速率取决于帽子的出现，没有帽子的 mRNA 分子很难结合到核糖体上去。

（2）非编码区 1（NC1）　紧接着帽子的下游是一个 10～100 个核苷酸的区域，这个区域富含 A 和 U，不翻译蛋白质。

（3）起始密码子　原核生物与真核生物都是 AUG。

（4）编码区　平均包含约 1 500 个核苷酸，翻译蛋白质。

（5）终止密码子　mRNA 上蛋白质翻译的终止是由一个终止密码子引起的。真核生物的终止密码子是 UAA、UAG 或者 UGA。

（6）非编码区 2（NC2）　由 50～150 个核苷酸组成，不翻译蛋白质，一切情况下都含有 AAUAAA 序列。

（7）PolyA 序列　3′末端是多聚腺苷酸或者 Poly A 序列，起初含有 200～250 个核苷酸，随着成熟而变短。在 mRNA 达到细胞质之前，Poly A 序列作为尾巴添加上去。

信使 RNA 与核糖体结合形成多聚核糖体或多聚体是蛋白质合成的工作台，每个多聚体含有好几个核糖体。

2. 转录与加工　初始转录的 mRNA 是前体 mRNA 或者称为初级转录本，随后经过剪切变短。5′末端经过加帽修饰，3′末端经过多聚腺苷酸化修饰。聚合酶Ⅱ催化转录的RNA 以核不均一 RNA（hnRNA）的形式存在于细胞核中。

（1）剪切　这个过程包括从各个基因的初级转录本上去除不重要的序列，每个基因有主要和不重要的序列，即间隔排列的外显子和内含子。初级转录本的不重要序列即内含子被特异性酶剪除，重要序列再首尾相连，整个过程即剪切。

（2）加帽　真核 mRNA 的 5′端添加一个修饰的核苷酸即 7-甲基鸟苷，以一种不寻常的 5′→5′三磷酸键连接到 mRNA 的第一个核苷酸上。

（3）多聚腺苷酸化　大多数真核 mRNA 的 3′末端通过添加 Poly A 尾巴进行修饰。

3. 功能　mRNA 作为蛋白质合成的模板。它是在 RNA 聚合酶的作用下在细胞核中转录蛋白质编码基因。

（二）核糖体 RNA（rRNA）

核糖体 RNA（rRNA）或者不溶性 RNA 占细胞总 RNA 的大部分（高至 80%）。它含有 4 种主要的 RNA 碱基，并有轻微的甲基化，碱基相关特性在物种间表现出差异。它的分子是分支而柔韧的多聚核苷酸单链。在低离子强度下，rRNA 随机缠绕，随着离子强度的提高，出现由 A=U、G≡C 碱基配对形成的螺旋区。

1. 类型　真核细胞有 4 种 rRNA 分子（图 2-14）：28S rRNA、18S rRNA、5.8S rRNA、5S rRNA。28S rRNA、5.8S rRNA 和 5S rRNA 出现在 60S 核糖体亚基中。而 18S rRNA 出现在 40S 核糖体亚基中。

原核细胞含有 3 种 rRNA 分子（图 2-14）：23S rRNA（出现在 50S 核糖体亚基）、16S rRNA（出现在 30S 核糖体亚基）、5S rRNA（出现在 50S 核糖体亚基）。

2. 转录与加工　原核与真核生物 rRNA 的转录与加工分别见图 4-28 和图 4-29。

3. 功能　rRNA 执行好几种功能：

①整合核糖体结构。

②结合 mRNA。

③蛋白质合成。

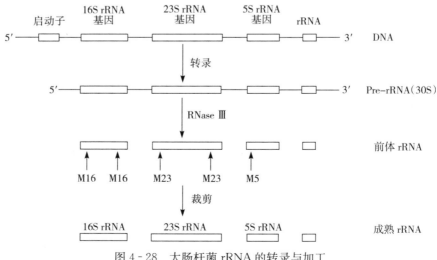

图 4-28　大肠杆菌 rRNA 的转录与加工

（依 Winter、Hickey 和 Fletcher，1999）

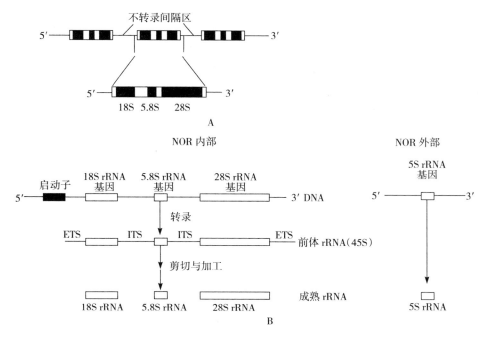

图 4-29　真核生物 rRNA

A. 真核生物 rRNA 基因的排列　B. 真核生物 rRNA 基因的转录与加工

（依 Winter、Hickey 和 Fletcher，1999）

（三）转移 RNA（tRNA）

能够在一组氨基酸特异性氨乙酰- tRNA 合成酶作用下特异性结合某种氨基酸，将该氨基酸从"氨基酸库"转运到蛋白质合成场所并与 mRNA 上的密码子识别的 RNA，称为转移 RNA（tRNA）或者可溶性 RNA（sR-NA）。

1. 结构　是最小的 RNA 分子，每个 tR-NA 有一个 3 个核苷酸组成的反密码子。每个 tRNA 的相对分子质量约为 30 000，成熟的 tR-NA 的沉降系数为 3.8S。它是由 73～93 个核苷酸组成的，tRNA 分子有一个自身组成的单链环。

tRNA 的核苷酸序列（一级结构）是 Holley 等（1965）首先在酵母丙氨酸 tRNA 中得到的。从那时起，从细菌到哺乳动物的不同 tRNA 的系列被建立起来。Holley 提出了一个关于 tRNA 二级结构的"三叶草模型"，被广泛接受。这种二维 tRNA 的结构特征如下（图 4-30）。

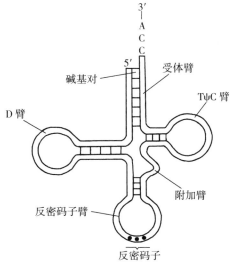

图 4-30　tRNA 的三叶草结构

复制一边识别氨基酸另一边识别 mRNA 的两个重要成分：受体末端和反密码子环。

（1）受体末端　所有的 tRNA 分子的多核苷酸链都含有相同的 3′末端系列：5′CCA3′，最后的腺苷酸残基（A）是氨基酸的附着位点。

（2）反密码子环　反密码子环与受体末端直接相对，有 3 个碱基识别 mRNA 并与其形成 H 键，从而读取遗传信息，与相应的 mRNA 三联体密码子互补。

（3）D 环（二羟尿嘧啶环）或 DHU 臂　被特定的氨乙酰 tRNA 合成酶识别，由 8～12 个不配对的碱基组成。

（4）t-环（TΨCG 的名字）或者核糖体结合环　在蛋白质合成中，被认为与 5S 核糖体 RNA 的一个互补区域相互作用，参与 tRNA 分子与核糖体的结合。由 7 个不配对的碱基（包括假尿嘧啶）组成，所以称为 TΨC 臂。

（5）外环，可选环或者可变臂　只见于部分 tRNA。它可能小到只有 2～3 个核苷酸（第一类 tRNA），也可能较大而含有 13～21 个核苷酸且躯干部分有 5bp（第二类 tRNA）。

2. 转录与加工　tRNA 的转录与加工见图 4-31。

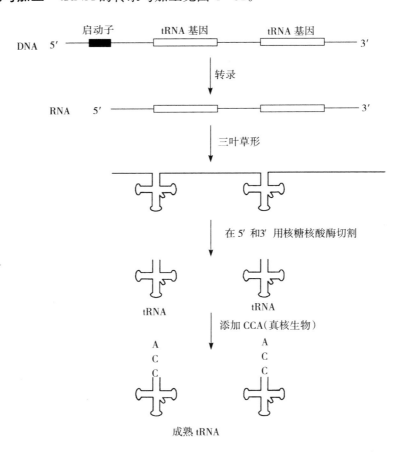

图 4-31　tRNA 分子的转录与加工

（依 Winter、Hickey 和 Fletcher，1999）

3. 功能　在蛋白质合成中起关键作用，将氨基酸运送到蛋白质合成的场所，并根据

mRNA 的特定序列（密码子）通过反密码子结合到核糖体上。根据 mRNA 携带的遗传信息，合成酶蛋白质的关键因素是翻译过程中密码子与反密码子之间的关系。位于 tRNA 上由 3 个碱基组成的反密码子必须与 mRNA 上的三联体密码子互补，这种互补关系在酶蛋白质合成中非常重要。

■ 小结

核酸有两种类型：DNA 和 RNA。它们是由糖、碱基（嘌呤和嘧啶）、磷酸组成的多聚核苷酸。

DNA 中的糖为脱氧核糖，嘌呤为腺嘌呤和鸟嘌呤，嘧啶为胸腺嘧啶和胞嘧啶。DNA 是两条方向平行的核苷酸链组成的双螺旋结构，直径 2nm。一个螺旋 10 个碱基，螺距 3.4nm。两条链通过两种 H 键连接在一起，碱基配对是特异性的：A 与 T、G 与 C，因此 A+G=T+C。DNA 以不同的形式存在：A、B、C、D、Z。B-DNA 是右手螺旋，Z-DNA 是左手螺旋。

DNA 的复制是以半保留的方式进行的，Meselsom-Stahl 以及 Taylor 的试验为此提供了证据。DNA 聚合酶解开双螺旋并以 $5'\rightarrow 3'$ 方向复制 DNA，领头链的合成是连续的，滞后链先合成冈崎片段，再引发、连接。

肺炎球菌转化试验和噬菌体转导试验证明 DNA 是遗传物质。真核生物染色体含有独特和重复两种类型的 DNA 序列，而原核生物只有独特 DNA 序列。

除了是单链、核糖代替脱氧核糖、尿嘧啶代替胸腺嘧啶之外，RNA 的结构与 DNA 相同。除某些病毒之外，RNA 不是遗传物质。RNA 有 3 种类型：mRNA、rRNA 和 tRNA。

信使 RNA，转录自 DNA，经过加帽、剪切和多聚腺苷酸化加工，有帽子、非编码区、起始密码子、编码区以及 PolyA 系列。它作为蛋白质翻译的模板。

核糖体 RNA，原核生物（23S、16S、5S）和真核生物（28S、18S、5.8S、5S）具有不同的类型，它为蛋白质合成形成完整的核糖体结构。

转移 RNA 有一个三叶草结构：受体末端、反密码子环、D-环、t-环，以及可选择环。在蛋白质合成中，tRNA 运载氨基酸并通过其反密码子识别 mRNA 上的密码子。

第五章　细胞周期

植物生长和细胞分裂有关，也和其他涉及代谢的方面有关。从一次细胞分裂到下一次的进程可以看成周期性过程，即细胞周期（cell cycle），代表两次相继分裂之间的周期。在此时间内，细胞必须复制其内容，而后在两个子细胞之间均等地组织其成分的分配。细胞周期持续时间从一个细胞到另一细胞有很大的变化，例如，在胚细胞中，细胞周期只持续几分钟，在洋葱类植物（洋葱，*Allium cepa*），大概要 12h，有时可能达 24h 以上。

一、细胞周期的时期

细胞周期可以分为 2 个基本的时期——中间期（interphase）和分裂期（dividing phase，M phase）。

（一）中间期

中间期指一次细胞分裂结束到下一次细胞分裂开始的时期（period）。有时休息期（resting phase）这一名词用来表示这一时期，这是用词不当（misnomer），更确切地应该称为代谢期（metabolic phase）。这一时期的特点是高速率的代谢，既包括蛋白质也包括核酸的代谢。在这一时期，细胞体积变大，因为生长速度快。中间期构成细胞周期的最长时期，并可以分为 3 个互相连接的时期（successive phases）——G_1、S 及 G_2。S 或合成期（synthetic phase）是 G_1 生长期（gap-1）和 G_2 生长期（gap-2）之间的中间期（intermediate phase）。DNA 的复制（replication）是在 S 期完成的。在 G_1 生长期，细胞的代谢速率高，并出现信使核糖核酸（mRNA）、转运 RNA（tRNA）、核糖体 RNA（rRNA）和蛋白质的合成。

在 G_2 生长期也出现集约的（intensive）细胞合成。G_2 生长期以后是细胞分裂期（divisional phase）（图 5-1）。

（二）分裂期

分裂期包括核分裂（karyokinesis）及细胞质分裂（cytokinesis）。细胞分裂

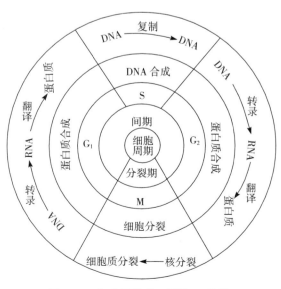

图 5-1　细胞周期的不同期（阶段）

在植物界尤其是真核生物（eukaryote）中有两类——有丝分裂（mitosis）和减数分裂（meiosis）。有丝分裂出现在体细胞（somatic cell）或身体细胞（body cell）中，负责保持一个个体所有细胞中染色体数目的稳定性（constancy）。另一方面，减数分裂出现于性器官——生殖系中（sex organ-germinal line），负责经过染色体数目减半后形成配子。前者也称为均等细胞分裂或同型细胞分裂（equational or homotypic cell division），而后者称为减数细胞分裂或异型细胞分裂（reductional or heterotypic cell division）。

一个有规律的细胞周期（cell cycle）只存在于生长中的细胞，分化过的细胞不进入 S期（细胞周期中 DNA 合成期），并停留于非周期性的称为 G_0 状态（间期，gap）。它们已经无限期地从细胞周期中撤出。没有进入分裂期的连续的 S 期（DNA 合成期）导致核内多倍性（endopolyploidy）的形成。

二、细胞周期的调控

近几年来关于细胞周期许多事件的整齐有序的规律和控制的方面有了显著的进展，据报道，主要的功绩（credit）应归于 3 位科学家，他们是 2001 年分享诺贝尔奖金的 Leland Hartwell、Paul Nurse 和 Tim Hunt。特殊的基因和基因产物和细胞周期的规律有联系，一套相互作用的蛋白质诱发并协调与细胞周期有关的下游过程（指发酵产物的后处理）。对细胞周期基因及有关的酶的发现主要由于对酵母（yeast）、人类、蛙及海胆（sea ur-chin）的合成研究。细胞周期基因得到保护并控制着所有植物、动物细胞分裂的始动与进展。

存在着对一系列关卡（checkpoint）的控制系统，这指控制细胞周期事件的要点，如 DNA 复制及纺锤集群（spindle assembly）（纺锤状细胞）如果在这过程中出现讹误以及在特殊点停止细胞周期时产生标记。

已经在细胞周期的 3 个时期检定到关卡（checkpoint），从 G_1 转入合成期（S phase）（开始），从 G_2 转入分裂期（M phase）以及在有丝分裂期或减数分裂期。

一个蛋白酶因子（proteinaceous factor）称为成熟促进因子（MPF）（maturation pro-moting factor，MPF），后来又重新命名为有丝分裂促进因子（mitosis promoting factor），并被鉴定和纯化（Masvi，Lokha）。MPF 是激酶（kinase），是一种催化作用亚基（sub-unit）和细胞周期蛋白（cyclin）——一种有规律的亚基之间的异（源）二聚体复合物（heterodimer complex）。激酶引起细胞周期不同时期特殊目标蛋白质的磷酸化作用（phosphorylation），这是细胞周期进行过程中所必需的。细胞周期蛋白（cyclin）借与激酶结合以调节激酶的活动。当缺乏细胞周期蛋白时，激酶便不活跃（inactive），因而称为依靠细胞周期蛋白激酶（cyclindependent kinase，Cdk）。细胞周期蛋白（cyclin）传授基础激酶活性给依靠周期蛋白的激酶，由于构象的改变（coformational change）许多依靠周期蛋白的激酶已经知道（Cdk1 到 Cdk7）。细胞周期蛋白集团（cyclin family）的不同成员在细胞周期的不同点出现———G_1 细胞周期蛋白、S 期周期蛋白以及有丝分裂周期蛋白（mitotic cyclins），依靠周期蛋白的激酶在细胞周期的特殊时期与特殊的细胞周期蛋白相结合，为了它的进展（progression）。

　　在裂殖酵母中，一个单独的依靠细胞周期蛋白的激酶（Cdk）称为 Cdk1；p34^{cdc2} 和 3 个细胞周期蛋白——cig1、cig2 及 cdc13 已经知道控制着细胞周期进展。已经证实 Cdk1 按 2 种形式存在——M 和 S 形式（细胞分裂和 DNA 合成）。p34^{cdc2}-DNA 合成类型-G$_1$ 细胞周期蛋白（cig1 和 cig2）复合物催化细胞周期的开始（DNA 开始复制）到进行，并被描写为开始促进因子（start promoting factor，SPF）。或者 p34^{cdc2} M 型——有丝分裂细胞周期蛋白（cdc13）复合体诱致有丝分裂并称为成熟促进因子（mitosis promoting factor，MPF）。因此 S 期（DNA 合成期）和 M 期（细胞分裂期）的交替实际上是 SPF 和 MPF 活动的依靠细胞周期蛋白的激酶成员的交替活动而引起的（表 5-1、图 5-2）。仅有细胞周期蛋白和依靠细胞周期蛋白激酶的结合还不够提供激酶活性给依靠细胞周期蛋白激酶。除了细胞周期蛋白的可逆性磷酸化作用外，依靠细胞周期蛋白激酶（Cdk）能进行磷酸化和去磷酸化作用。Cdk 亚基（Cdk subunit）借 Cdk 激活的激酶（Cak）的苏氨酸残余的磷酸化，以及酪氨酸（tyrosine）残余借磷酸酶的去磷酸化作用导致依靠细胞周期蛋白激酶（Cdk）的完全活性。有丝分裂细胞周期蛋白—依靠细胞周期蛋白激酶复合物开始时由于 p34^{cdc2} 的酪氨酸-15（酪氨酸-15 磷酸化抑制激酶的活性）的结合的磷酸化作用保持不活跃。

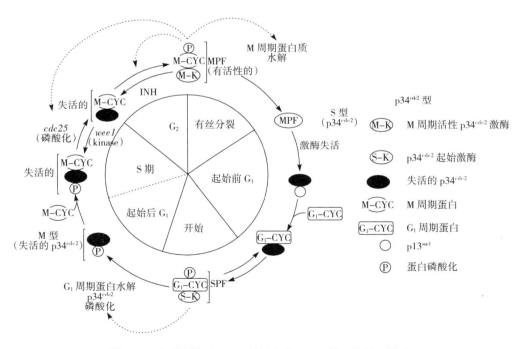

图 5-2　细胞周期中 cdc2 基因产物（p34^{cdc2}）的循环模式

　　p34^{cdc2}分子在细胞周期的大多数时间没有激酶活性，但在分裂期与 M 周期蛋白结合形成 MPF 或在合成前期的起始阶段与 G$_1$ 周期蛋白结合时有激酶活性，活性的状态下也可以刺激自身激活或失活，起始后 G$_1$ 和 S 期之间的虚线表示在 DNA 合成起始时 p34^{cdc2} 没有变化

（引自 Gupta P K，1994）

表5-1 主要的细胞周期调控基因及其裂殖酵母（fission yeast）中的产物和功用

基因	产　　物	功　　用
cdc2	Cdk1（p34^{cdc2}）	细胞周期蛋白质的磷酸化
cdc13	M 细胞周期蛋白	激活 Cak1，为了细胞分裂期
cig1、*cig2*	G$_1$ 细胞周期蛋白	激活 Cdk1，为了 DNA 合成期
cdc25	酪氨酸蛋白质磷酸酶	Cdk1 的去磷酸化
wee1	酪氨酸蛋白质激酶	Cdk 的磷酸化
nim1	激酶	对 *wee1* 的负调控
suc1	p33^{suc1}	将 Cdk1 的 M 型转变成 S 型

　　这一不活跃的复合物进一步进行苏氨酸-167 的磷酸化，去掉酪氨酸上的磷酸，Cdk1（依靠细胞周期蛋白激酶）使细胞周期蛋白（cyclinprotein）磷酸化。这一磷酸化及去磷酸化作用通过活跃的 MPF 诱发有丝分裂（图 5-3）。

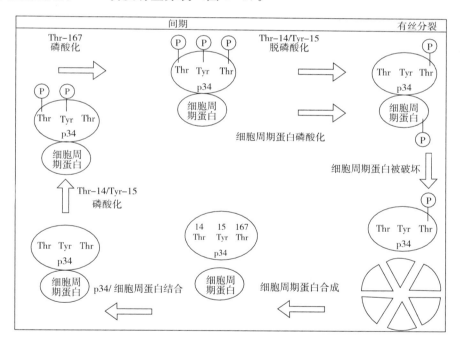

图 5-3　M 期激酶的活性受磷酸化作用、脱磷酸化作用及蛋白水解作用的调控
3 个磷酸化氨基酸按次序是苏氨酸（Thr）14、酪氨酸（Tyr）15、
苏氨酸 167，前两者位于 ATP 结合位点

　　活跃的 MPF 诱导染色体浓缩、核膜破裂、纺锤体集群。MPF 也激活一种酶，这种酶使遍在蛋白质（泛素）与细胞周期蛋白结合，引起细胞周期蛋白降解，结果 MPF 失活。细胞周期蛋白降解以及 MPF 失活引起染色体分离、染色体解凝（聚）、胞核改变以及细胞质分裂（cytokinesis）。

和细胞周期调控有关的 Cdk（依靠细胞周期蛋白激酶）和细胞周期蛋白（cyclin）的数目在种间都不相同。而且，其他的因子例如蛋白质因子、外源及内源物质都牵涉在高等动植物中细胞周期进程的控制。

三、有丝分裂

有丝分裂（mitosis）包括 4 个明显不同的时期——前期（prophase）、中期（metaphase）、后期（anaphase）、末期（telophase）（图 5 - 4）。

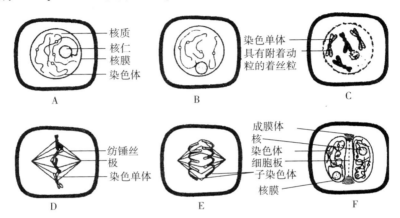

图 5 - 4 有机体分裂的不同时期示意图

A. 早前期（early prophase）　B. 中前期（mid prophase）　C. 后前期（late prophase）

D. 中期（metaphase）　E. 后期（anaphase）　F. 末期（telophase）

1. 前期　在前期，个别染色体从开始就呈现包含两个染色单体的双线结构（double threaded structure）。在此时期染色体体积也会相应增大，并开始卷绕成，形成缩短而加粗的染色单体（chromatid），当前期进行过程中，有染色体向细胞核周边移动的趋势。

2. 中期　中期开始表示核膜（nuclear membrane）和核仁（nucleolus）的溶解（dissolution），形成纺锤丝，而染色体排列于细胞赤道的中心，着丝粒附着于纺锤纤维（spindle fiber），而纺锤纤维构成一个纺锤体。着丝粒排列成卷状，最后一起形成中期板（metaphase plate），根据着丝粒的位置，染色体呈现 V 形或 J 形或简单的棒形，这决定于染色体的形态，如中间着丝粒的（metacentric）、近端着丝粒的（acrocentric）或具端着丝粒的（telocentric）。中期的染色体高度卷曲（highly spiralized）。

3. 后期　后期的开始，显示染色体分裂为两个纵长的一半，并促使它们分别向相反的两极移动。同源着丝粒（homologous centromere）向相反的极移动，借纤维的缩短而促进（推动）。染色体向相反的两极活动的完成标志后期的完成。

4. 末期　当末期时，在两极的两组染色单体组织成为两组染色体，开始从卷绕状态变为不卷绕，并丧失它们的色度（chromaticity）。解螺旋、去浓缩和水合作用与核膜核仁形成从而形成两个子细胞核有关。

5. 胞质分裂　细胞分裂末期随后又继之以细胞板（cell plate）的形成，分离成为两个子细胞，每一子细胞带有和原来一样的相同的染色体数目。

四、减数分裂

每一生物有机体具有这样的特点，即发生在生殖系的另一种细胞分裂类型，其中细胞的染色体数目减半。这种细胞分裂发生在植物的花的雄和雌器官中。在减数分裂（meiosis）中，每一间期（interphase）继之以两次胞核分裂——减数分裂Ⅰ和减数分裂Ⅱ。减数分裂Ⅰ是染色体数目减半的分裂，而减数分裂Ⅱ是均等分裂（图5-5）。

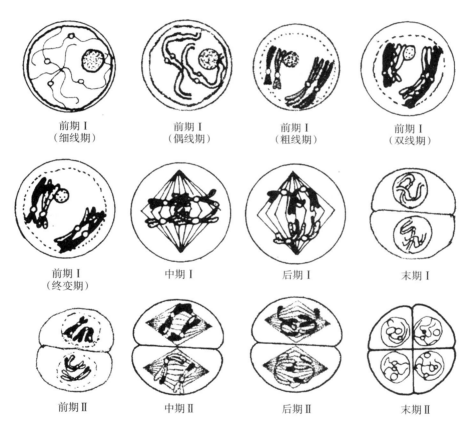

前期Ⅰ（细线期）　　前期Ⅰ（偶线期）　　前期Ⅰ（粗线期）　　前期Ⅰ（双线期）

前期Ⅰ（终变期）　　中期Ⅰ　　后期Ⅰ　　末期Ⅰ

前期Ⅱ　　中期Ⅱ　　后期Ⅱ　　末期Ⅱ

图5-5　减数分裂的不同时期（图解）

（一）减数分裂Ⅰ

第一次减数分裂包括4个时期——前期Ⅰ、中期Ⅰ、后期Ⅰ、末期Ⅰ。

1. 前期Ⅰ　减数分裂Ⅰ有一个被拉长的前期，可以分为5个亚期（subphase）：细线期（leptotene）、偶线期（合线期，zygotene）、粗线期（pachetene）、双线期（diplotene）和终变期或浓缩期（diakinesis）。

（1）细线期　减数分裂的前期，细线期是第一期，此时染色体形状像很长而细的线，它出现在间期（interphase）的 S 期之后，此时 DNA 复制开始。

细线期的线（thread）表面上是单一的，虽然在性质上应该是成双的。在这一时期，核仁非常明显，而整个细胞核在性质上似乎是中卷曲的（convoluted）。

（2）偶线期（合线期）　在偶线期，两个同源染色体，一个来自母本，另一个来自父本。在整条染色体上，在每个基因位点（gene locus）都保持着配对。同源染色体相聚在一起的染色体联会（synapsis）是偶线期的特点。在电子显微镜下，联会丝复合物（synaptonemal complex），这是具有一个中央轴、两边都有轴的成分的多层结构，可以观察到，联合丝复合物的形成是同源片断（homologous segment）的同源配对（homologous pairing）的一个证明。

（3）粗线期　由于染色体片段的收缩，在粗线期（pachytene）可以清楚地看到形成二价体（bivalent）的同源染色体。有染色粒（chromomere）的染色体线在粗线期是清楚的，而且因为每一染色体的纵长分裂，每一个二价体表现为清楚的四束结构（four stranded structure）。在粗线期，成对的父母本染色体之间的染色体片断（fragment）通过交换（crossing over）而互换。染色体片断的断裂（breakage）和重接（reunion）在粗线期完成，因此，这样形成的两条染色体

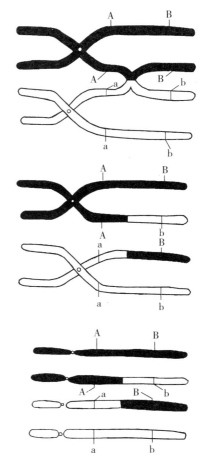

图 5 - 6　减数分裂时同源染色体继粗线期（pachytene)配对后，显示染色单体的交换，导致 2 个重组染色单体 Ab 和 aB 以及亲本类型 AB 和 ab 的形成

含有互相交换的片段。在每一染色体中出现的 2 个染色单体中，一个表现（呈现）原来的基因成分（component）（亲本），而另一个表现重组（recombinant）（图 5 - 6）。在粗线期由于染色体片段的交换（crossing over）和互换（interchange），可以看到交叉（chiasmata）或交叉形结构，这是交换（cross over）的可见标记（visible sign）。

在减数分裂的粗线期中，植物细胞学家已经广泛地研究了染色体的结构，在玉米中，成对的粗线期染色体已经被应用于相毗连的染色体间的同源性（homology）以及异染色质和常染色质区的区分的标志。

（4）双线期（diplotene）　减数分裂的下一期是双线期，其中双价体（bivalent）是明显而且收缩的。在这一时期，每一二价体的交叉（chiasmata）进入端化（terminalization），也就是二个同源染色体的行动到了顶端。二价体染色体的数目可以充分数清楚，

包括那些差不多端化了的。在前期的这一时期，由于染色体的收缩，它们可以明显地看出二价体结构（bivalent structure）。

（5）终变期（diakinesis）　下一期为终变期，染色体交叉（chiasmata）充分移向末端，而两条染色体虽然末端化，仍然保持在一起。

2. 中期Ⅰ　终变期的末尾标志前期的结束以及第一次减数分裂中期的开始。这一时期的特征是核膜和核仁的消失。纺锤体结构的形成和有丝分裂的相类似，纺锤丝（spindle fiber）无论结构或功能都几乎和有丝分裂时的相像。二价体排列在赤道板上。染色体的末端趋向两极的相反方向，而染色体的交叉（chiasmata）则位于赤道板区（equatorial region）。在这个时期，二价体进行最大的浓缩并缩短。

3. 后期Ⅰ　接着的后期Ⅰ，同源着丝粒（homologous chromomere）向极的相反方向移动，而每一染色体的着丝粒则保持完整。染色体相互分离（being separated），这一时期不再有交叉发生（nochiasmata）。

4. 末期Ⅰ　后期Ⅰ之后是末期Ⅰ。在这一时期每一组染色体到达两个不同的极。当二价体的 2 条染色体到达 2 个不同的极时，每一个子核含有半数染色体，例如，水稻的体细胞染色体数为 $2n=24$，第一次减数分裂后，子细胞只含有 12 条染色体。

（二）减数分裂Ⅱ

第一次减数分裂以后，继之以第二次分裂周期，分期相同，即前期（prophase）、中期（metaphase）、后期（anaphase）及末期（telophase），像有丝分裂一样。

第一次减数分裂后，也称为异型分裂（heterotypic）形成二分子（diad），包含子核（daughter nuclei），只有亲本细胞的半数染色体，进入同型分裂（homotypic division），在前期Ⅱ，染色体浓缩并包含 2 个染色单体（chromatid），一个纯的，另一个重组的。严格说来，在相继的中期，也就是中期Ⅱ，每一条染色体本身都排列在赤道板上，在后期Ⅱ 2 个染色单体进行典型的有丝分裂。因此，后期Ⅱ以后，由二体形成的四体（tetrad）含有 4 个孢子（spore），各含有单倍体染色体数或全部染色体数目的半数。

在单倍体孢子的核中进行有丝分裂，最终产生只含有一组染色体或单倍体染色体的配子（gamete）。当两个雌雄配子，每一个都是单倍体相互结合时，形成具有二倍体染色体组的合子（zygote），在整个有机体中，均等分裂是规律性的，然后是形成生殖细胞时的减数分裂。

（三）减数分裂Ⅰ和减数分裂Ⅱ的重要性

减数分裂Ⅰ是减数的分裂（由于等位基因的分离，染色体数目减少到半数）。而减数分裂Ⅱ，是均等分裂（染色体数目保持和原来的一样）。在减数分裂Ⅰ，染色体同源对（homologous pair of chromosome）开始分离（separation）进入 2 个细胞，而在减数分裂Ⅱ时，每一染色体的染色单体分离并进入 2 个不同的细胞，具有单倍体染色体组，每一染色体具有单独的染色单体（chromatid），见图 5-7 所示。

此外，亲本染色体的两个非姐妹染色单体在减数分裂时交换形成新的相对基因组合（new allelic combination）或遗传重组（genetic recombinationo），这样，每条染色体有一

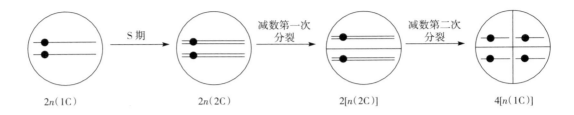

图 5-7　显示减数分裂Ⅰ和Ⅱ的重要性的图示

个亲本单体和一个重组染色单体（recombinant chromatid）。虽然等位基因（allele）分离发生在减数分裂Ⅰ但是等位基因的完全分离只发生在减数分裂Ⅱ以后。在图 5-8 中，在减数分裂Ⅰ发生分离的是 Aa 等位基因，而不是 Bb 等位基因。Bb 等位基因分离只能发生在减数分裂Ⅱ以后。所以，减数分Ⅰ是部分减数而部分均等分裂，除此之外，减数分裂Ⅱ是部分均等而部分减数。

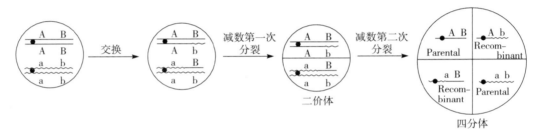

图 5-8　显示减数分裂Ⅰ和Ⅱ等位基因的分离的图示

（四）联会丝复合体

根据 Moses（1955），联会丝复合体（synaptonemal complex）是减数分裂偶线期和粗线期配对的染色体之间的纤丝（filament）的轻微的组织结构，也就是联会的染色体的形态表现。

到偶线期末尾，一对亲本同源染色体之间开始接触，配对精确，一点对一点。这一过程称为联会（synapsis），这可能由于同源染色体之间存在特殊的相互吸引力，称为联会力（synaptic-force）。

超微结构（ultra structure）：在横切面上可以观察到联会丝复合体是压平的带状结构。在电子显微镜下，联会丝复合体显示由平行的密集线状体（parallel dense strands），铺展在弯曲而且

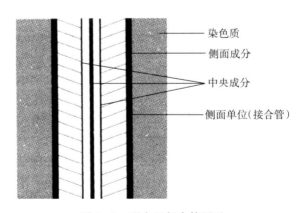

染色质
侧面成分
中央成分
侧面单位（接合管）

图 5-9　联会丝复合体图示

沿着它的轴而扭曲的平面上。其两侧有染色质。同源染色体之间的距离在分子水平上是相当大的，有 3 条 200nm 以上的稠密线——中央单位密度不均匀，两侧的臂非常稠密。中央单元也像一个长的三联体棒（tripartite bar），有梯形的横向的连接物（图 5 - 9）。

侧向臂（lateral arm）宽度因不同种而异。它们由电子密度密和粗的颗粒或纤维组成。这些臂通过纤细的纤维连接到邻近的染色体中去。侧向单元还显示有两个纵长的次级组分。染色质的一系列侧环（lateral loops）由侧向单元所产生，这些环在中线融合而形成中央单元。联会（丝）复合体在两端通过其侧向单元附着于核膜的内表面。

功能：联会（丝）复合体被认为是形成交叉（chiasma formation）和交换（crossing over）所必需（Meyer）的。Moses 推论联会（丝）复合体通过保持配对处于固定状态促进有效联会的形成，同时提供一个内部可以发生分子重组的结构框架，从而形成交叉。King 推测联会（丝）复合体可能使同源染色体的非姐妹染色单体以有利于酶促介导的非姐妹染色单体 DNA 分子之间的交换的方向排列。Coming 和 Okade 推测联会（丝）复合体把同源染色体拉近，几乎彼此相连。

（五）减数分裂的意义

减数分裂是有性繁殖的有机体在生命周期中必然的而且必需的部分，因为它导致能够进行受精作用的配子或性细胞的形成。

这些配子是只有每一对同源染色体中的一个的单倍体细胞（haploid cell）。

减数分裂由于配子的融合（fusion）并随伴着染色体数目的加倍。由于减数分裂而形成的配子是单倍体（haploid），而由于配子结合而形成的合子是双倍体（diploid），因此，这是恢复一个种所有的染色体数目的唯一方法。

减数分裂提供遗传物质的新的组合。当发生交换（crossing over）时，雄性和雌性亲本的遗传因子，由于粗线期时，染色体的断裂和交换而发生混合（get mixed）。因此，所产生的配子并不全是相似的而是具有变异的基因组合。染色体的随机分离以及由于交换而形成的染色体上基因的新的序列（alignment），确保了群体的遗传变异，这样的遗传变异导致有机体的进化。

有丝分裂和减数分裂的区别见表 5 - 2。

表 5 - 2　有丝分裂和减数分裂间的差异

有丝分裂	减数分裂
1. 细胞分裂只一次	1. 细胞分裂 2 次，第一次和第二次减数分裂
2. 有丝分裂在体细胞中进行	2. 减数分裂在生殖系细胞中进行
3. 有丝分裂既在有性繁殖有机体中进行，又在无性繁殖有机体中进行	3. 减数分裂只在有性繁殖有机体中进行
4. DNA 复制一次，细胞分裂一次	4. DNA 复制一次，细胞分裂二次
前期	
5. 前期的持续时间较短	5. 前期持续时间较有丝分裂长得多

（续）

有丝分裂	减数分裂
6. 比较简单而且没有亚分期	6. 前期分为几个亚时期（细线期、偶线期、粗线期、双线期、终变期）
7. 两个同源染色体并非彼此相互吸引	7. 在合线期（偶线期），两个同源染色体彼此相互吸引，由于联会吸引形成二价体
8. 不形成联会（丝）复合体	8. 形成联会（丝）复合体
9. 每条染色体由两个染色单体组成，借一个着丝粒联结在一起	9. 每一个二价体有 4 个染色单体和两个着丝粒
10. 并不形成染色体交叉也不发生交换	10. 在同源染色体之间形成染色体交叉并发生交换
中期	
11. 在中期板（赤道板）上，所有着丝粒都排列在同一平面上	11. 在中期 I，着丝粒排列在彼此相互平行的两个平面上
12. 染色体排列在赤道板上	12. 二价体排列在赤道板上
13. 在中期染色体是二分的，只由两个染色单体所组成	13. 二价体呈现四体的形式由 4 个染色单体组成
14. 染色体比较长而细	14. 染色体很短而粗
后期	
15. 每一染色体的着丝粒分裂为二，形成 2 个染色单体	15. 在后期 I 着丝粒并不分裂，而是每一对同源染色体简单地分开成的二分体
16. 两个染色单体开始向纺锤体的方向相反的两极移动	16. 彼此分离了的同源染色体开始向方向相反的两极移动
17. 子染色体呈现单独状态	17. 彼此分离的染色体具有两个染色单体
末期	
18. 有丝分裂的结果形成两个细胞	18. 减数分裂的结果形成 4 个细胞
19. 有丝分裂结果，子细胞中染色体数目保持稳定	19. 子细胞中染色体数目减成亲本细胞中染色体数目的一半
20. 子细胞的遗传结构与亲本细胞的相一致	20. 子细胞的遗传结构和亲本细胞的不同，子细胞含母本和父本基因的结合

■ 小结

每个细胞周期有两个时期——分裂间期（interphase）和分裂期（dividing phase）。分裂间期是一个高度代谢期，持续时间较长并且可以再分为 G_1、S 和 G_2 期。在 G_1 和 G_2 期，开始 RNA 转录（transcription）和翻译（translation）为蛋白质，而在 S 期 DNA 的复制（replication）开始。分裂期或 M 期无论有丝分裂或减数分裂都有。

细胞周期有若干个关卡，是为了监控细胞周期事件。细胞周期的规律（regulation）靠有丝分裂促进因素（MPF）而出现，这是一个细胞周期蛋白（cyclin）和细胞周期蛋白依赖的激酶（Cdk）的一个复合体（complex）。特殊的 Cdk 在细胞周期的特殊时期附着有特殊的细胞周期蛋白，为了它的进展。

除了细胞周期蛋白的脱磷酸化作用，Cdk 进行磷酸化作用及去磷酸化作用，借活跃的细胞有丝分裂促进因素（MPF），诱致有丝分裂（mitosis）。

有丝分裂是出现在体细胞中的均等的细胞分裂，产生两条染色体数目和亲本相同的细胞。有丝分裂（karyokinesis）有 4 个期——前期（染色体浓缩并分裂成染色单体）、中期（染色体排列在赤道板上）、后期（染色体的每一个臂靠纺锤丝拉向不同的极）、末期（重新构建子核，具有核仁和核膜）并继之以胞质分裂（cytokinesis）。

减数分裂出现在生殖细胞，产生 4 个子细胞，各具有亲本细胞中数目一半染色体。减数分裂时核分裂二次，减数分裂Ⅰ和减数分裂Ⅱ。前期Ⅰ具有较长的持续时间，细线期（leptotene）、偶线期（zygotene）、粗线期（pachytene）、双线期（diplotene）、终变期（diakinesis），具有形成二价体（bivalent）和通过形成交叉（chiasma）而发生交换（crossing over）的特点。二价体在中期Ⅰ排列在赤道板上并在后期Ⅰ彼此分离。后期Ⅰ以后产生的二分体（diads）进行减数分裂Ⅱ。减数分裂Ⅱ通过前期Ⅱ、中期Ⅱ、后期Ⅱ和末期Ⅱ而完成，像有些分裂那样，产生四分体（tetrad）。

减数分裂Ⅰ包括同源染色体的分裂（减数分裂），而在减数分裂Ⅱ，出现染色单体的分裂（均等分裂）。减数分裂Ⅰ时出现交换（crossing over），因此等位基因的完全分裂只出现在减数分裂Ⅱ以后。

在配对的染色体之间形成的联会丝复合体，包括中央成分和侧面成分，在这些成分之间具有横向单位，便于交叉的形成和交换。

在有性繁殖的种中，为了维持染色体数目的稳定（constant），减数分裂是极其重要必不可少的，通过由交换而形成的遗传重组，它也有助于种内滋生变异。

第六章　孟德尔遗传

遗传学（Genetics），遗传的科学，涉及由亲本传递性状给其后代，因此，一个"猫"产生一个"猫"，从来不会产生一个"老鼠"或"蝙蝠"。遗传学的科学通过孟德尔诞生，他提供了遗传学说的第一个证据，阐明遗传必须通过生殖细胞中的一些单位而传递。

一、乔治·约翰·孟德尔

被称为遗传学之父的乔治·约翰·孟德尔（Gregor Johann Mendel）是 1822 年在奥地利（Austria）Brunn 附近的一个农民家庭中诞生的。他于 1840 年毕业于哲学学科，并于 1847 年任 St. Augustinian 修道院神父。后来进入维也纳大学（University of Vienna）攻读自然科学。回来后，从事学校中的教学任务，开始从事豌豆的试验，并于 1865 年向 Brunn 自然历史学会（Natural History Society）提呈了一篇题目为"植物杂交试验"的论文。他于 1884 年辞世。他的工作的成绩，形成了遗传学的基础，直到 1900 年，当荷兰（Holland）的 De Vries、德国（Germany）的 Correns 以及奥地利（Austria）的 Tschermak 分别独立地进行工作，获得了相似的发现。

（一）孟德尔的试验材料豌豆

孟德尔采取豌豆（*Pisum sativum*）作为他的试验材料有以下原因：
①有性生殖的。
②雌雄同花。
③处理方便。
④存在容易觉察的变异。
⑤自花授粉受精。
⑥生长周期短（一年生）。
⑦后代数量多。
⑧可以人工控制进行杂交。
⑨可以获得繁殖稳定的株系。
⑩可以产生能够繁殖的后代。

（二）孟德尔选择的豌豆植株的性状

孟德尔选择 7 对性状进行试验（图 6-1）。

性状　　　　　　　　　显性　　　　　　隐性

种子形状　　　　　　　光滑　　　　　　皱粒

种子颜色　　　　　　　黄色　　　　　　绿色

花色　　　　　　　　　红花　　　　　　白花

豆荚形状　　　　　　　饱满　　　　　　不饱满

豆荚颜色　　　　　　　绿色　　　　　　黄色

花着生位置　　　　　　腋生　　　　　　顶生

植株高度　　　　　　　高　　　　　　　矮

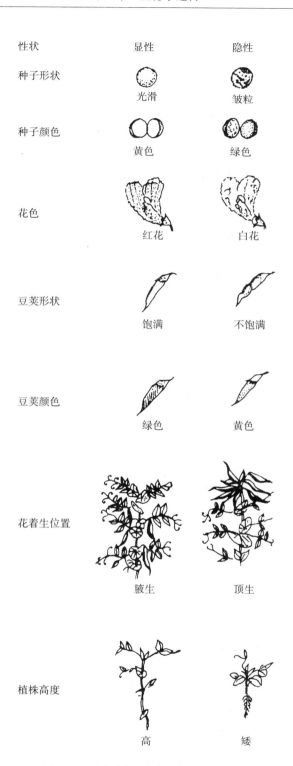

图 6-1　选择便于试验进行的 7 个性状

二、孟德尔的试验

（一）单基因杂种杂交

两个亲本之间只有一个性状或特征有差异或者只考虑一个性状的杂交，称为单基因杂种杂交（monohybrid cross）。孟德尔分别种植了 2 个豌豆品种，高株和矮株。高株品种的花用它们自己的花粉受精时，后代都是高株；矮株品种自花受精时，只产生矮株。将这两个豌豆品种进行杂交。高株和矮株亲本（P）世代植株间杂交，后代第一代（F_1——后代第一代，拉丁字 filial 意指后代）都是高株。F_1 世代没有矮株。当这些 F_1 高株用它们自己的花粉受精时（自交），第二代（F_2）既有高株，又有矮株。约 3/4 是高株，1/4 是矮株。这一结果显示在 F_1 代消失的矮株性状在 F_2 代又会重新出现。孟德尔播种 F_2 代种子，以便获得 F_3 代。约 $1/3F_2$ 代高株只产生高株后代，而 $2/3F_2$ 代高株后代既有高株，又有矮株；F_2 代矮株则只产生矮株。

孟德尔用其他性状进行单杂种试验，获得相类似的结果。

1. 孟德尔假设 孟德尔作了如下假设。

①土壤和潮湿条件可能对植株的生长有一定影响，但是遗传是他的试验条件下的主要限制因素。

②既然正反交的结果是一致的（雌性高株×雄性矮株≡雌性矮株×雄性高株），父本和母本对后代性状发育的贡献是相等的。

③一个有机体的每一性状（表现型）由一特殊因子（现在称为基因）所控制；每一因子都有 2 个交替的形式，称为等位因子（allele，allelomorph）。

④一个性状的两个等位因子，一个是显性，另一个是隐性。亲本的性状在 F_1 代能表现出来的是由显性等位因子控制的相对性状，而另一在 F_1 代没有表现出来的亲本性状称为隐性，由隐性等位因子所控制。

⑤有机体的每一体细胞每一个基因型（genotype）都有 2 个等位因子，或者是相似的等位因子（纯合，同型结合），或者是不相似的等位因子（杂合，杂种）。有机体从它的 2 个亲本得到这些因子，从每一亲本各得一个。

⑥一个性状的两个不同的等位因子当相聚在一起时，并不混合或改变。这些因子的每一个都传递到后代，通过配子（gamete）呈截然分别的、不改变的单位传给后代。配子只含有每一因子的一份内容。

⑦一个性状的两个等位因子彼此分开，并传递给两个不同的配子，雌雄配子间发生随机的结合。

单杂种杂交的解释：根据以上的假设，孟德尔解释了单杂种杂交的结果。亲本世代的高株和矮株都是繁殖稳定的，遗传上分别是纯合的 TT 和 tt。高亲本所产生的配子只带 T 等位因子，而矮亲本所产生的配子只带 t 等位因子。因此，受精以后，接合子必须具有 Tt 基因型，因为 T 等位因子显性，F_1 植株在表现型上必须是高的。因为 t 等位因子是隐性，矮的性状不可能表现出来。当 F_1 高株（Tt）自交时，在配子形成过程中，T 和 t 等位因子发生分离。无论雄配子或雌配子，一半配子带有 T 等位因子，而另外一半配子带有 t 等位因子。两类雄配子自由地和两类雌配子相结合。因此，在 F_2 代，既出现高株表现型，又出现矮株表现型。由于带有 t 等位因子的雄配子和带有 t 等位因子的雌配子相结合而产生 tt 基因型，在 F_2 代将会重新出现矮株，因此，所产生的 F_2 植株将包含 3 种类型的基因型——TT、Tt 和 tt，呈现 1∶2∶1 的比例。TT 和 Tt 植株是高的，tt 植株是矮的，呈现 3∶1 的比例（图 6-2）。当 F_2 植株自交时，TT 高株将繁殖稳定，Tt 植株将按 3∶1 的比例分离，而 tt 植株也将繁殖稳定。

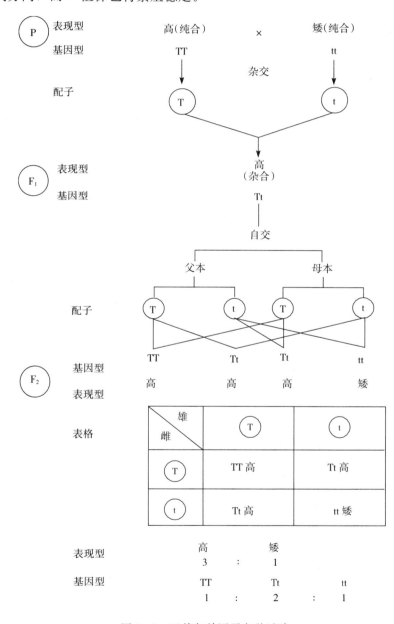

图 6-2　孟德尔单因子杂种试验

2. 孟德尔结论　分离定律。

孟德尔从单杂种试验所推论的结论制订了他的第一个定律，分离定律。

分离定律阐明：在一个有机体中成对存在的每一性状的等位因子是从不相互混合的，它们彼此分离，按照它们的原形进入不同的配子。因此，每一配子只含有每一性状的一个等位因子。

因此，一个 F_1 单基因杂种将产生比例相等的两类不同的配子。分离定律又称为配子纯化定律（the law of purity of gametes）。

（二）双基因杂种杂交

有两个性状不同的亲本之间的杂交，或者两个亲本间杂交只考虑它们之间的两个性状的，称为双基因杂种杂交（dihybrid cross）。

孟德尔分别种植了两个豌豆纯的品种，一个具有黄子叶，圆形种子，而另一个具有绿子叶和皱缩种子。这两个亲本（P）世代植株之间的杂交，F_1 世代的植株都是黄子叶和圆形种子。当这些 F_1 植株自花授粉受精时，F_2 世代的后代植株包括 4 种类型：

①黄子叶、圆种子。

②黄子叶、皱缩种子。

③绿子叶、圆种子。

④绿子叶、皱缩种子。

这 4 种类型的比例为 9：3：3：1。F_2 后代显示两对不同的性状按照各种可能的方式进行组合。

孟德尔用所有选择的性状按不同的组合进行双杂种试验，获得了相类似的结果。

1. 双基因杂种杂交的解释　孟德尔解释了双基因杂种杂交如下：

①因为亲本是纯的，因此它们的基因型是纯合的——YYRR 和 yyrr，分别产生 YR 和 yr 配子。

②F_1 双基因杂种的两个性状都是杂合的（YyRr）。

③因为所有 F_1 植株都是黄子叶和圆种子，因此黄子叶等位因子 Y 对绿子叶等位因子 y 是显性，而圆种子等位因子 R 对皱缩种子等位因子 r 是显性。

④F_2 世代中，按 9：3：3：1 比例出现所有 4 种可能的表现型组合，可能是由于两对性状是彼此独立的。每一对相对性状并不是和某一特定性状永久联系的。

⑤如果 F_1 植株（YyRr）只产生亲本配子（YR、yr），F_2 代中只可能期望出现两种（亲本的）表现型。但是在 F_2 代出现了 4 种表现型植株类型（两种亲本型和两种新类型），则可以肯定产生了 4 种频率相等的配子类型（YR、Yr、yR、yr）。出现了两种新的表现型组合类型——黄子叶、皱缩种子和绿子叶、圆种子，和亲本的表现型组合在一起，F_1 植株除了产生 YR、yr 配子以外，还产生 Yr 和 yR 配子。

⑥因此 Y 等位因子可能和 R 等位因子结合，并可能以相等的频率和 r 等位基因组合，分别形成 YR 和 Yr 配子。与此相类似，等位因子 y 可能和等位因子 R 相结合，也可能以相等的频率和 r 等位因子相结合，分别形成 yR 和 yr 配子。因此，四类配子，即 YR、Yr、yR、yr 将得以产生，其比例为 1：1：1：1。

⑦这四类配子（雄配子和雌配子）将按照 16 种可能的组合相结合，产生 9 种基因型，

其比例为 1 : 2 : 1 : 2 : 4 : 2 : 1 : 2 : 1，以及 4 类表现型，其比例为 9 : 3 : 3 : 1（图6-3）。

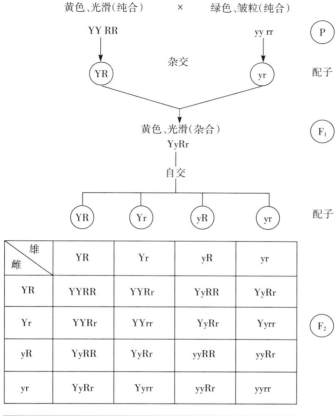

图 6-3　孟德尔双基因杂种（dihybrid）试验

⑧甚至即使性状出现在不同亲本的组合之中，也能获得相类似的比例，如黄子叶、皱

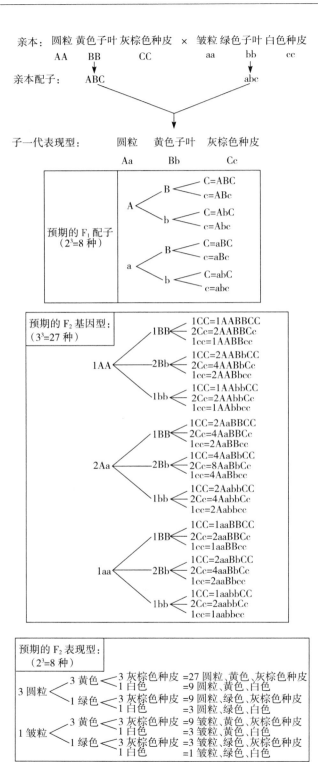

图 6-4　三基因杂种杂交及其叉线法分析结果

缩种子×绿子叶、圆种子。这进一步证明个别性状的遗传和其他性状是相互独立的。

孟德尔在选择他的试验材料时是幸运的。这是自花授粉受精的物种，而能够产生可孕的杂种，而且所选择的 7 个性状都是独立分配的，没有任何性状间的连锁。

2. 孟德尔结论　独立分配定律。孟德尔从双杂种试验所得的结论制订了第二个定律，独立分配定律。

当两个亲本有 2 对或更多对相对性状或因子不同时，一个性状的相对因子的分配和另一性状的相对因子的分配是彼此独立的（independent of assortment）。当形成配子时，一对相对因子的每一成员可以和另外一对相对因子的每一成员随机地组合。

（三）三基因杂种杂交

三基因杂种杂交（trihybrid cross），即杂交涉及三对不同的性状，例如圆的和皱缩的种子、黄色和绿色的子叶、灰棕色和白色种壳。F_1 杂种存在 3 个显性和 3 个隐性因子，因而是异质结合或杂合的（heterozygous）。无论雌配子或雄配子都有 8 种不同类型，F_2 代将呈现 64 种（8×8）组合，表现型的比例为 27∶9∶9∶3∶9∶3∶3∶1（图 6 - 4）。

（四）多基因杂种杂交

具有 3 对以上不同相对性状的有机体之间的杂交称为多基因杂种杂交（polyhybrid cross）。如果基因数目超过 3，基因型和表现型的可能数目呈现指数式增加（exponential increase），在这种情况下将应用或然率或概率（probablity）的规律，概率意指事物出现的可能性，2 个或更多个独立事件同时出现的概率是它们作为独立事件出现的概率的总和。F_1 配子的类型以及 F_2 基因型和表现型的种类及其比例可以根据表 6 - 1 的多基因杂种杂交进行推测。

表 6 - 1　F_1 配子、F_2 基因型和 F_2 表现型的期望频率

F_1 杂合相对基因对数	F_1 所产生的配子数	F_2 表现型数	F_2 表现型比例	F_2 基因型数	F_2 基因型比例	F_1 配子的可能组合数
0	$2^0=1$	$2^0=1$	—	$3^0=1$	—	$4^0=1$
1	$2^1=1$	$2^1=2$	3∶1	$3^1=3$	1∶2∶1	$4^1=4$
2	$2^1 \times 2^1=2^2=4$	$2^1 \times 2^1=2^2=4$	(3∶1)(3∶1)＝9∶3∶3∶1(3∶1)	$3^1 \times 3^1=3^2=9$	(1∶2∶1)(1∶2∶1)＝1∶2∶1∶2∶4∶2∶1∶2∶1(1∶2∶1)	$4^2=16$
3	$2^1 \times 2^1 \times 2^1=2^3=8$	$2^1 \times 2^1 \times 2^1=2^3=8$	(3∶1)(3∶1)=27∶9∶9∶3∶9∶3∶3∶1	$3^1 \times 3^1 \times 3^1=3^3=27$	(1∶2∶1)(1∶2∶1)=1∶2∶1∶2∶4∶2∶1∶2∶1∶2∶4∶2∶4∶8∶4∶2∶4∶2∶1∶2∶1∶2∶4∶2∶1∶2∶1	$4^3=64$
n	2^n	2^n	(3∶1)(3∶1)……n 次	3^n	(1∶2∶1)(1∶2∶1)……n 次	4^n

三、和孟德尔遗传有关的词语

相对因子（alleles）：现在称为等位基因，一个有机体的每一个性状都是由一个特定的因子（factor）（现在称为基因）所控制；每一个因子都有 2 个相对的形式，称为等位基因（allele）。例如，T 和 t 是豌豆植株高度的等位基因。

基因型和表现型（genotype and phenotype）：一个特殊性状的等位基因结构称为基因型（genotype）；表现出来的性状（外表的有形表现）称为表现型（phenotype）；例如 TT 是"高"表现型的豌豆植株的基因型。

显性等位基因和隐性等位基因（dominant allele and recessive allele）：一个杂种内的两个等位基因，能表现出它的表现型的称为显性等位基因；而它的表现型被抑制的称为隐性等位基因。在高的杂种（Tt）豌豆植株中，T 等位基因是显性，而 t 等位基因是隐性。

纯合（homozygous）和杂合（heterozygous）：一个性状的两个等位基因是同一类型的称为纯合基因型；两个等位基因是不同类型的则称为杂合基因型。如关于豌豆植株高度，TT 或 tt 是纯合基因型，而 Tt 是杂合基因型。

纯种（pure）和杂种（hybrid）：当一个有机体繁殖稳定时，通过自交（selfing），其后代保持不变的称为纯种；但当有机体自交时，除亲本表现型以外，又产生新的表现型，则称为杂种；如在豌豆植株中，具有纯合基因型 TT 的高株是纯种，而含有杂合基因型 Tt 的高株则是杂种。

单基因杂种和双基因杂种杂交（monohybrid and dihybrid cross）：只有一个性状不同的两个亲本间的杂交；或者两个亲本杂交时，只考虑它们的一个性状时，称为单基因杂种杂交。例如，当高株（TT）豌豆植株和矮株（tt）豌豆植株杂交。当具有两个不同性状的亲本杂交时；或者两亲本之间只考虑两个不同性状时，称为双基因杂种杂交。例如，当黄圆（YYRR）豌豆植株和绿皱（yyrr）豌豆植株杂交时。

自交和杂交（selfing and crossing）：同一植株内授粉受精或两个基因型相同的植株杂交，称为自交，如高株（Tt）×高株（Tt）。当一个或更多个性状不同的植株间进行授粉受精时，或者两个基因型不同的个体间进行杂交时则称为杂交，如高株（TT）×矮株（tt）。

（一）回交和测交

F₁ 有机体和任何一个亲本杂交称为回交（back cross）（图 6 - 5）。

当一个有机体和另一具有隐性表现型性状（隐性纯合基因型）亲本杂交时称为测交。之所以称为测交是因为它有助于测定一个有机体的基因型。在一个单杂种杂交中，高豌豆植株可能是纯合的（TT）或杂合的（Tt）。这可以通过测交（test cross）加以确定（图 6 - 6）。

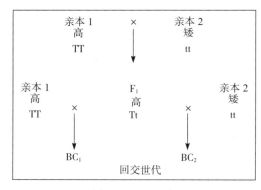

图 6 - 5　回　交

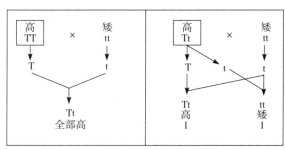

图 6 - 6　测交以便于肯定高株的基因型

在单杂种测交中，比例是 1:1。在双杂种测交中，期望比例为（1:1）（1:1）＝1:1:1:1（图 6-7）。

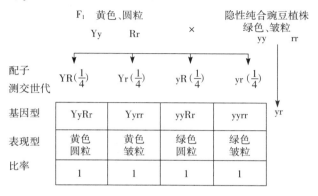

图 6-7　双杂种的测交

（二）庞纳特方格

庞纳特方格（Punnett square）是说明一项杂交可能后代的概率图表。

第一步：相对基因的定义以及显性的决定。

第二步：在所有不同类型的配子中出现的等位基因的决定。

第三步：方格的构建。

第四步：等位基因重组进入每一个小方格。

第五步：决定下一代的基因型和表现型。

第六步：标明世代，如 P、F_1、F_2 等。

标记符号：亲本世代为 P_1 及 P_2，第一子代为 $F_1 = P_1 \times P_2$，第二子代为 $F_2 = F_1 \times F_1$，第一回交为 $BC_1 = F_1 \times P_1$，第二回交为 $BC_2 = F_1 \times P_2$。

四、孟德尔定律的染色体基础

Sutton 和 Boveri（1902—1904）制订了孟德尔遗传的染色体学说，其中他们明确地表示，在减数分裂和受精时染色体所表现的行为和孟德尔因子在分离和重组中的行为是确切相平行的（表 6-2 和图 6-8）。

表 6-2　孟德尔因子和染色体行为的相似特点

孟德尔因子	染色体
1. 体细胞中因子的数目是配子中因子数目的两倍	1. 体细胞中染色体的数目是配子中染色体数目的两倍
2. 一对相对因子的 2 个成员在 F_1 中共同存在，但在配子形成时相互分离	2. 2 个亲本染色体在体细胞中共同存在，但在形成配子时相互分离
3. 一个杂交的不同对的因子在分离时是彼此独立的	3. 减数分裂时，每一对同源染色体的分离和细胞核中其他对染色体成员的分离是独立的

鉴于细胞分裂时，孟德尔因子的行为和染色体的行为之间存在完全相似性，因此可以

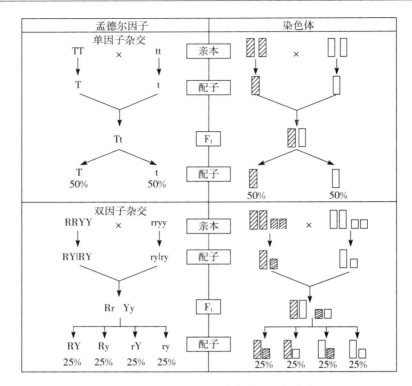

图 6-8 孟德尔因子和染色体的相似特点

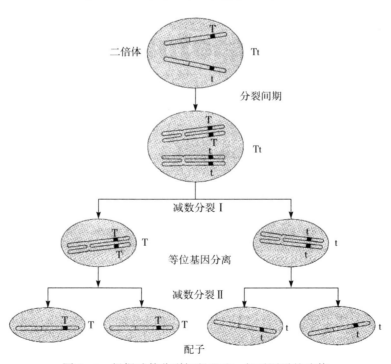

图 6-9 根据减数分裂解释 T 和 t 相对因子的遗传

〔据 Purves 等，由 Sinauer Associate（www. sinauer）及 Freeman W H（www. whfree. man. com）修改后应用〕

肯定孟德尔因子位于染色体上，而染色体是遗传因子的携带者（图6-9、图6-10）。

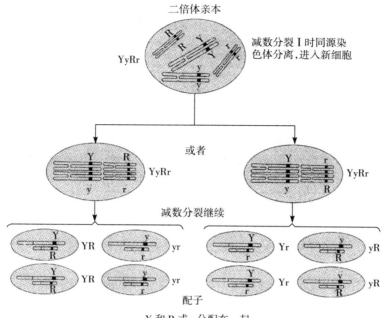

图6-10　存在于不同染色体的2个性状的遗传可以通过减数分裂加以解释

［据 Purves 等，由 Sinauer Assoeiate（www. sinauer）及 Freeman W H（www. whfree. man. com）修改后应用］

■ 小结

孟德尔提供了第一个解释遗传的学说，总结如下：

每一亲本相等地提供性状给其后代。

每一性状由一个因子所控制。

每一因子存在两种相对的形式称为相对因子，相对因子控制着一个性状的相对形式。

体细胞含有两份相对因子，而配子只含有一份相对因子，每一对相对因子当存在体细胞中时，彼此并不修改调整。

一个性状的两个相对因子能够彼此分离，并进入该杂种的不同配子中。

相对因子存在于染色体中，并通过染色体从一代传递到下一代。

第七章　基因的表达和互作

　　孟德尔遗传学并不能解释所有的遗传类型，其表现型比例在有些情况下，不同于孟德尔比例（在 F_2 代单基因杂种为 3：1，双基因杂种为 9：3：3：1）。这是由于有些时候一个特殊的等位基因是另一个等位基因的相等的显性或只是部分显性，或者由于存在 2 个以上的等位基因或由于存在致死基因。这种一个单独的基因的等位基因间的遗传互作称为等位基因互作或等位基因内相互作用（intra-allelic interaction）。

　　由于 2 个或更多个基因以不同方式彼此影响单个性状的发育时，非等位基因或等位基因的互作也能出现。因此基因的表现不是彼此独立的，而是依赖于存在或不存在一个或多个其他的基因。这种对孟德尔的一个基因一个性状的概念的偏离称为因子假设（factor hypothesis）或基因互作（interaction of gene）（表 7 - 1）。

表 7 - 1　不同类型的等位和非等位的基因互作

类　型	比　　例	互　作	实　例
A. 等位基因			
1. 不完全显性			
(a) 单基因杂种	1：2：1	部分显性	金鱼草花色
(b) 双基因杂种			
(i)	1：2：1：2：4：2：1：2：1	两对基因都是部分显性	人类血型（ABO 及 MN）
(ii)	3：6：3：1：2：1	一对基因完全显性，而另一对部分显性	牛（角及毛色）
2. 致死因子—隐性致死（单基因杂种）	2：1/3：0	纯合状态致死	鼠的黄色皮毛、大麦的白化幼苗
3. 复等位基因	—	在一个基因座上出现 2 个以上的等位基因	人类的 ABO 血型、烟草的自交不育性
B. 非等位基因			
4. 简单互作	9：3：3：1	新的表现型来自两个显性非等位基因间，也来自两个隐性非等位基因间的互作	家禽冠的类型、好望角花的花色
5. 互补因子	9：7	两个显性基因彼此作用互补	香豌豆花色
6. 上位性			
(a) 隐性上位	9：3：4	一个纯合的隐性基因对另一基因为上位性	鼠的皮毛色、玉米的籽粒色、矮生西葫芦的果色
(b) 显性上位	12：3：1		
7. (a) 抑制因子	13：3	一个显性基因抑制其他基因的表现	水稻的叶色

（续）

类　型	比　例	互　作	实　例
（b）具有部分显性的抑制因子	7：6：3	一个显性基因部分地抑制其他基因的表现	豚鼠的毛的方向
8. 多态基因	9：6：1	两个显性基因互作而产生的新的表现型	大麦的芒的长度
9. （a）重叠基因	15：1	两对基因的显性等位基因，无论单独或共同存在，具有相类似的表现型效应	芥菜的果荚形
（b）具有显性修饰作用的重叠基因	11：5	只有当两类显性基因都存在两对基因表现显性	棉花的色素腺体
10. 多对因子			
（a）2 个基因座	1：4：6：4：1	由若干个具有累积效应的基因所控制的数量性状	小麦的籽粒色、人类皮肤色
（b）3 个基因座	1：6：15：20：15：6：1		

一、不完全显性或混合遗传——1：2：1

一个显性等位基因可能不能够完全地抑制其他等位基因。因此一个杂合体可以在表现型上（中间型表现型）和任何一亲本纯合型相区分。在金鱼草和紫茉莉中，纯合繁殖的红花和白花植株间杂交，产生粉红色花的 F_1 杂种植株（偏离亲本的表现型），也是两亲本之间的中间型。当 F_1 植株自花授粉受精时，F_2 后代呈现 3 组植株，比例为 1 红花：2 粉红花：1 白花，而不是 3：1（图 7-1）。

因此，两个基因都表现不完全显性的 F_1 双基因杂种在 F_2 代将分离为（1：2：1）（1：2：1）=1：2：1：2：4：2：1：2：1。而一个基因表现完全显性而另一基因表现不完全显性的 F_1 双基因杂种在 F_2 代将分离为（3：1）（1：2：1）=3：6：3：1：2：1。

二、共　显　性

一个基因的 2 个等位基因在异质结合（杂合）时都能表现出来。双亲的表现型在 F_1 杂种中都能表现出来，而不是表现为中间表现型。人类的 MN 血型是由一个单基因所控制。需有 2 个等位基因存在，M 和 N。具有 N 血型的父亲（基因型为 NN）和具有 M 血型的母亲（基因型为 MM），才会生出具有 MN 血型的小孩（基因型为 MN），在杂种中两者的表现型都能辨别出来，F_2 代的分离比例为：1M 血型：2MN 血型：1N 血型。

三、超　显　性

有时 F_1 杂合体的表现型比任一亲本的更加极端。在杂合白眼果蝇中，荧光眼色素的

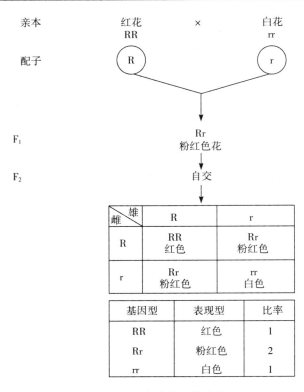

图 7-1 金鱼草花色的遗传

量超过在任何一亲本中所发现的。

四、致死因子——2∶1

能使个体致死的基因称为致死基因。

1. 隐性致死 只有当它们呈纯合状态时才能表现出来，而在杂合状态时不表现。有

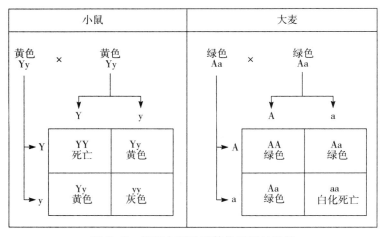

图 7-2 鼠和大麦致死等位基因的遗传

的基因有显性表现型效应，但在隐性状态时有致死作用。例如，鼠的黄的皮毛色。但是许多基因在它们的表现型和致死效应上都是隐性的。例如，大麦产生白化幼苗的基因（图 7 - 2）。

2. 显性致死　显性致死基因能使个体在群体中消失，因为它们甚至在杂合状态时也能使有机体死亡。例如，人类结节性（脑）硬化基因。

3. 条件性致死　它们的致死行动需要一种特殊的条件。例如，大麦温度敏感突变基因（在低温时有致死效应）。

4. 平衡致死　平衡致死的基因的存在都要呈杂合状态；无论显性或隐性的纯合体都能致死。例如月见草（*Oenothera erythrosepala*）的平衡致死系统。

5. 配子致死　使配子不能受精。例如，雄果蝇中分离失调基因。

6. 半致死基因　并不使所有个体都致死。例如，有些植物的 Xentha 突变体。

五、复等位基因

一个特殊性状的基因可能在染色体的同一基因座（locus）具有 2 个以上的等位基因（allelomorph，allele）（在二倍体上只有 2 个）。这些基因构成一系列的复等位基因。

人类的 ABO 血型体系提供了最好的实例。抗原基因可能按照 3 种可能的等位基因形式出现——I^A、I^B、i。A 抗原的等位基因 I^A 对 B 抗原的等位基因 I^B 是共显性（codominant）。两者对等位基因 i 是完全显性，等位基因 i 不能明确规定任何抗原结构。4 种血型的可能基因型如表 7 - 2 所示。

表 7 - 2　ABO 血型及其基因型

血型	基因型
A	$I^A I^A$，$I^A i$
B	$I^B I^B$　$I^B i$
AB	$I^A I^B$
O	ii

烟草的自交不育性是由具有许多不同等位基因类型的基因所决定的，假如只有 3 个等

表 7 - 3　自交不育植株（烟草）的亲和性

父本		$S_1 S_2$		$S_1 S_3$		$S_2 S_3$	
花粉		S_1	S_2	S_1	S_3	S_2	S_3
母本	$S_1 S_2$	— 完全不亲和		—	$S_1 S_3$ $S_2 S_3$	—	$S_1 S_2$ $S_2 S_3$
	$S_1 S_3$	—	$S_1 S_2$ $S_2 S_3$	— 完全不亲和		$S_1 S_2$	— $S_2 S_3$
	$S_2 S_3$	$S_1 S_2$	— $S_1 S_3$	$S_1 S_2$	— $S_2 S_3$	— 完全不亲和	

位基因（例如 S_1、S_2、S_3），植株的可能的基因型是 S_1S_2、S_1S_3、S_2S_3（总是杂合的），纯合基因型（S_1S_1、S_2S_2、S_3S_3）在自交不亲和种内是不可能的。在此情况下，只要携带一个与母本植株二个等位基因都不同的等位基因的花粉就可以受精，导致限制性的可育性（表 7-3）。

六、同等位基因

同等位基因在相同的表现型范围表达自己，例如，在果蝇中，若干基因（W^{+s}、W^{+c}、W^{+g}）表现红眼色。

七、简单互作——9∶3∶3∶1

在这一实例中，2 对非等位的基因影响同一个性状。这两对基因每一个显性等位基因，当他们单独存在时产生不同的表现型。当它们一起存在，将产生不同的新的表现型。当这 2

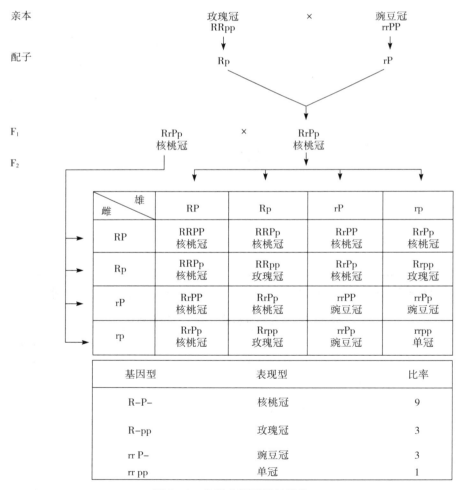

图 7-3　禽类肉冠形状的遗传

个显性的等位基因都不存在时，将产生另外一种表现型。禽类的肉冠是最好的实例，R基因产生玫瑰冠，而P基因产生豌豆冠；两者对单冠都是显性，两者都呈现显性时产生核桃冠（图7-3）。相似的遗传模式发现于具螺旋纹果（streptocarpus）的花色（图7-4）。

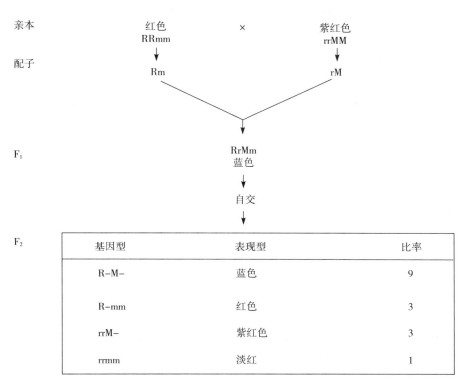

图7-4　具螺旋纹果（streptocarpus）花色的遗传

八、互补因子——9：7

　　某些性状是由来自不同亲本遗传的，具有不同基因座的2个或更多个基因间的互作而产生的。这些基因是彼此互补的，也就是，当它们单独存在时，它们不表现性状，只有通过适当的杂交而共同存在时，才能表现性状。在香豌豆（*Lathyrus odoratus*）中，C和P基因都需要才能合成紫色的花青素，缺少任何一个基因就不能产生花青素而形成白色花。因此C和P基因是为了形成花青素，是彼此互补的（图7-5）。

　　涉及多于2个的互补基因是可能的，例如，控制玉米糊粉层色泽的3个互补基因。

九、上　位　性

　　当一个或一对基因掩盖或抑制另一非等位基因的表现时，称为上位性（epistasis）。产生这样效应的基因称为上位基因（epistatic gene），而表现被抑制的基因称为下位基因（hypostatic gene）。

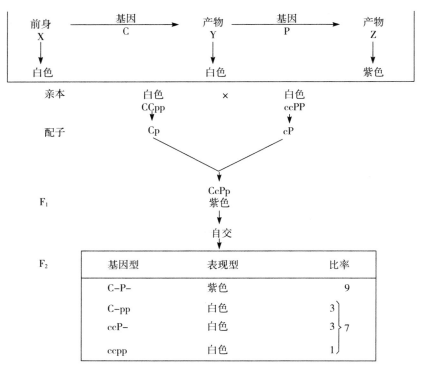

图 7-5 香豌豆（*Lathyrus odoratus*）花色的遗传

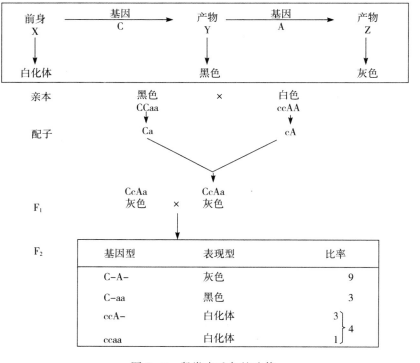

图 7-6 鼠类皮毛色的遗传

1. 隐性上位性——9∶3∶4 或补加因子 在这种情况下，一个基因的纯合隐性条件能够决定其他基因对，不管其等位基因如何，也就是隐性等位基因能够掩盖其他基因的效应。鼠的皮毛色是由 2 对基因所控制的，显性基因 C 产生黑色，没有显性基因 C 则形成白化（albino）。当有显性基因 C 存在时 A 基因产生野灰色（agouti），但当没有显性基因 C 存在时（即 cc 时），则产生白化（albino）。因此，隐性等位基因 c（cc）是显性等位基因 A 的上位性（图 7-6）。

玉米籽粒颜色受两对基因——R（红色）和 Pr（紫色）所控制。隐性基因 rr 对 Pr 基因为上位性（图 7-7）。

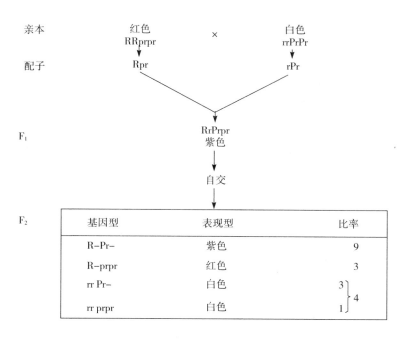

图 7-7 玉米粒色的遗传

2. 显性上位性——12∶3∶1 有时一个显性基因不允许别的非等位基因表现，称为显性上位性（dominant epistasis，12∶3∶1）。矮生西葫芦的果皮色泽受 2 个基因控制。显性基因 W 控制白色，而抑制黄色 Y 基因的表现。因此，黄色只有当 W 基因不存在时，才能表现。因此 W 基因是 Y 基因的上位性基因。当不存在 W 和 Y 时，才能表现绿色（图 7-8）。

十、抑制因子——13∶3

抑制因子（inhibitory factor，13∶3）是这样的一个基因，它本身没有表现型效应，但是能够抑制其他非等位基因的表现。在水稻中，紫的叶色是由于 P 基因，而 p 产生绿色。另一个非等位的显性基因 I 抑制 P 基因的表现，但是隐性状态（ii）则无抑制效应。因此 I 因子本身没有可见的效应，但能抑制 P 基因的色泽的表现（图 7-9）。

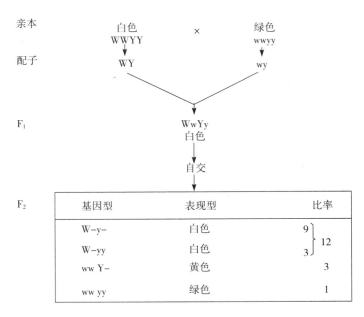

图 7-8 矮生西葫芦瓜皮色的遗传

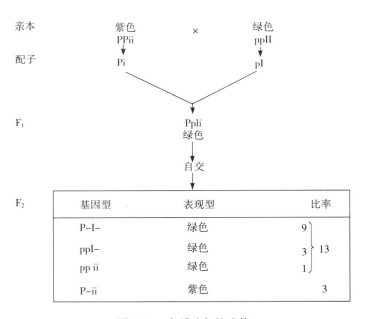

图 7-9 水稻叶色的遗传

十一、具有部分显性的抑制因子——7：6：3

有时一个抑制基因表现不完全显性，因此允许其他基因能够部分地表现，豚鼠毛的方向受 2 个基因控制，粗毛基因 R 对细毛基因 r 是显性，另一基因 I 在纯合状态（II）时对粗毛基因 R 有抑制作用，但当杂种状态时（Ii）则造成部分粗毛（图 7-10）。

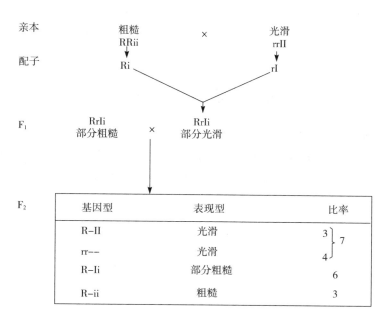

图 7-10　豚鼠毛向的遗传

十二、多态基因——9∶6∶1

控制一个性状的两个非等位基因能产生和它们单独存在时相同的表现型，但当这两个基因一起存在时，它们的表现型效应由于基因的累加效应（cumulative effect）而加强。

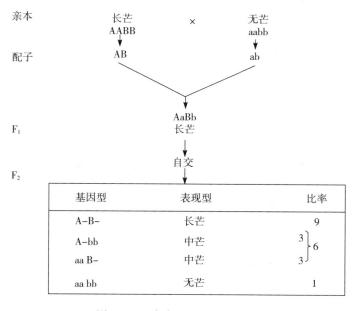

图 7-11　大麦芒的长度的遗传

在大麦中，两个基因 A 和 B 影响芒的长度。基因 A 或 B 当单独存在时产生中等长度的芒（A 的效应和 B 的效应相同）；但是当两个基因一起存在时，便产生长的芒；两者都不存在时则无芒（图 7 - 11）。

十三、重复基因——15：1

有时一个性状由两个非等位基因控制，不论它们单独或共同存在时，它们的显性等位基因产生相同的表现型。在荠菜（*Capsella bursa pastoris*）中，A 基因和 B 基因无论单独存在或共同存在时都将形成三角形的角荚（capsule），当两者都呈隐性状态存在时，将呈现椭圆形蒴果（图 7 - 12）。

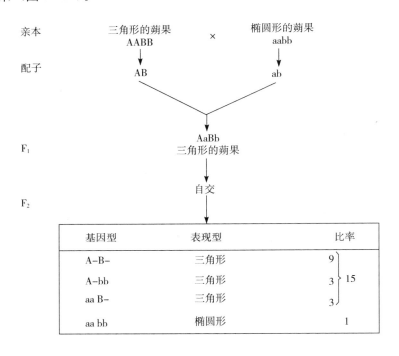

图 7 - 12 荠菜蒴果形状的遗传

十四、具有显性修饰作用的重复基因——11：5

一性状由两对呈显性的基因控制，但只有当两对基因都呈显性状态时才能表现性状。如果有一对基因不存在显性等位基因时，另一对基因的显性等位基因也只能表现为隐性。显性表现型只能这样才能产生，两个非等位基因座上都有显性基因，或者一个显性等位基因座有两个显性等位基因，棉花色素腺体遗传上存在这样的现象（图 7 - 13）。

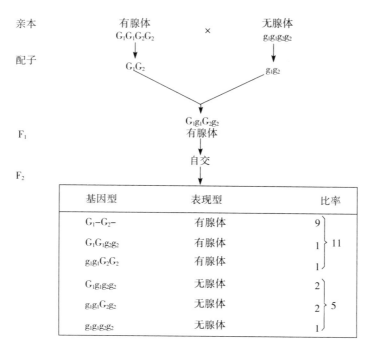

图 7 - 13　棉花色素腺体的遗传

十五、多因子——1：4：6：4：1/1：6：15：20：15：6：1

虽然有些性状（质量）表现不连续变异（discontinuous variation），但是大多数性状（数量性状，例如高度、重量等）表现连续的变异。Yale，Nillsson - Ehle，East 建议数量性状是由大量的称为多数基因系统（polygenic system）的大量个别基因所控制，并且其遗传可以根据多数因子假设（multiple factor hypothesis）予以解释，这一假设声称，对一个已知的数量性状可能有几个基因，它们是独立分离的，并对表现型有积累的效应。

小麦籽粒颜色是一个数量性状，并由两个不同的基因控制，这两个基因并不表现显性，因此杂合体的粒色呈两个纯合型之间的中间型。这两个显性基因对籽粒颜色具有微小而相等（或者几乎相等）的效应。籽粒色的强度决定于所存在的显性等位基因的数目，也就是说，它们的效应有积累的性质（图 7-14）。

现在已了解关于小麦籽粒色泽的有 3 个基因，这 3 个基因都是杂合的 F$_1$ 代，将在 F$_2$ 代按这样的比例分离：1：6：15：20：15：6：1。

人类皮肤颜色受多基因效应的影响，有关的基因的对数可能是 2 对（图 7-15），或多于 2 对，可能 4 对或 5 对。

修饰基因：修饰一个主要基因的表现型的基因称为修饰基因（modifying gene），它们减轻或加重其他基因数量状态上的效应。例如，负责减轻身体颜色的基因。

抑制基因：不允许其他基因的突变等位基因表现而导致野生类型的基因称为抑制基因

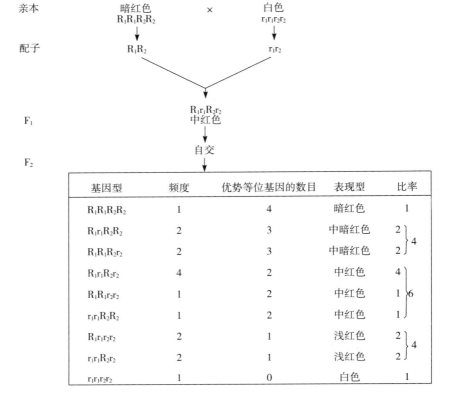

图 7-14 小麦籽粒色的遗传

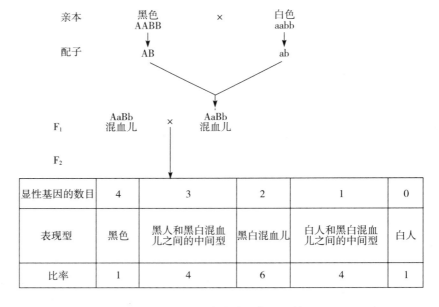

图 7-15 人类皮肤颜色的遗传

（suppressor，inhibiting gene）。例如，果蝇中 Su-s 基因对，抑制显性突变基因星眼表现的基因（s）。

基因多效性：具有一个以上效应（多数效应）的基因称为多效性基因（pleiotropic gene）。它们除了次级效应（secondary effect）以外，有一个主要效应。在果蝇中，刚毛、眼睛和翅基因显著地影响棒眼果蝇个体的小眼面的数目。

返祖现象：后代中出现和它们遥远祖先相似的现象，称为返祖现象（atavism）。

外显率：一个基因的表现型表现到任何程度的能力称为外显率（penetrance），外显率可能是完全的。例如，豌豆红花的 R 等位基因，无论在纯合和杂合状态时均表现为红花。外显率也可能是不完全的，例如，人类多指（polydactyly）的显性基因 P，有时在杂合状态时并不表现多指的情况。

基因表现度：一个性状通过基因表现，在其表现型的表现上可能有很大的变异。例如，人类的多指性状可能表现在左手而不在右手。

■ 小结

性状的表现及其比例基本上遵循孟德尔遗传定律。然而，随后的发现提出这样的事实，不同的非等位的基因经常彼此互作，因此性状的表现及比例经常有所改变。这些结果被认为孟德尔以后的发展，可以总结如下：

等位的不完全的显性（allelic incomplete dominance）可能导致单基因和双基因杂种比例的修饰。

等位基因互作呈纯合状态时可能导致致死的效应。

在同基因座（locus）上可能有两个以上的等位基因，称为多数等位基因或复等位基因。

两个显性和两个隐性基因间的非等位基因的简单互作可能导致新的表现型。

互补因子（complementary factor）中，两个显性基因彼此互补并产生一特殊性状并修饰比例为 9：7。

修饰比例的上位性效应，可能由于一非等位的纯合的隐性基因形成（9：3：4），或者由于一显性基因为 12：3：1。

在抑制基因中，一个显性的抑制基因可能抑制其他基因的表现，从而修饰比例为 13：3。

多态基因（polymorphic gene）显示两个显性基因之间的互作，形成新的表现型，并修饰比例为 9：6：1。

重复基因（duplicate gene）两对基因共同作用或单独作用，其显性等位基因能导致同一表现型的效应，称为重叠基因，从而修饰比例为 15：1。

一个数量性状，由若干个具有累积效应的基因所控制（多数因子，multiple factor），表现群体分配比例的修饰。

第八章　连锁、交换及基因作图

在前面几章所讨论的，基因独立分配（自动组合）无疑是基因行为的一种重要的特征。但是在许多情况下，像按照严格的意义的表现那样，独立分配的特性难以明显地观察到。情况似乎是这样，几个基因有相互保留在一起的趋势，并遵循某种修改了的行为的模式。这种重要的行为，那就是由于连锁（linkage）而使基因保留在一起，是孟德尔以后时代的重大的发展。

孟德尔的报告详细地叙述了关于具有黄色圆形种子和绿色皱缩种子的豌豆 植株的双基因杂种（dihybrid）杂交的结果。控制种子颜色和形状的这两个性状的基因，现在已知道分别位于豌豆的第一和第七染色体上。假如这些性状受位于同一染色体上相互靠近的基因所控制，孟德尔就不能观察到这些基因的等位基因的独立分配（independent assortment），从而，他也不可能从这一杂交的结果推论出他的第二定律。存在于一个亲本的特定染色体上的基因，一旦分离以后，每一分离基因的等位基因，有一起保留在后代中同一染色体上的趋势。

因此，可以作这样的推论，每一染色体必须包含许多基因，这些基因不可能期望它们能独立地分配组合，因为独立分配的基础是减数分裂（meiosis）时不同的同源染色体对的独立分离。只有在不同染色体上相隔很远的基因才能独立地组合（assort）。

一、相引和相斥假设

Bateson 和 Punnett 于 1966 年描述了一个豌豆的杂交，出现了一对基因没有独立分配的现象。具有蓝花（B）和长花粉（L）的豌豆品种和另一种具有红花（b）和圆花粉（l）的豌豆品种杂交。F_1 个体（BbLl）具有蓝花和长花粉。这些 F_1 用具有红花和圆花粉的植株（bbll）进行测交。在这一实例中蓝花花色对红花花色是显性，长形花粉对圆形花粉是显性。

如果是独立分配，应该期望获得 1：1：1：1 这一测交的比例。但实际上获得的是7：1：1：7 的比例，这说明有显性等位基因保持在一起的趋势，这一情况隐性等位基因也有相类似的。这种偏离情况 Bateson 按照配子相引（gametic coupling）加以解释。也观察到这种情况，当两个这样的显性等位基因或隐性等位基因来自不同亲本时，它们有保持分离的趋势。这被称为配子相斥（gametic repulsion）。在 Bateson 相斥相（repulsion phase）试验中，一个亲本具有蓝花和圆花粉（BBll），而另一亲本具有红花长花粉（bbLL）。这样相斥相测交的结果和相引相测交的结果相似，所获得的比例是 1：7：7：1，而不是所期望的 1：1：1：1（图 8-1）。

Basteson 用相引和相斥假设（coupling and repulsion hypothesis）来解释独立分配的

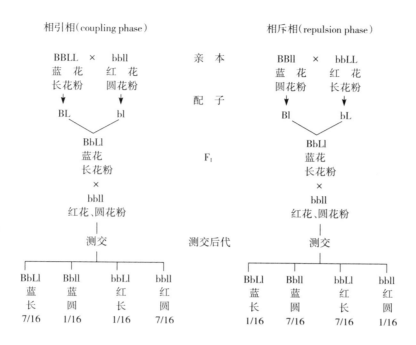

图 8-1　阐释甜豌豆基因相引相和相斥相的图解

丧失。以后，相吸和相斥被发现是连锁（linkage）的两个不同方面。

二、连　　锁

　　摩尔根（1910）揭示果蝇（*Drosophila melanogaster*）（图 8-2）中的相类似的行为，并记录相引和相斥是一个称为连锁（linkage）的单个现象的两个方面。摩尔根首先阐述了同源染色体分离时的基因连锁，以及减数分裂时（meiosis）同源染色体间出现的交换（crossing over）。他提出许多按组联合于一起的遗传性状，认为连锁基因所以保持原来组合的趋势是由于它们出现于相同染色体上，连锁的强度可以根据两个基因间的距离决定，也就是，两个基因在同一染色体上的距离越大，它们间连锁强度越低。连锁由于减数分裂时所出现的交换过程（crossing over）而破裂。

　　摩尔根的结论：

　　①位于同一染色体上的基因在遗传时有保留在一起的趋势，这种趋势称为连锁。

　　②基因在染色体上呈直线形排列。

　　③连锁在减数分裂过程中由于交换的过程被打破。

　　④两个基因间的连锁强度和它们在染色体上的距离呈负的相互关系。

　　⑤相引相和相斥相是连锁的两个方面。

　　1. 连锁群　一个种的基因可以分为连锁群（linkage groups）。一个连锁群的成员彼此显示连锁。在遗传上经过完善研究的种中，连锁群的数目与该种所有的染色体对数（单倍体的染色体的数目）相等。在一个有机体中，核基因连锁群的数目没有发现其超过单倍体

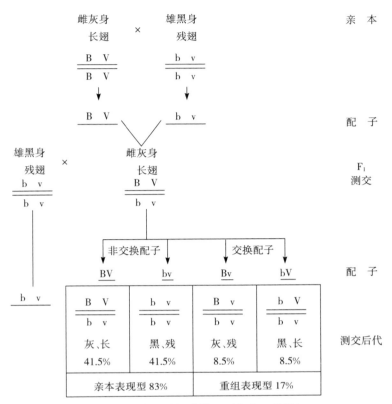

图 8-2 表示果蝇连锁（不完全）的图解

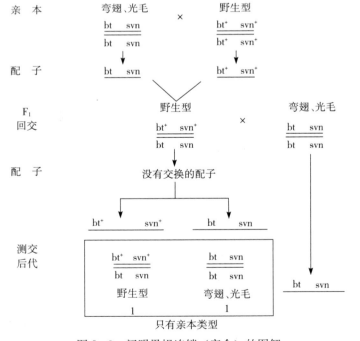

图 8-3 阐明果蝇连锁（完全）的图解

染色体数目的。虽然在遗传数据更难以获得的有机体中，现在已经知道的连锁群的数目总少于单倍体染色体的数目。

2. 完全连锁 当基因很紧密地联合于一起，以致它们总是一起传递的，没有经历过基因交换，基因之间这样的连锁称为完全连锁（complete linkage）。例如，果蝇第四染色体的弯翅和光刚毛基因呈现完全连锁（图8-3）。这两对基因之间几乎完全没有独立分配，足以证明它们之间的非常强的连锁。

3. 不完全连锁 在同一染色体上基因之间的完全连锁是稀少的，一般来说连锁是不完全的，大多数连锁群中的基因对，至少有一部分彼此独立地进行分配。连锁是基因之间的一种物理关系，并且能够通过同源染色体上的基因对之间在减数分裂时的一种物理交换（physical crossing over）而修改。不完全连锁的现象已经在雌果蝇和多种别的动物以及玉米（图8-4）、番茄和大量作物种中发现。因此，独立分配、完全连锁和不完全连锁的结果是不同的（图8-5）。

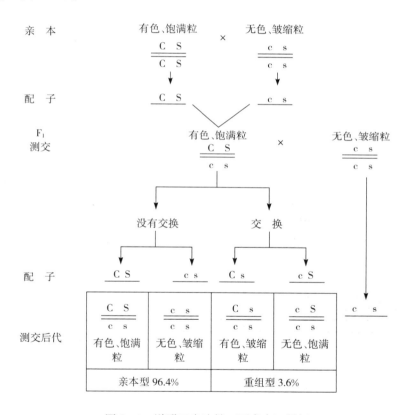

图8-4 说明玉米连锁（不完全）图解

三、交 换

同一染色体上基因的重组通过交换（crossing over）而完成，这是同源染色体的有些部分相互交换（interchange）的过程。交换在进化上是重要的，因为它能在种内产生变

	自由组合 (A)	完全连锁 (B)	完全连锁 (C)	不完全连锁（20%重组）(D)	不完全连锁（20%重组）(E)
P	$\frac{AB}{AB} \times \frac{ab}{ab}$	$\frac{AB}{AB} \times \frac{ab}{ab}$	$\frac{Ab}{Ab} \times \frac{aB}{aB}$	$\frac{AB}{Ab} \times \frac{ab}{ab}$	$\frac{AB}{Ab} \times \frac{aB}{aB}$
F₁（测交）	$\frac{AB}{ab} \times \frac{ab}{ab}$	$\frac{AB}{ab} \times \frac{ab}{ab}$	$\frac{Ab}{aB} \times \frac{ab}{ab}$	$\frac{AB}{ab} \times \frac{ab}{ab}$	$\frac{Ab}{aB} \times \frac{ab}{ab}$
G	四种相同比率的配子 $\frac{A}{B}\ \frac{a}{b}\ \frac{A}{b}\ \frac{a}{B}$; $\frac{a}{b}$	两种相同比率的配子 AB ab ; ab	两种相同比率的配子 Ab aB ; ab	四种不同比率的配子 AB ab Ab aB ; ab	四种不同比率的配子 Ab aB AB ab ; ab
基因型	$\frac{A}{B}\frac{a}{b}\ \frac{a}{b}\frac{a}{b}\ \frac{A}{b}\frac{a}{b}\ \frac{a}{B}\frac{a}{b}$	$\frac{AB}{ab}\ \frac{ab}{ab}$	$\frac{Ab}{ab}\ \frac{aB}{ab}$	$\frac{AB}{ab}\ \frac{ab}{ab}\ \frac{Ab}{ab}\ \frac{aB}{ab}$	$\frac{Ab}{ab}\ \frac{aB}{ab}\ \frac{AB}{ab}\ \frac{ab}{ab}$
表现型比率	AB ab Ab aB / 1 1 1 1	AB ab / 1 1	Ab aB / 1 1	AB ab Ab aB / 4 4 1 1	Ab aB AB ab / 4 4 1 1

图 8-5 图示两对基因 A、a 和 B、b 随独立分配（A）、
完全连锁（B、C）和不完全连锁（D、E）的结果

指出在所有情况下，F₁ 基因型都是一致的，但是测交的后代是不同的（它们的类型和比例）

异。交换和独立分配都是产生新的基因组合的机制。

交换的主要特点

①在一条染色体上的基因位点（loci）呈直线次序排列。

②在一个杂合体中，一个基因的 2 个等位基因占据同源染色体上的相应的位置，即等位基因 A 在同源染色体 1 上所占据的位置，和等位基因 a 在同源染色体 2 上所占据的位置是相同的。

③交换涉及两个同源染色体的每一个（染色单体）都断裂并且相互交换一部分。

④交换发生在减数分裂前期 I 同源染色体联会以后的粗线期。因为染色体复制出现在分裂间期，减数分裂的交换出现在四分体阶段的后复制期（post replication），即每一染色体已经加倍以后，因此每一对同源染色体出现 4 个染色单体（chromatid）（图 8-6）。

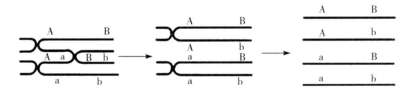

图 8-6 图解说明两个基因座位之间基因交换的出现

必须注意的是一对同源染色体的 4 个染色单体中只有 2 个涉及基因交换。这两个染色单体通过断裂和交换的机制互相交换了相应的部分（segment）。也要注意这一减数分裂过程的 4 个产物只有 2 个染色单体含有 2 个基因的等位基因的重新组合排列，其他 2 个染色单体（顶部和基部，在右边）带有基因的等位基因的亲本排列

⑤连锁基因重组体组合的染色体的形成是由于两个基因座之间的区域出现了基因交换。

⑥两个基因座之间出现的基因交换的频率因该染色体上两基因座之间距离的增加而增加。

四、交换的细胞学基础

摩尔根首先提出交换（crossing over）的解释按遗传数据表现连锁的基因，它们的重组体组合的形成。他假设连锁是这些基因位于同一染色体上的结果。如果发生了交换，人们能够利用细胞学的方法观察到它（或者交换的结果）。交换形成的结构，其中同源染色体对的 4 个染色单体中的 2 个交换了配对的同伴，容易在许多有机体的减数分裂的细胞学研究中观察到。这些交换形式的结构首先被 Janssens F 在两栖动物中观察到并称为交叉（chiasmata）。交叉频率和重组频率是相关的，研究已经显示了交换和交叉之间的直接关系。

在交换过程中同源染色体交换某些部分的细胞学证据首先是 1931 年 Stern 在果蝇中以及 Creighton 和 McClintock 在玉米中提出来的。

正常情况下，任何同源染色体对的两条染色体在形态上是难以区分的。Stern、Creighton 和 McClintock 鉴定了形态上可以区分的同源染色体，也就是，它们并不是完全同源的。这些染色体上的大部分是同源的。当减数分裂时，它们正常地配对并分离。但是同源染色体的基部是不同的，并且可以借显微镜（检）技术加以辨认。

1. Stern 的果蝇试验　在 Stern 的试验中，带有染色体结构变异的原种进行杂交，产生一个雌果蝇，它的两个 X 染色体其中之一附着了一段 Y 染色体。而另外一个 X 染色体是由两个近乎相等的断片所组成，每一断片有它自己的着丝粒（centromere）。因此两个 X 染色体的每一个都可以独特地在显微镜下被辨认出来。另外，X 染色体断片之一带有 carnation 突变相对基因（car，隐性浅眼色）和 Bar 基因（B，半显性，窄眼形），而长的 X - Y 染色体带有这些基因的正常的等位基因，在没有交换的情况下，这样的雌果蝇只能够产生 car B 或＋＋配子。当由（car＋）雄果蝇受精时，没有交换的雌果蝇杂交的后代应该是 car B/car＋和野生型＋＋/car＋，然而，遗传交换将产生更多的不同的雌性表现型——car＋/car＋和＋B/car＋，但是，更加有意义的是，如果染色体交换伴以基因交换，也能产生可以独特辨认的染色体。雌果蝇所产生的两个交换的产物是一个长的 X 染色体和一个短的带有 Y 部分（section）的 X 片断。当与雄果蝇的正常的长 X 染色体相结合时，发生过交换的雌果蝇的后代因而在细胞学上和没有交换的明显不同。Stern 发现预测的基因型几乎和每一个所观察的发生交换的雄性个体的 X 染色体相关。这样的细胞学观察提出基因交换和染色体片断的实际交换是相伴发生的（图 8 - 7）。

2. Creighton 和 McClintock 的玉米试验　Creighton 和 McClintock 也证明了基因交换和同源染色体部分交换之间的相互关系，他们分析了和玉米第九染色体上两个基因座有关的杂交。一个基因控制玉米籽粒的颜色（C，有色；c，无色），而另一基因控制籽粒中糖类的类型（Wx，淀粉质或非蜡质；wx，蜡质）。他们利用了一条一端有一个染色深的节而另一端具有一片额外的染色体（易位而来）的染色体（图 8 - 8）。

该植株的有色糊粉层（coloured aleurone）和蜡质胚乳性状都是杂合的，并且这些基因呈相斥相（repulsion phase）遗传，也就是 Cwx/cWx。Cwx 在有节的染色体上，而 cWx 在无节的染色体上。此类植株用这两个性状都是纯合隐性即无色及蜡质（cwx/cwx）

的植株进行测交。

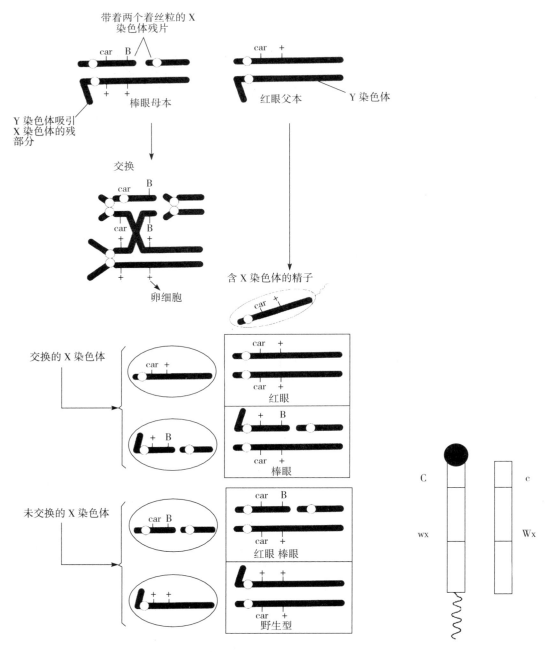

图 8-7 Stern 用果蝇进行试验的图例，显示带有 X 染色体组合的重组
雌性后代，细胞学上和它们的非交换的姐妹染色体不同
（引自 Strickberger，1985）

图 8-8 玉米的第九对
异型染色体

节和 C 基因之间染色体区域称为Ⅰ区域，而 c 和 Wx 之间的区域称为Ⅱ区域，预期可
以获得 2 类非交换配子类型（Cwx/cWx）以及 6 种包括单交换和双交换的交换配子类型。

后代根据表现型和细胞学观察可以分为 8 种类型。

后代的表现型和细胞学观察（图 8-9）到的实际的染色体片断的交换和遗传交换有关：

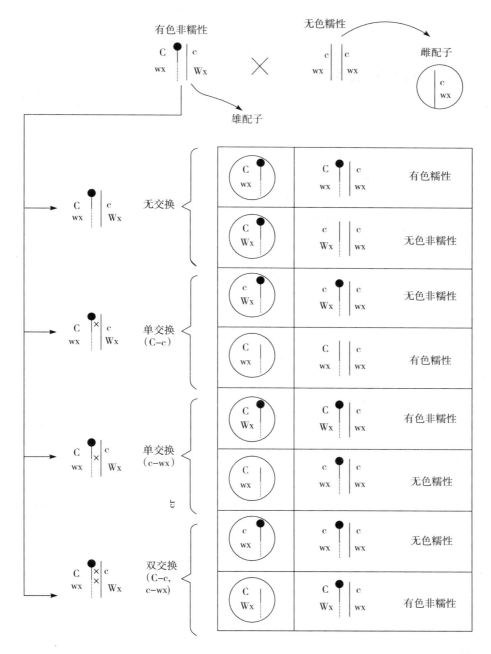

图 8-9　Creighton 和 McClintock 的玉米试验，证明细胞学的交换

（根据 Gupta P K，1994）

①染色体上的节与无色籽（c）非蜡质胚乳（Wx）的表现型相联系，说明区域Ⅰ的交

换，是因为表现型和亲本的无节染色体相联系。

②由于在杂合情况下出现了易位（translocation），在减数分裂时形成了 4 个染色体环。如果在减数分裂中期Ⅰ，出现 4 个染色体环而没有节时，说明染色体片断的细胞学改变，因为此染色体片断与带有亲本易位的第九染色体相联系。

③在二价体而不是在四价体中出现节，可以作为细胞学交换的一个证据，因为节最初是和易位相联系，而易位通常导致四价体的形成。

3. 影响交换的因素　连锁基因之间的交换频率受几个因素的影响：

（1）基因之间的距离　两个基因之间的交换频率和它们在染色体上位置间的距离呈正相关。

（2）与着丝粒的距离　位于着丝粒附近的基因和离开着丝粒很远的基因相比，具有其较低的重组率。

（3）染色体畸变（chromosomal aberration）　易位（translocation）和倒位（inversion）（交换抑制因子）减少位于变异断片内的基因之间的重组。

（4）性别　重组的频率明显地受性别的影响，如雄性果蝇不发生重组。

（5）基因型　有些基因影响交换的发生，如果蝇的 c3G 基因防止重组。

（6）雌性的年龄　已观察到随着雌果蝇年龄的增长，重组频率有逐渐减低的趋势。

（7）与异染色质的联系　异染色质断片影响交换。

（8）环境因素　温度、辐射（X 射线、γ 射线）、化学物质（抗生素、甲基磺酸乙酯）也影响交换的频率。

五、交换和交叉形成之间的关系

1. 传统学说（交叉双面学说）　这一学说由 Sax 提出。根据这一假设，染色单体的复制发生在染色体联会之前。配对的同源染色体在减数分裂前期Ⅰ的粗线期保持相关的螺旋状态。而后卷曲的同源染色体在双线期开放。因此，中央卷曲体（centric loop）呈现一对姐妹染色单体（chromatid）。

由于染色体的进一步收缩，卷曲更进一步张开，在交叉点施加压力，使两个染色单体断裂。然后断裂的染色单体重新联结，因此交叉（交接）消失，并诱致交换的出现（图 8-10）。交叉可能或并不能导致染色体片断的断裂和相继的交换，但是任何时候出现交换，就能发生这种现象。

2. 交叉类型学说　交叉类型学说（chiasma-type theory）（单面学说）由 Janssens 提出，而由 Darlington 作详细阐释。根据这一假设，交换发生在粗线期当同源染色单体紧密地配对时。到中期开始，在交换发生的点上形成了交叉。因此，一个交叉总是标志一个遗传交换，也就是交换导致交叉的形成（图 8-11）。

3. 交换的（分子）机制　一般，用来解释交换的模式有两种类型（图 8-12）：

①断裂与重接。

②模板选择（copy choice）。

（1）断裂和重接假设　涉及两个同源染色单体的断裂和重组安排部分的重新连接。现

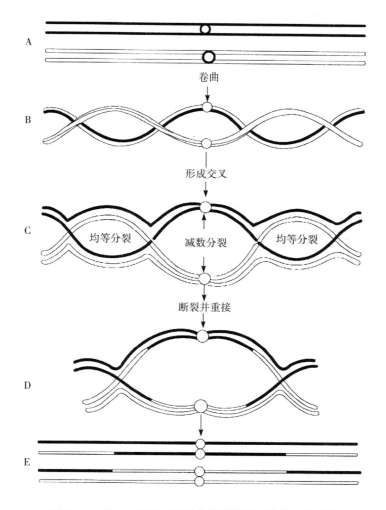

图 8 - 10　Sax（1932）的经典学说阐释交换发生的可能

图中显示交叉形成后的断裂并重接

在有广泛的数据可以证明在交换过程中染色单体的断裂和重接。在 Taylor 的真核生物试验中已经获得断裂和重接的直接证据，用放射性胸腺嘧啶（thymidine,[3]h）标记染色体，接着用放射自显影技术分配放射性染色单体。经常可以看到标记的和没有标记的染色单体片段互换（interchange）。然而它们并不排斥这种可能性，即非标记染色单体片段是新的合成作用的结果，而不是一个亲本染色体的未标记片段的重新接合。

（2）模板选择模型　是基于这样的假设，正在合成过程中的 DNA 分子可以从应用一个区域作为一个同源染色体模板的 DNA 转变为应用另一区域作为另一同源染色体模板的 DNA，大多数这样的交换的模板选择模型是基于这样的假设，即 DNA 合成是保守的（conservative）。一旦 DNA 的复制已证明是半保守的（semi - conservative），模板选择模型立即丧失支持。纯净的模板选择（没有断裂和重接）和半保守 DNA 复制不能机械地共存相容。但是少量模板选择 DNA 修复合成是通过断裂、重接和交换相联系的。这一

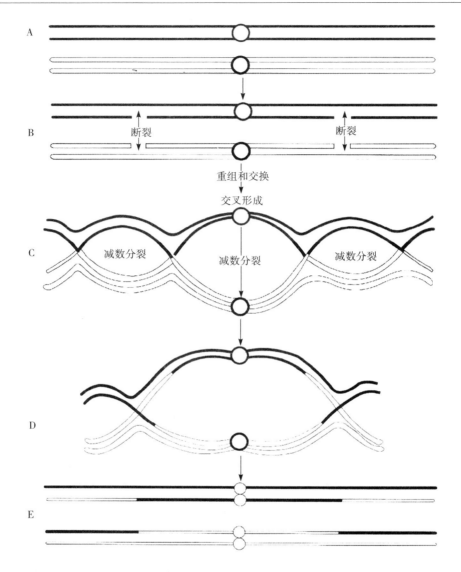

图 8 - 11　Darlington（1934—1937）的交叉型假设，阐释交换发生的可能

图中显示断裂和重接都发生在交叉形成之前

模板选择修复合成可能和基因转变（gene conversion）或非相互重组有关。因此，基因交换是通过一系列复杂机制而出现的，既包括断裂和重接，也包括模板选择模型等方面。

（3）杂种 DNA 模型（hybrid DNA model）　现在通用的交换的模式是由 Holliday 模式和 Whitehouse 模型衍生而来，这是以于 1964 年提出这些模式的科学家的姓名而命名的。这些模式首先考虑到所有遗传数据的各种类型，这些数据必须和根据断裂和与修复合成相联系的重接，而与交换的机制相一致，后来对这两种模式提出了许多修改意见。

　　在 Whitehoues H L K 所提出的模式中（图 8 - 13），两条参加的线有相反的极（po-

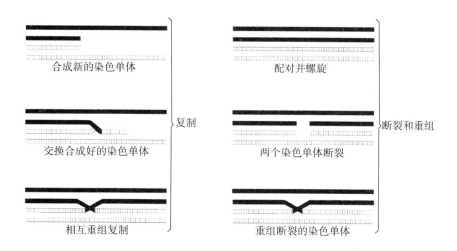

图 8-12　模板选择以及重组的断裂和重接机制

larity）（$5' \rightarrow 3'$）和（$3' \rightarrow 5'$），但在 Robin Holliday 所提出的模式中，它们的极是类似的（图 8-14）。

Holliday 模式已经广泛地被接受，根据 Holliday 模式交换出现的可能的途径已在后面加以讨论。

这个途径（图 8-15）由一个核酸内切酶（endonuclease）开始，它劈（切）开两亲本 DNA 分子的每一个单线（断裂）。每一切段一边的单线的片断由它们的互补片断所取代，可能由于 DNA 结合蛋白、螺旋失稳蛋白和 DNA 解旋蛋白（也称解旋酶）的帮助。这一取代了的线以后与同源染色体完整的互补线交换配对对象，这一过程也受某种蛋白质（recA 蛋白）的帮助。当一个双螺旋的单线"侵略"（用互补线取代一致的或同源的线和碱基）时，第二个同源双螺旋接着相类似地侵略第一个双螺旋，蛋白（reC 蛋白）调节这样的反应，一旦发现同源双螺旋，促使未配对线取代一个线的加倍的螺旋片断，以便束缚 DNA 的未配对线。该切开线接着通过 DNA 连接酶共价联合为重组排列（重接，reunion），如果两线体的原始断裂并不确切发生在两同源染色体上的相同的位置，在 DNA 连接酶可以催化重接步骤之前，需要一些"缝合"（tailoring）的手段；这一"缝合"包括用外切核酸酶切除数目有限的碱基，并用 DNA 聚合酶修补合成作用。这一系列的过程产生一个 χ 形的重组中间体（χ-shaked recombination intermediate，称为 Chi 类型）。一个类似的酶系列，催化断裂和重接，与另外两个单线有关，其完成交换的过程。

同源重组（homologous recombination）可能由一种以上的机制出现，由酿酒酵母（*Saccharomyces cerevisiae*）研究的证据，说明由双线切所产生的分子末端是可以重组的，因此，1983 年由 Szostock 等提出交换的双线断裂模式。这一模式和 Holliday 模式之间的主要差异是重组可以由亲本双螺旋之一的双线断裂所调节，而不是只由单线断裂所调控。

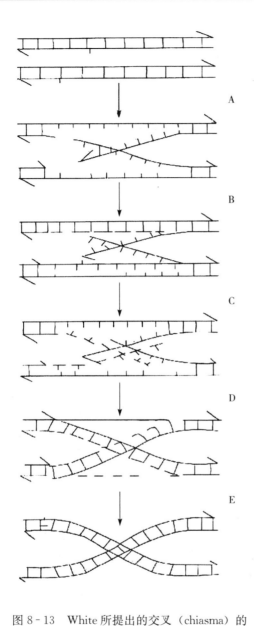

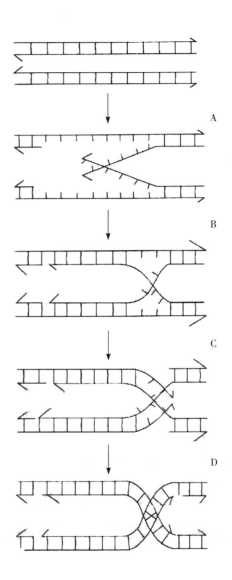

图 8 - 13 White 所提出的交叉（chiasma）的
步骤（此处 4 个染色单体只显示 2 个）
A. 相反极的线束的分离和断裂　B. 没有断裂的模板
上的新线束的合成　C. 合成线束的旋转
D. 具有互补断裂线束的新的合成线束和修补合成
E. 没有配对的非交换线束的断裂和破坏
（根据 Sinha U 和 Sinha S，1976）

图 8 - 14 Holliday 提出的交叉形成的分子
模式（此处 4 个染色单体中只显
示 2 个）
A. 同一极的线束的断裂和分离
B. 互补断裂链的重新连接
C. 没有断裂链的断裂
D. 第二次断裂链的重接

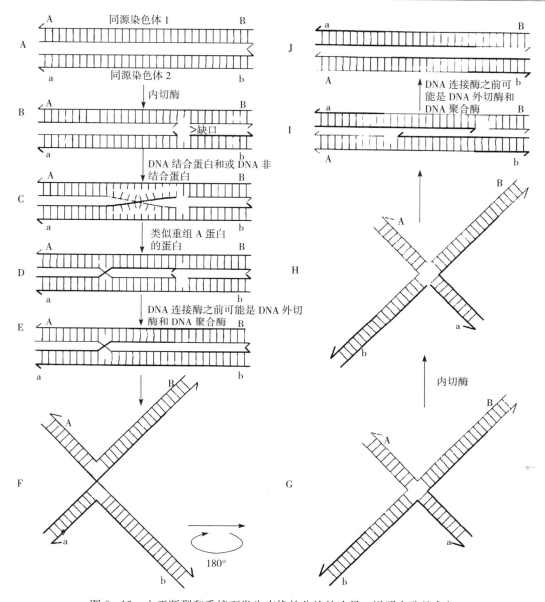

图 8-15 由于断裂和重接而发生交换的公认的途径，说明有酶的参与

A. 带有 A 和 B 标记的同源染色体 1 和带有 a 与 b 标记的同源染色体 2。每一个双螺旋的互补束的相反极用箭头在每一单线的末端加以表达 B. 在每一 DNA 分子中，交换从核酸内切酶引起的切口开始。Holliday 模式中显示，这些切口在具有相同的线束中出现 C. 断口一边的自由端从它们的互补束取代，可能借助于 DNA 黏合，螺旋体动摇（不稳定）以及（或）DNA 解链蛋白 D. 而后被取代的线束与其他同源染色体的互补完整线束进行碱基配对（base pair）。那就是同源染色体 1 的劈开的单线与同源染色体 2 的互补完整束来进行碱基配对，以及相反而行（vice versa）。E. coli 的 recA 基因的蛋白质产物已证明在活体中促进这一作用 E. 分裂线束而后借 DNA 连接酶重新共价联合成重组的组合，如果原来的切口并不精确地出现在相同的两个酶基对之间，就需要一核酸外切酶的切割以及 DNA 多聚酶的重新合成，以便为 DNA 连接酶提供正常的相邻的非联结的碱基底物（基质）。在这时，两个同源染色体靠单线束交换或桥（bridge）而联合 F、G. 交换的中间阶段的三向结构，从不同平面显示的结构。这样的 χ 形中间产物（称为 Holliday 中间产物或 Chi 形式，根据希腊字为 Chi，写成 χ）在原核生物中已经观察到 H、I. 原来完整的单线束在桥（bridge）或中间（intersection）处切割 J. 单线中断的共价闭合将产生整的重组染色体

[根据 Holliday R（1964）的模式与 Potler H 及 Dressler D（1976）所描述的修饰]

六、三点测交法基因作图

基因重组频率和基因间的距离成正比，而这些资料可以用来制作基因连锁图（linkage map）。三点测交（涉及3个基因）可以提供基因间相对距离的信息，并揭示这些基因在染色体上存在的线性次序。所有连锁图的一个重要特点是它们的直线性（linearity），一个连锁群上的所有基因都在图上呈直线排列。

假定在同一染色体上有3个基因 A、B 和 C（它们是连锁的）。这些基因在一条染色体上出现可能有3种直线次序。这些次序是 A-B-C、A-C-B 或 B-A-C。在一种情况下，B 居于中间，其他两种情况 C 和 A 分别居于中间。因此在寻求这3个基因的直线次序时，处于中间的基因必须找出来。为了这一目的要进行三点测交（three point test-cross），这包括一个三基因杂种 ABC/abc（由 ABC/ABC×abc/abc 获得）与一个三基因结合隐性个体 abc/abc 相杂交。测交所获得的后代将显示这一杂种所形成的配子。假定基

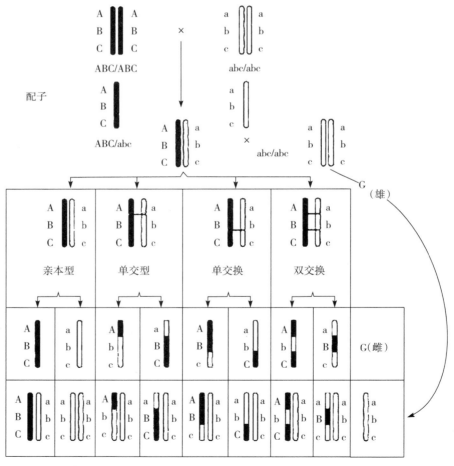

图 8-16　包括 3 个假设基因 A、B 和 C 的三点测交

（根据 Gupta P K，1994）

因的次序是 A - B - C，结果将如图 8 - 16 所示。

8 种后代类型的假设频率列于表 8 - 1，并可以用于制作连锁图。

表 8 - 1　图 8 - 16 杂交中所获得的不同基因型和表现型的假设频率

交换类型	基因型	表现型	可能的频率
1. 亲本型	ABC/abc	ABC	a
	abc/abc	abc	b
2. 单交换 （A - B）	Abc/abc	Abc	c
	aBC/abc	aBC	d
3. 单交换 （B - C）	ABc/abc	ABc	e
	abC/abc	abC	f
4. 双交换 （A - B）和（B - C）	AbC/abc	AbC	g
	aBc/abc	aBc	h
		合计	T

如果交换值，也就是重组值（%）在 A 和 B 之间的称为 X，B 和 C 之间的称为 Y，A 和 C 之间的称为 Z，那么：

①A - B 间的交换值（此处 A 和 B 分离）。$X = \dfrac{c+d+g+h}{T} \times 100\%$

②B - C 间的交换值（此处 B 和 C 分离）。$Y = \dfrac{e+f+g+h}{T} \times 100\%$

③A - C 间的交换值（此处 A 以及 C 分离）。$Z = \dfrac{c+d+e+f}{T} \times 100\%$

从以上 X、Y 和 Z 的数值可以推导出基因的次序，并可以应用下列标准，制备连锁图谱。

如果 $Z = X + Y$，基因次序是 A - B - C；如果 $Z = X - Y$，基因次序为 $A - C - B$；如果 $Z = Y - X$，基因次序为 B - A - C。一旦基因顺序决定，重组频率就可以推算出来了。

举例如和玉米 3 个胚乳有关的性状。这 3 个性状是有色糊粉（C）对无色糊粉（c），饱满胚乳（Sh）对皱缩胚乳（sh），以及非蜡质胚乳（Wx），对蜡质胚乳（wx）。Hutchinson C B 于 1922 年所提出的数据见图 8 - 17。3 个重组值，C - Sh、Sh - Wx、C - Wx 应该计算出来，以便查明这 3 个基因的 C、Sh、Wx 直线顺序。

有色糊粉对无色糊粉→C 对 c

饱满胚乳对皱缩胚乳→Sh 对 sh

非蜡质对蜡质胚乳→Wx 对 wx

在所介绍的数据中，C 和 sh 一起出现于 P_1。因此表现它们分离的后代应该记录为 C 和 sh 间的重组（亲本配子类型呈现较高的频率）。

因此，C - sh 间重组率 $= \dfrac{229+6}{6\ 708} \times 100\% = 3.5\%$

sh - Wx 间重组率 $= \dfrac{1\ 227+6}{6\ 708} \times 100\% = 18.4\%$

C - Wx 间重组率 $= \dfrac{229+1\ 227}{6\ 708} \times 100\% = 21.79\%$

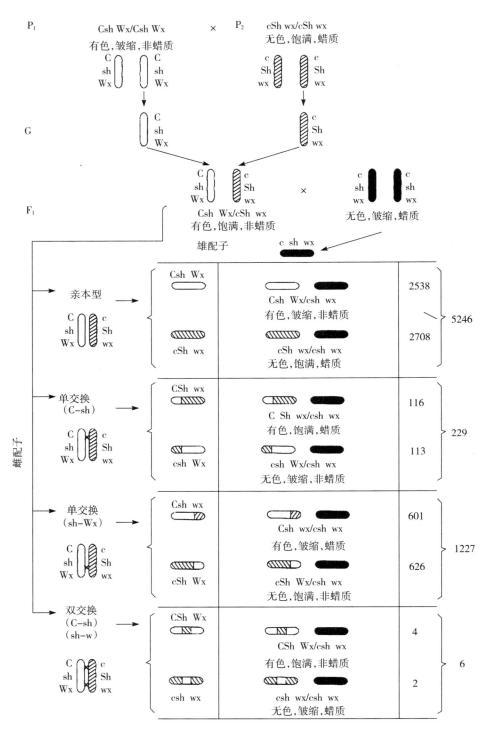

图 8-17　玉米涉及 3 个基因的三点测验 [有色（C）对无色（c），饱满（Sh）对皱缩（sh）以及非蜡质（Wx）对蜡质（wx）]

C - Wx 间的重组率（21.79％）几乎等于（C - sh）＋（sh - Wx）＝3.5％＋18.4％＝21.9％。因此 Sh 应该位于 C 和 Wx 之间。两个单独数据总和和第三个数据之间的轻微差异是由于在第三个数据中没有包括双交换数据。连锁图如图 8 - 17 所示，1 个图谱距离等于 1％重组率。一个图谱单位有时称为 cM（centi Morgen）。

七、干扰与并发

所能观察到的双交换值总少于期望值。这可以用干扰的现象予以解释，意味着一个区域的变换干扰着相邻区域的变换。如果一对基因位点间的交换并不影响相邻一对基因位点间的交换，可以期望双交换的频率是两者交换率的乘积。干扰的程度因不同区域而异。如果没有双交换，干扰是 100％；而如果双交换等于期望值，则没有干扰。`

而干扰的相反方法称为交叉并发（coincidence）。如果双交换等于期望值，交叉并发为 100％，而如果没有发现双交换，则交叉并发为零。因此，干扰愈大，交叉并发则愈小，反之亦然。

根据 Muller 的定义，所观察到的双交换的频率对双交换期望频率的比率称为并发系数（coincidence coefficient）。

交叉并发系数＝实际双交换（％）/期望双交换（％）

实例：基因次序 a - b - c

交换值：a - b＝10％；b - c＝20％

期望双交换值＝20％的 10％＝2％

如果实际双交换值＝1％，则交叉并发系数＝1/2＝0.5 或 50％在曲霉属真菌中，一个特殊区域重组加强而不是邻近区域重组减少。这一现象称为负干扰（negative interference）。

八、细胞学图谱与遗传图谱

对染色体异常现象的相互关联的遗传学和细胞学研究，已有构建染色体的细胞学图谱（cytological map），它在微观可见的染色体方面，显示了不同基因的位置。如果研究的种具有大而可见分化的染色体，它可以进行彻底的遗传分析，这种情况下可以制作详细的细胞图。细胞学图谱和连锁图谱所显示的基因的直线次序是相同而没有变化的。因此细胞学图谱的工作完全肯定了原来根据杂交中性状重组研究而推导的染色体上的基因直线排列学说。

但是，这两者间的差异在于细胞学和连锁图基因之间并非始终是相互一致的（图 8 - 18）。在着丝点附近，这样的差异最大，在该区域一个交换单位，相对地比在任何其他区域有更大的物理的染色体距离。相反的在染色体着丝粒和自由末端之间的中部彼此着生相当紧密的基因，在连锁图中彼此相距较远。

问题 1：玉米中，下列基因的等位基因对位于同一染色体上：有色糊粉、饱满胚乳、淀粉质胚乳对白色糊粉、皱缩胚乳、蜡质胚乳是显性。3 对等位基因都是杂合的 F_1 植株进行测交并获得下列表现型（表 8 - 2）。

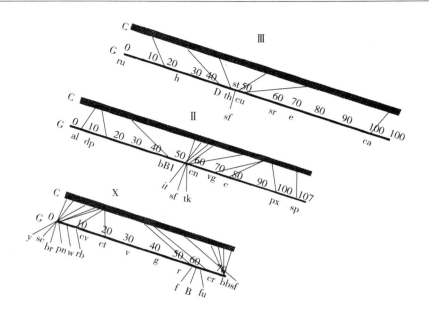

图 8 - 18　果蝇的第三染色体（Ⅲ），第二染色体（Ⅱ）和 X 染色体（X）的
遗传图和细胞学图的比较

细胞学图　G. 遗传学图　数字. 图谱单位的遗传距离连接细胞学图和遗传学图的线条表示
显微镜观察的和遗传学决定的某一染色体断裂的位置

（根据 Sinnott、Dunn 和 Dobzhansky，1953）

表 8 - 2　玉米 3 对基因测交表现

表现型	后代个数
白色、皱缩、淀粉质	113
有色、饱满、淀粉质	4
有色、皱缩、淀粉质	2 538
有色、皱缩、蜡质	601
白色、饱满、淀粉质	626
白色、饱满、蜡质	2 708
白色、皱缩、蜡质	2
有色、饱满、蜡质	116

①得出基因在染色体上的次序。

②图谱距离（mapdistance）是多少？

③计算交叉并发系数。

答案：因为所形成的亲本表现型个体的数量占最多数，因此有色（C）、皱缩（sh）、淀粉质（Wx）和白色（c）、饱满（Sh）、蜡质（wx）是亲本组合。

亲本间的重组率

$$C-sh=\frac{113+116+4+2}{6708}\times100\%=3.5\%$$

$$sh-Wx=\frac{601+626+4+2}{6708}\times100\%=18.4\%$$

$$C-Wx=\frac{113+116+601+626}{6708}\times100\%=21.7\%$$

①C-Wx间的重组率（21.7%）几乎等于（C-sh）＋（sh-Wx）＝3.5%＋18.4%＝21.9%。因此sh应该位于C和Wx之间。因此，基因在染色体上的次序应该是：C-sh-Wx。

②基因的图谱距离应该是

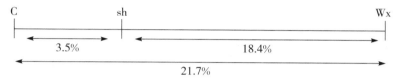

③期望的双交换值18.4%12的3.5%＝0.64%。

实际的双交换值＝$\frac{6}{6708}\times100\%=0.09\%$。

因此，交叉并发系数＝$\frac{0.09}{0.64}$＝0.14 或14%。

问题2：番茄第五连锁群3个隐性基因是：不产生花青素基因（a）、无毛植株基因（hi）以及果茎无节基因（j）。在3对基因杂种杂交的3 000个后代中，可以观察到下列表现型（表8-3）。

表8-3　番茄第五连锁群3对基因杂种杂交表现

表现型	后代个数
无毛	259
无节、无毛	40
无节	931
正常	260
无花青素、无节、无毛	268
无花青素、无毛	941
无花青素	32
无花青素、无节	269

①亲本原来的基因如何？

②估计基因间的距离。

答案：因为亲本表现型出现的次数是最多的，有花青素（A）、无节（j）、有毛（Hi）以及无花青素（a）、有节（J）、无毛（hi）是亲本组合。

A-j之间重组率＝$\frac{259+269+268+260}{3000}\times100\%=35.2\%$

A - Hi 之间的重组率 $=\dfrac{32+40+259+269}{3000}\times100\%=35.2\%$

Hi - j 之间的重组率 $=\dfrac{32+40+268+260}{3000}\times100\%=20\%$

①A - j 之间的重组率（35.2%）几乎等于（A - Hi）+（Hi - j）= 20% + 20% = 40%

因此，Hi 应该位于 A 和 j 之间。两亲本染色体上的基因的组合及次序应该是 A - Hi - j 和 a - hi - J。

②图谱距离为

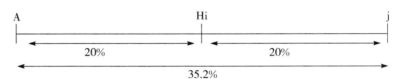

问题3：我们有一部分一个染色体图谱的读数 a10b20d，在后代的 1 000 个体中，测交后期望出现的表现型的比例是什么？（并发系数＝0.5）

答案：a，d 之间的期望双交频率应该是 20% 的 10% ＝2%。实际双交频率＝0.5× 2＝1%。

所以从 1 000 个后代中，双交后代数是 10。

a - b 之间的重组率＝10%＝（a−b）重组率＋$\dfrac{10}{1000}\times100\%$

或（a - b）交换率＝100−10＝90 个后代个体

b - d 之间的重组率＝20%＝（b - d）重组率＋$\dfrac{10}{1000}\times100\%$

或（b - d）交换率＝200−10＝190 后代

亲本组合＝1 000−（190+90+10）＝1 000−290＝710 后代

ABD 和 abd：亲本组合　　　　　　　　＝710 后代

Abd 和 aBD：交换（a - b）　　　　　　＝90 后代

ABd 和 abD：交换（b - d）　　　　　　＝190 后代

AbD 和 aBd：双交换（a - b）及（b - a）　＝10 后代

问题4：在紫色叶（pl）、光滑幼苗（gl）和矮株（t）品种和野生型之间进行杂交。F_1 植株进行测交，当 1 000 植株样本进行计数，获得下列比例：

野生数型（＋＋＋）	475
pl gl t	469
pl ＋ ＋	8
t gl t	7
pl ＋ t	18
＋ gl t	23
＋ ＋ t	0

　　　　　　plglt　　　　　　　　　　　　　　　　　　　　　　　0

试得出这 3 个基因的排列次序，并绘制一染色体图，找出并发系数。

答案：pl - gl 间的重组率 $= 8 + 7 + 18 + \dfrac{23}{1000} \times 100\% = 5.6\%$

pl - t 间的重组率 $= 8 + 7 + 0 + \dfrac{0}{1000} \times 100\% = 1.5\%$

t - gl 间的重的重组 $= 18 + 23 + 0 + \dfrac{0}{1000} \times 100\% = 4.1\%$

pl - gl 之间的重组值（5.6%）等于（pl - t）＋（t - gl）$= 1.5\% + 4.1\% = 5.6\%$，因此，t 应该位于 pl 和 gl 之间，这 3 个基因在该染色体上的次序是 pl - t - gl。

图谱距离是

在该群体中，确实的重组率为 0，因此并发系数为 0。

■ 小结

　　两对基因的等位基因不能独立分配，Pateson 和 Punnett 制订了相引（coupling）和相斥（repulsion）假设——来自相同亲本的两个特殊的等位基因有保留在一起的趋势，但如果这两个等位基因来自不同亲本时，则有分离的趋势。Morgan 描述两个基因保留在一起的趋势是由于它们出现在同一染色体上，这称为连锁（linkage）。连锁群的数目是有机体单倍体的染色体的数目。两个基因间的连锁可能是完全的（不进行交换），或者是不完全的（两个基因能进行交换），分别在测交时只产生亲本表现型，或既有亲本表现型又有重组表现型。

　　交换，同源染色体之间交换一部分染色体的机制，产生等位基因的新的组合的变异。交换可以在具有异形同源染色体的有机体中用细胞学的方法加以证实（Stern 在果蝇中的试验，Creighton 和 McClintock 在玉米的试验中）。交换受基因之间基因和着丝粒、异染色质之间的距离、染色体反常现象、基因型、性别、雌性年龄、环境因子的影响。交叉（chiasma）的形成和交换有联系。

　　传统的学说坚持交叉是造成交换的原因，而交叉类型学说则解释交叉是交换的结果。断裂和重接以及模板选择学说解释了交换的机制。Whitehouse 模型以及 Holliday 模型阐述了遗传重组的分子机制。

　　三点测验显示基因间的直线次序（linear order）、基因间的相对距离，并有助于连锁或遗传图谱的构建，实际双交换值总是少于期望值，这可以用干扰予以解释；相反的方法称为（交叉）并发（符合）。遗传图谱肯定基因是直线次序细胞学图谱，但是在两图谱中基因间的距离不可能得到一致的数据。

第九章 性别决定与性连锁遗传

一、性别决定

性别指在同一种内雄性、雌性个体或器官所呈现的相对的特征。一个个体的性别可以在几个水平上加以决定。单细胞有机体由简单系统决定性别，但是多细胞物种在决定性别差异的策略上有很大的差异。性别的决定与分化应考虑与决定个体是雄性、雌性或雌雄同体（hermaphrodite）有关的因素。决定性别的机制早期学者将其分为几类，在植物和动物方面基本相同，即染色体的、基因的（genic）、内分泌的（hormonal）、环境的和营养的。但是后三者主要涉及性别表现的控制，虽然基本上雌雄性状明显地受遗传的控制。

较早期的学者多次提出关于性别决定的不同的学说，包括 Riddle 的代谢学说，以及 Goldschmidt 的数量学说。根据代谢学说，性别是由细胞的新陈代谢所控制的。据观察，高氧化率、高含水量以及较少的蛋白质，导致雄性，与此相反则导致雌性。

根据数量学说，雄素酶和形成雄性有关，而雌素酶则和形成雌性有关。这两者的平衡产生不同的性别和不同程度的雌雄间性（intersex）。然而这两种学说都基于动物系统。

Snyder 基于后面即将讨论的染色体学说，提出建议认为，X 染色体的一段是性别的控制因子。他通过辐射试验指出，X 染色体的一段当单剂量时产生雄性，而当双剂量时则产生雌性。

（一）染色体的性别决定

雄性和雌性个体通常在称为异染色体（allosome）的性染色体的数量或形态方面有所不同（图 9-1）。这些性染色体通常被指定为 X 染色体和 Y 染色体。常染色体在两性之间

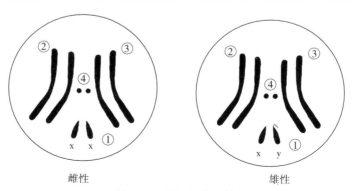

图 9-1 果蝇的染色体

3 对常染色体，在两个性别的个体中是相同的，但是第四对性染色体在雄性中是不同的

并无差异，在有些有机体中常染色体在性别决定中的作用已经有了认识。

1. 雌性 XX 和雄性 XY 型　在果蝇和人类中，雌性个体产生同型配子（homogametic）（XX），也就是只产生一种含有 X 染色体的卵；而雄性个体产生异型配子（XY），即能产生两种精子，50％具有 X 染色体，50％具有 Y 染色体（图 9-2）。

在如女娄菜属、红瓜属这样的植物中，性别决定体系，按照相同的方式进行，在女娄菜属中，Y 染色体有 4 个功能明显不同的片断，而 X 染色体有 2 个不同的片断（图 9-3）。一个 Y 染色体甚至与 4 个 X 染色体共存时也能产生雄花（XXXXY）。

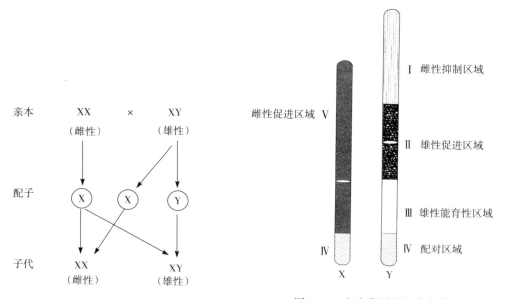

图 9-2　人类的性染色体　　　　　　图 9-3　女娄菜属的性染色体

2. 雌性 XY 和雄性 XX 类型　在草莓属这样的植物中，以与禽类、某些蛾类、蝴蝶同样的体系控制性别的决定。雌性是异型配子（XY），产生两类卵，而雄性是同型配子，产生一种类型的花粉（图 9-4）。

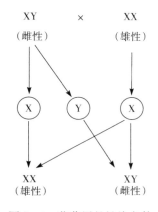

图 9-4　草莓属的性染色体

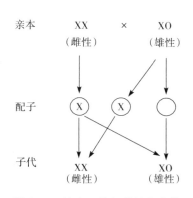

图 9-5　蝗虫、蚱蜢的性染色体

3. 雌性 XX 和雄性 XO 类型 在薯蓣（*Dioscorea sinuata*）皂苷类植物中，性别决定的体系主要与作用于蝗虫、蚱蜢类的相类似。雌性有 2 个 X 染色体，只产生一种带有 X 染色体的卵。而雄性只有 1 个 X 染色体，产生两种类型的雄性配子，半数带有 X 染色体而其他半数则没有（图 9-5）。

4. 雌性 XO 和雄性 XX 类型 在少数如 fumea 的昆虫中，雌性只有 X 染色体，产生两类卵，半数卵具有 X 染色体，其余半数卵则没有 X 染色体。雄性昆虫具有 2 个 X 染色体，产生只具有 X 染色体的精子（图 9-6）。

5. 雌性 XO 和雄性 XY_1Y_2 类型 如葎草（*Humulus japonicus*）中，雌性具有 2 个 X 染色体，产生一种类型的具有 X 染色体的卵细胞，但雄性植物具有 XY_1Y_2 染色体，产生两类花粉：半数具有 X 染色体，而其余半数具有 Y_1 和 Y_2 染色体（图 9-7）。

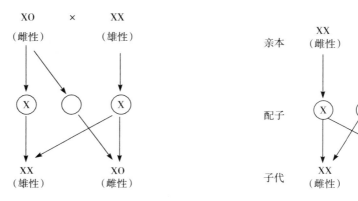

图 9-6 fumea 的性染色体

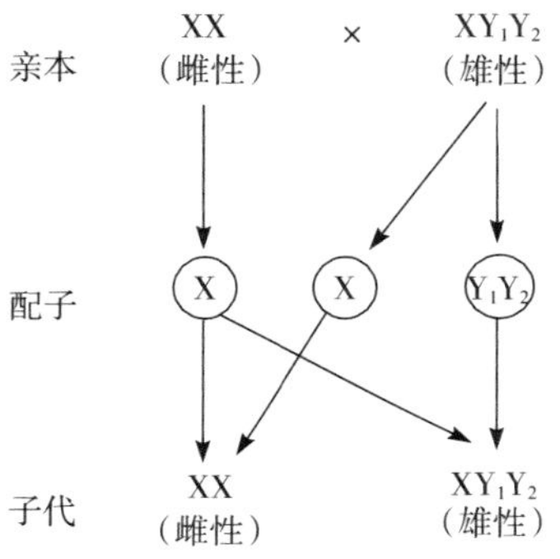

图 9-7 葎草（*Humulus japonicus*）的性染色体

6. 雌性二倍体和雄性单倍体类型 在膜翅类昆虫中，如蜜蜂，雌性个体是二倍体，而雄性个体是单倍体（图 9-8）。

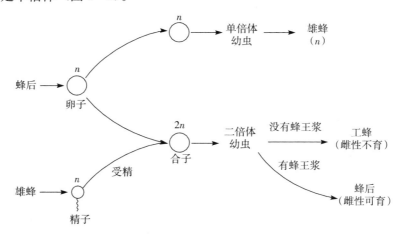

图 9-8 在蜜蜂中未受精的和受精的卵分别发育成单倍体的雄蜂和双倍体的雌蜂，雌性的幼虫只有当喂以蜂王浆时才能发育成可育的雌蜂

（根据 Singh B D，1996）

基因平衡学说：Bridge 提出基因平衡学说，认为一个个体的性别由个体内雄性基因和雌性基因间的平衡所决定。在果蝇中，Y 染色体大多数是异染色质的（heterochromatic），在性别决定上不起明显作用，决定雄性的基因存在于常染色体中，而那些决定雌性的基因存在于 X 染色体中，实际上，是 X 染色体和常染色体之间的比例决定着雌雄性别的发展（表 9-1）。

表 9-1　果蝇性别的表现为个体中存在 X 染色体数与常染色体组数的比例

（根据 Singh B D，1996）

倍数	X 染色体数（X）	常染色体组数（A）	性别指数（X/A）	性别表现
2n	3	2	3/2=1.5	超雌性
3n	4	3	4/3=1.33	超雌性
4n	4	4	4/4=1.0	雌性
3n	3	3	3/3=1.0	雌性
2n	2	2	2/2=1.0	雌性
4n	3	4	3/4=0.75	中间性
3n	2	3	2/3=0.67	中间性
2n	1	2	1/2=0.5	雄性
4n	2	4	2/4=0.5	雄性
3n	1	3	1/3=0.33	超雄性

剂量补偿：在大多数有机体中（人类、果蝇），雌性是同型配子性别（XX，homogametic sex），具有 2 个 X 染色体，而雄性是异型配子性别（XY，heterogametic sex），只具有 1 个 X 染色体。因此，在雌性个体中有 2 组 X 染色体基因，相对的在雄性个体中只有 1 组 X 染色体，因此在雌性个体中 X 编码基因将是雄性个体中的两倍——导致一种不正常的现象。因此需要一种机制使在两性个体中 X 编码基因产物的量能达到平衡（平等）。这种现象称为剂量补偿（dosage compensation）（Muller），它或与人类类似，是由于雌性的一条 X 染色体失活引起的低生产（兼性异染色质化，巴氏小体）；或者像雄性果蝇中观察到的，是由于 X 染色体的高产引起。

（二）基因的性别决定

在有些有机体中，性别由一个或更多个基因决定。石刁柏虽然是雌雄异体的，但很少的雌花带有发育不全的花药，以及雄花带有发育不全的雌蕊。这少数带有发育不全雌蕊的雄花可能产生种子（当自花授粉时）——当这些种子培育成植株时，雄株和雌株按 3：1 的比例发育（图 9-9），这说明性别是由单基因所控制的，在此，雄性对雌性是显性。

番木瓜（*Carica papaya*）的一个单独的基因有

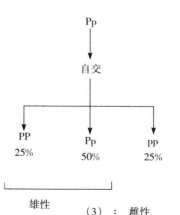

稀有植物雄株

雄性　（3）：　雌性　（1）

图 9-9　表现单基因控制的石刁柏的
　　　　性别分离

3 个等位基因（M_1、M_2 和 m）控制性别（表 9-2）。

表 9-2 番木瓜的性别决定

基因型	性别
Mm	雌性
M_1m	雌性
M_2m	雌雄同株
M_1M_1、M_1M_2、M_2M_2	致死

最近 Ranjakar 和他的研究组已经证明了在番木瓜中雌性的特殊基因次序。

在雌雄同体植株如玉米中，两个隐性基因 ba（bassen，玉米穗）和 ts（玉米雄蕊结籽）可以将一个天然雌雄同体植株转变成为雌雄异株的植株（表 9-3）。

表 9-3 雌雄同体的玉米植株由于两个隐性基因 ba 和 ts 转变为雄株和雌株（雌雄异株）
（根据 Singh B D，1996）

基因型	雌性花	雄性花	性别表现
BaBaTsTs	正常	正常	雌雄同体（正常）
babaTsTs	发育不全	正常	雄性
BaBatsts	正常	发育成为雌性花	雌性
Babatsts	发育不全	发育成为雌性花	雌性

在果蝇中，转换基因（tra）如果以纯合状态出现，能将雄性转变为不育的雄性；但如果以杂合状态出现无论在雄性或雌性基因都没有转换的效应，在人类中，隐性的"睾丸女性化"基因可以诱导男性发育乳房和阴道，但是并不影响雌性个体。

（三）激素的性别决定

在某些动物中，激素在性别区分上起着一种重要的作用。例如，蠮虫的所有幼虫在细胞学或遗传学方面都是一致的。如果一个特殊的幼虫在水中自由地发育，它就变成雌性。如果它定居于雌性幼虫的喙附近，它就发育成为雄性，并生活在雌性的子宫里面。显然，该喙分泌一种物质（激素），它能诱导幼虫分化成为雄性并抑制雌性。

当子房（卵巢）被伤害时，一个可育的雌禽（母鸡）可以变成完全可育的雄性（公鸡），性别转变的实例说明子房能分泌一种雄性抑制激素。

在家畜如牛、羊中，当产生性别不同的双胞胎时，雄性是正常的，而雌性是不育的。这是一种由于维管束相连而产生的雄性激素对雌性激素的影响（抑制子宫或卵巢的发育）。

植物中的大麻，用赤霉素处理，只能诱导雌花的发育，否则是雄株。

（四）环境的性别决定

在爬行动物中，如海龟高温（30～35℃）诱致雌性的表现，而低温（23～28℃）诱致雄性，鳄鱼则恰好相反。

植物中的如木贼群丛，在适宜条件下生长的发育为雌性植株，在不利条件下生长的则发育为雄性植株。日照长度、温度影响南瓜、甜瓜等瓜类植株上花的性别。

二、性连锁遗传

性染色体带有性基因，主要和性别的决定有关，而常染色体带有控制身体性状的基因。除性基因外，决定身体性状的基因也出现在性染色体中。在雌雄异体有机体中，一个身体性状的基因位于常染色体或性染色体中，可以通过正反交以肯定（A 雌×B 雄；B 雌×A 雄）。在 F_1 中正反交没有表现差异的性状连锁于常染色体中，在 F_1 表现差异的性状则连锁于性染色体中，其基因位于性染色体上的身体性状称为性连锁性状，其遗传的模式称为性连锁遗传。有些性状并不是性连锁的，但受制于一种性别（受一种性别的制约），被称为性限制性状（sex-limited character）及性影响性状（sex - influenced character）。

（一）性连锁性状

1. X 染色体连锁遗传

（1）有机体的雌 XX - 雄 XY 类型　　如果蝇和人类，来自雄性个体的 X 染色体总是由雌性后代遗传，而来自雌性个体的 X 染色体既由雄性又由雌性后代遗传。因此，其基因位于 X 染色体上的性状将呈现性别方面的交叉遗传。该性状由父亲传给 F_1 代的女儿（从来不可能由父亲传给儿子），而后由女儿传给 F_2 世代的孙儿。相似地，一性状由父亲传给 F_1 代的儿子，而后由儿子传给 F_2 世代的孙女儿（图 9 - 10）。

①果蝇的白眼色。果蝇的眼色基因位于 X 染色体上。白眼色突变体对正常的红眼色突变体的是隐性。当白眼雌果蝇（ww）和红眼雄果蝇（W^+-）杂交时，F_1 代所有雄果蝇都是白眼的，F_1 代所有雌果蝇都是红眼的。当 F_1 个体相互交配时，F_2 群体中，无论雄性或雌性都是 50％是红眼的，50％是白眼的（图 9 - 11）。

红眼雌果蝇（W^+W^+）与白眼雄果蝇（w-）的正反交，导致 F_1 代红眼的雄性和雌性果蝇。在 F_2 代中，雌性的都是红眼，但雄性的 50％是红眼，50％是白眼（图 9 - 12）。白眼颜色的遗传推论该基因位于 X 染色体上，而 Y 染色体上则没有其相对基因

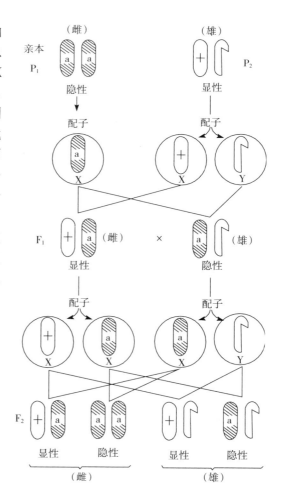

图 9 - 10　性连锁性状的交叉遗传类型

（半合基因，hemizygous）。

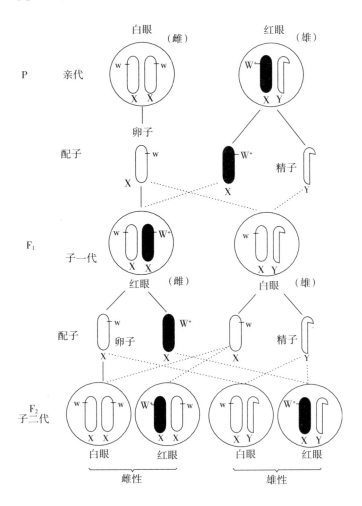

图 9-11　果蝇的性连锁遗传，显示当白眼雌果蝇和红眼雄果蝇杂交时，
带有眼色基因 W⁺ 和 w 的性染色体的传递

②人类的色盲。有些人不能辨别红色和绿色，称为色盲（红—绿），与红—绿色盲有关的基因位于 X 染色体上；色盲基因对正常视力基因是隐性。当色盲的女性（CC）和视力正常的男性（C⁺-）结婚时，他们所有的男孩都是色盲，而所有女孩都是正常视力。但是当这些女孩和色盲男孩结婚时，将会产生 50% 的色盲孙女和 50% 的色盲孙子(图 9-13)。

但是当正常的女子（C⁺C⁺）和色盲的男子（C-）结婚时，所有他们的男孩和女孩视力都是正常的。当这些女孩和一个具有正常视力的男性结婚时，50% 的孙子是色盲，所有孙女都有正常视力（图 9-14）。

③人类的血友病。人类的血友病患者，即使皮肤上很小的创口，也会不断地流血，而不能凝结，最终导致连续失血而死亡。这和色盲一样，按照同样的方式遗传（图 9-15），

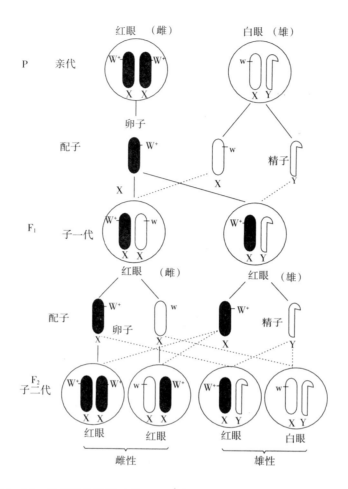

图 9-12　果蝇的性连锁遗传，显示在红眼雌果蝇与白眼雄果蝇之间的
杂交中，带有眼色基因 W$^+$ 和 w 的传送

女性的血友病患者是少见的，完全限于男性。男性的血友病患者生育外表正常的女儿但带有血友病基因。这样的女儿和正常的男性结婚，他们的男孩半数是患血友病的。

（2）有机体的雌 XO-雄 XX 类型　如在禽类和蛾子中，和性别有关的模式是相反的类型。

禽类的带状羽毛：带状羽毛（barred plumage）基因位于 X 染色体上；带状羽毛是黑色羽毛的显性。带状羽毛雌性（B-）与黑色羽毛雄性（bb）杂交，产生的 F$_1$ 为带状羽毛雄性和黑色的雌性。当这些个体相互杂交时，在雄的和雌的后代中，既出现带状羽毛个体，也产生黑色羽毛个体（图 9-16）。

当正反交时，黑色雌性个体（b-）和带状羽毛雄性个体（BB）杂交，产生 F$_1$ 代无论雄性或雌性个体都是带状羽毛的。但在 F$_2$ 代，所有雄性个体都是带状羽毛的，而雌性个体既有带状羽毛的，又有黑色的（图 9-17）。

2. Y 染色体连锁遗传　在 XX-XY 类型有机体中（果蝇、人类），虽然 Y 染色体已经

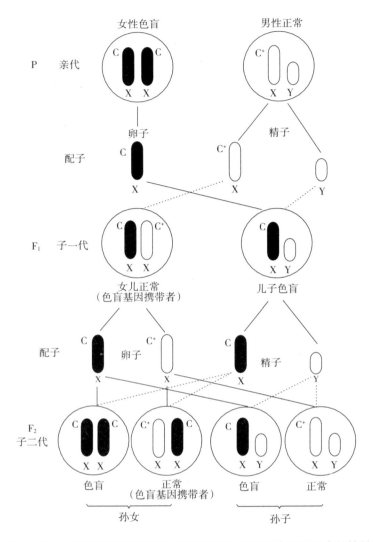

图 9-13　人类色盲的连锁遗传，显示色盲女性和正常男性配合的结果

被描述为空的，但是还可以发现少数基因存在于 Y 染色体的非同源部分（全雄基因，ho-landric gene）。一个 Y 染色体连锁的常见的实例是男性的多毛症（hypertrichosis，耳垂长毛）。这种性状由男性传给男性，也就是父亲传给儿子，儿子传给孙子，因为父亲的 Y 染色体总是传给男孩子，而不会传给女孩子。

3. X-Y 染色体连锁遗传　出现于 X 和 Y 染色体的同源部分的有些基因具有类似常染色体基因的遗传。它们是不完全的性连锁，因为有时交换可能出现在 X 和 Y 染色体的同源部分。在人类中，有些疾病如着色性干皮病（xeroderma pigmentosum）、色素性视网膜炎（retinitis pigmentosa）、痉挛性截瘫（spastic paraplegia）等是由于 X-Y 连锁基因所致。

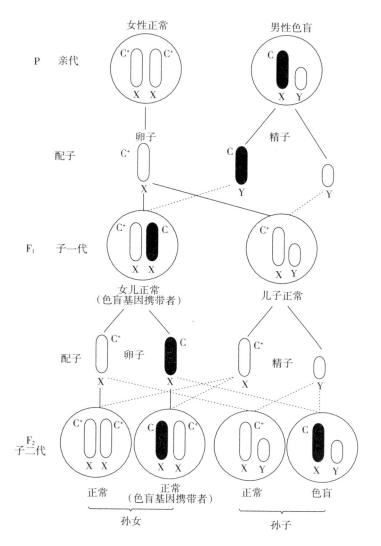

图 9-14　表示正常女性和色盲男性结婚后，色盲性状的性连锁遗传

（二）性别影响性状

受有机体的性别影响的性状称为性别影响性状（sex-influenced trait）。此种基因的等位基因的显性关系受个体性别的影响。因此，同一基因在雄性和雌性个体间有不同的表现，某一特殊性状遗传上相类似的雄性和雌性个体，具体的表现上却不相同。一个相对基因在雄性个体上表现显性，而另一个相对基因在雌性个体上表现显性。羊类角的性状、人类的秃顶（crown baldness）是性别影响性状的实例。陶赛特羊种（Dorset breed）是有角的，而 Suffolk 则无角羊。有角陶塞特羊（$h^+ h^+$）×无角羊（hh）时，在 F_1 群体中，雄性有角而所有雌性无角。在 F_2 代，雄性分离为 3 有角：1 无角，而雌性分离为 1 有角：3 无角（表 9-4）。

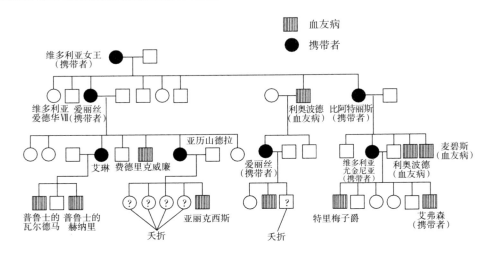

图 9-15 Victoria 女王家族历史，表示性连锁的血友病

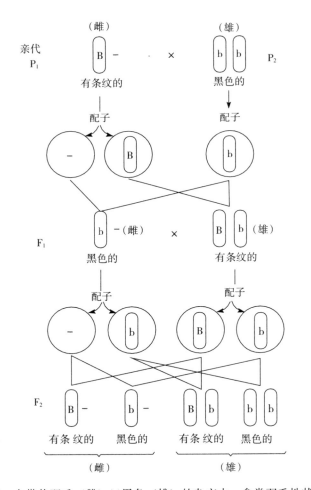

图 9-16 在带状羽毛（雌）×黑色（雄）的杂交中，禽类羽毛性状的遗传

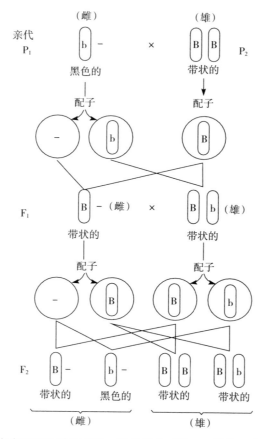

图 9 - 17　禽类羽毛性状的遗传，黑色羽毛（雌）×带状羽毛（雄）杂交

表 9 - 4　在雄性和雌性羊中，有角性状的不同基因型的表现型

基因型	雌性	雄性
h^+h^+	有角	有角
h^+h	无角	有角
hh	无角	无角

（三）性别限制性状

性状的发育局限于某一种性别的现象称为性别限制。这些性状只在一个性别中表现其自身，受一种性激素的存在或不存在的影响。一个特殊性状在某一性别中根本不能表现。雄性禽类的羽毛是一个常见的实例。在禽类中，雄性羽毛在雌性中从未见过，而雌性羽毛在雄性中是常见的。雌性羽毛（h^+）对雄性羽毛（h）是显性的。因此，具有 h^+h^+ 或 h^+h 基因型的无论雄性或雌性个体将是具有雌性羽毛的。在雄性中 hh 基因型是雄性羽毛的，但在雌性中是雌性羽毛的（表 9 - 5）。这说明 hh 基因型在雌性激素的情况下，hh 基

因型不能表现其雄性羽毛。

表 9-5　在两类性别的家禽中，羽毛的不同基因型的表现型

基因型	雄性	雌性
h^+h^+	雌性羽毛	雌性羽毛
h^+h	雌性羽毛	雌性羽毛
hh	雄性羽毛	雌性羽毛

■ 小结

性别的决定：在有些有机体中，雄性和雌性个体在染色体的数目和形态上都不同。

雌 XX-雄 XY：女娄菜属、红瓜属、果蝇、人类。

雌性 XY 和雄性 XX 类型：草莓属、禽类。

雌性 XX 和雄性 XO 类型：薯蓣（*Dioscorea sinuata*）、蚱蜢。

雌性 XO 和雄性 XX 类型：fumea。

雌性 XX 和雄性 XY_1Y_2 类型：葎草（*Humulus japonicus*）。

雌性二倍体和雄性单倍体类型：膜翅目昆虫。

性别有时由分别存在于常染色体和异染色体中的雄性和雌性基因之间的平衡（如果蝇中的基因平衡）决定。在 XX-XY 类型的有机体中，剂量补偿导致两性别中 X 编码基因产物的量相平等。性别由单独或多个基因控制，可以在石刁柏、番木瓜、玉米、果蝇中得到证实。性别决定由激素控制，可以由禽类、牛异性孪生不孕及蟥虫雄性的性转换得到证实。

表现也受环境的影响，如在木贼属和爬行动物中所研究的那样。

性连锁遗传：有些身体性状的基因位于性染色体上，称为性连锁基因。

X 染色体连锁性状：交叉遗传。

雌性 XX 和雄性 XY 类型：果蝇白眼色，人类色盲、血友病（hemophilia）。

雌性 XO 和雄性 XX 类型：禽类带状羽毛。

Y 染色体连锁性状：人类多毛症。

XY 染色体连锁：人类着色性干皮病。

性影响性状：羊角性状、人类秃顶。

性限制性状：禽类雄性中的雄性羽毛性状。

第十章　细胞质遗传（母性遗传）

控制性状遗传的基因主要位于细胞核的染色体上，这些基因早期被孟德尔认定为因子（factor），遵循孟德尔定律中所阐释的清晰的遗传模式。虽然这是大多数性状的一般性规律，但是某些性状并不显示孟德尔遗传规律。这样的表现方式（behaviour）在许多植物和动物系统中可以举例说明（例证）。非孟德尔遗传的证明可以在某些种的正反交（互交）中最好地反映出来。植物中正反交为这种非孟德尔表现形式提供很好的证据，其中不论杂交是按哪种方式进行，正交或反交，后代都根据母本的性状表现。无论父本或母本的核都遗传给正交或反交的后代。差异只在细胞质上，细胞质只由母本提供。这样，后代与母本相类似要归于细胞质的特性。一旦细胞质的影响可以觉察以后，就应用了细胞质基因（cytoplasmic gene）的概念，当时称之为原生质基因（plasma gene）。然而，在随着发展，已明确叶绿体（chloroplast）和线粒体（mitochondria）也都含有遗传物质 DNA。细胞质遗传的主要来源（出处）目前认为是细胞的细胞器（organelle）——叶绿体和线粒体，这两者都有环状 DNA（circular DNA）。

一、核外基因与核基因控制性状的区别

下列标准可以用来区分由核基因（nuclear gene）所控制的性状和由核外基因（extranuclear gene）所控制的性状之间的差异。

1. 正反交差异　正反交结果的差异说明了孟德尔常染色体基因传递模式的偏差（deviation）。根据孟德尔遗传，从同一个体获得的雌雄配子的染色体组是相似的（类似的）；正反交应该给予相同的结果（雌 A×雄 B＝雌 B×雄 A）。对这一结果仅有的例外是性连锁遗传，这可以根据性染色体的传递予以解释。如果排除性连锁，正反交结果的差异将证明，一个亲本（母本）将比另一亲本对某一特殊性状予以更大的影响。这是因为细胞质并不按精确方式进行分裂（divide），和在细胞分裂过程中染色体的分裂不同。雌配子经常给杂合子（zygote）更多的细胞质。因此，由细胞质控制的性状中可以看到正反交之间的差异。

如图 10 - 1 所表示，如果两个品系 A 与 B，分

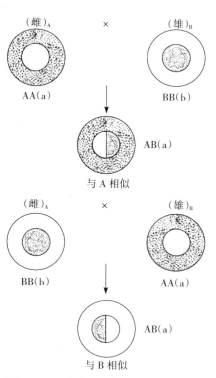

图 10 - 1　显示正反交差异的母性遗传

别具有基因型 AA 和 BB 以及细胞质 a 和 b，它们进行正反交。我们将获得 2 个杂种 AB（a）和 AB（b）（细胞质表示于括号中）。如果是母性遗传 AB（a）和 AB（b），尽管有相同的核基因型，也将是不同的。AB（a）将类似 A 品系或 AA（a），而 AB（b）类似品系 B 或 BB（b）。因为这种效果只由卵的细胞质所产生。因此，称为母性遗传（单亲遗传，uniparental inheritance）。

2. 缺少分离、无规律分离、体细胞分离　缺少了孟德尔性状分离以及出现特有的孟德尔比例决定于减数分裂时染色体的传递，就得提出额外的染色体传递规律，双亲的细胞质基因遗传有时出现了没有规律性的分离比例。它们通常显示为在有丝分裂（mitosis）时出现体细胞分离（somatic segregation），不同于核基因的一个特征。

3. 缺乏染色体定位　染色体上的基因居于特定的基因位点，并且处于和其他基因相邻的一定位点。如果不能够发现与已知的核基因的连锁，便可能排除染色体遗传，并会认为是核外遗传。

4. 与细胞器 DNA 的联系　细胞质遗传或染色体外遗传被定义为非孟德尔遗传。通常和复制中的细胞质细胞器如线粒体叶绿体有关。在细胞核外的细胞器中出现的 DNA，是一个强有力的证明，提出遗传信息确实也存在于细胞质中。

5. 通过回交转移核基因组（染色体组）　通过连续回交把一个品种的核转移到另一品种的细胞质中，形成具有 2 个来自不同品种的细胞核和细胞质的品系，比较这些品系和原来的具有同一品种的细胞核与细胞质的品系，说明细胞质对这些性状有影响。

二、和细胞器有关的细胞质遗传

有大量的种，它们中有位于细胞质细胞器（cytoplasmic organelle）中的 DNA，已知其控制遗传性状（hereditary trait）。这样的 DNA 出现在叶绿体（chloroplastids）和线粒体（mitochondria）中，它们的遗传经常被称为细胞器遗传（organellar inheritance）。

1. 质体遗传　证实细胞质遗传的最被确认的事例（the most established cases）是植物细胞中微小的细胞质细胞器的质体。这些质体中最为重要的是带有叶绿素的叶绿体（chloroplastid），叶绿体本身独立地加倍增长，与细胞的其他部分无关，并带有若干呈 DNA 形式的叶绿体 DNA（cp DNA）的遗传信息。显然，这些叶绿体通过卵的细胞质而传递，只有少量偶尔（罕见地）通过花粉而传递。

因此，决定于质体基因组（plastid genome）的性状呈现细胞质遗传，有时和核基因无关。质体基因的遗传模式最好的例证是应用多个植物的经典（传统）的遗传试验，例如，报春花（*Primula sinensis*）、紫茉莉（*Mirabilis jalapa*）、玉米（*Zea mays*）以及月见草属（*Oenothera*）。

在紫茉莉中，植株某些枝条上的叶片可能是全绿色的，其他枝条有斑点状叶，叶片的绿色组织穿插于灰绿色到白色的组织中而呈现斑驳状。而其他枝条的叶片为完全灰色。用显微镜检测绿色叶片以及带斑点叶片的绿色部分，揭示这些细胞含有正常的叶绿体和叶绿素，而灰色叶片和灰色斑点则缺乏正常的叶绿体和色素。

研究这些色素的遗传时，可以发现后代的表现型将决定于母本的表现型（图 10 - 2、

图10-3）。由植株全绿部分衍生的胚珠，不管花粉的来源如何，只能产生全绿的植株，而有斑点的性状将不重现于相继的后代中。当胚珠由叶片有斑点的枝条上衍生时，将产生3种类型的种子，数目各不相同，同样地和父本无关；有些产生纯绿，有些纯白，而大多数是有斑点的后代。从灰色叶片枝条上所衍生的胚珠，只能产生灰色叶片的植株。

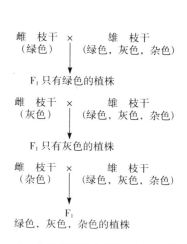

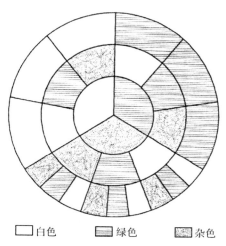

图10-3 紫茉莉植株的质体遗传
中心圈表示的枝条类型是它生长的花被授粉
中间圈表示的枝条类型是它产生的花粉给别的
枝条的花授粉外面的圈表示后代

图10-2 紫茉莉植株的质体遗传，说明决定
于母本枝条的性状

月见草属（*Oenothera*）种间杂交，揭示 Renner 试验中的耐人寻味的结果。两个种 *Oenothera muricata* 和 *Oenothera hookeri*（两者都是绿色的）杂交所获得的互交杂种是不一样的。

互交杂种的细胞核是相同的，差异只和细胞质有关。黄色的 F₁ 幼苗死了，但来自 *Oenthera muricata* 母本的绿色幼苗保持正常的绿色，但间或在茎秆、枝条上发育黄色的弯曲。这些明显地是来自花粉的 hookeri 质体，并在发育时，将它们分出来成为完整的某种细胞的质体补充物，这样的区域发育成为枝条，并在其上面开花。当这样的花自交时，

可期望产生下列组合——纯合 *Oenthera muricata*，纯合 *Oenthera hookeri*，以及杂合 *Oenthera muricata* 和杂合 *Oenthera hookeri*，所有的都含有 *Oenthera hookeri* 的细胞质。杂合 *Oenthera muricata* 在胚期死亡，纯合 *Oenthera hookeri* 是绿色的，像原始的 *Oenthera hookeri*，杂合的又成为黄色。这再次说明当 *Oenthera hookeri* 核处于它自己的细胞质中时，它们转变为绿色。这些结果提示 2 个种的质体系统适合于它们自己的细胞核，这是细胞质的质体在遗传上起一定作用的一个明显的证据。

2. 植物中的雄性不育　细胞质遗传的另一个实例与花粉的败育有关。这出现在许多显花植物中并导致雄性不育，在玉米、小麦、甜菜、洋葱、芥菜及谷子等作物中，可育性至少有部分是由细胞质因子所控制。在这种情况下，如果雌亲本是雄性不育的，F_1 后代将总是（肯定是）雄性不育的，见图 10 - 4。在 F_1 中细胞质主要来自于雄性不育母本的卵。

Rhoades（1933）报道了第一个玉米中细胞质雄性不育植株的分析。并且阐明雄性不育是由母本所提供的，核基因没有影响。当一个特殊的雄性不育植株用正常玉米植株的花粉授粉时，只产生雄性不育的后代。产生雄性不育种子的亲本植株重复地用花粉可育的品系回交，直到来自雄性不育系的所有染色体被雄性可育系的染色体所交换。在遗传上恢复的不育系中，雄性不育仍然保持，这证明这种性状遗

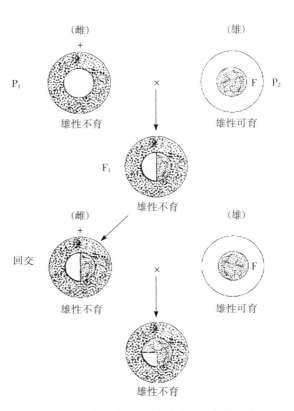

图 10 - 4　植物细胞质雄性不育的母性遗传

传是母性遗传，而不受染色体基因的影响。当这一研究在进行时，曾经从雄性不育系获得少量花粉，使正反交成为可能。这些杂交，从雄性不育种子植株系产生的后代是雄性可育的（图 10 - 5）。

因此，雄性不育的遗传是母性的（maternal），不管用的杂交的方向如何。最近的研究已证明与细胞质雄性不育有关的遗传因子主要位于线粒体 DNA 中。

3. 小菌落脉孢菌　脉孢菌的一个小菌落突变体（poky）在下列性状方面与野生类型不同：

①生长缓慢。

②呈现母性遗传。

③它有不正常的细胞色素（细胞色素是氧化和腺苷三磷酸能量增长所必需的蛋白质）。

3 种细胞色素中，细胞色素 a、细胞色素 b 和细胞色素 c 发现于野生类型中，在小脉

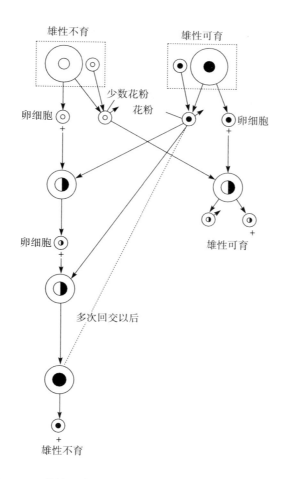

图 10-5　雄性不育与雄性可育植株之间的正反交（应用来
自雄性不育的稀少花粉）

图示雄性不育亲本作为母本的许多次回交，该亲本的核通过多次回交被雄性不育亲
本的核所取代。注意，雄性可育植株核的取代并不能恢复雄性不育亲本的结实性

（引自 Gupta P K, 1997）

孢菌属中，缺少细胞色素 a 和细胞色素 b，细胞色素 c 则过多。

在正反交中，小脉孢菌属（poky）性状呈现母性遗传。

poky（雌）×野生类型（雄）　　　野生类型（雌）×poky（雄）

↓　　　　　　　　　　　　↓

全部 poky 类型　　　　　　　全部野生类型

下列证据说明 poky 基因可能位于线粒体基因组内：

①缓慢生长可能由于缺乏腺苷三磷酸能量，而这一能量的来源是线粒体。

②poky 和野生型中的细胞色素的质量和数量都不同，而这些细胞色素是在线粒体中
发现的。

三、母性效应

母性效应（maternal effect）经常通过细胞质中基因的效应而产生。换言之，细胞质性状决定于核基因。母性效应可以根据实际情况加以区分：存在额外的染色体或细胞质遗传单位，它们或者单独执行功能或者和核遗传体系合作（协同）执行功能。

椎实螺壳的旋向：最早而且了解最透彻的母性效应的实例之一是椎实螺（*Limaea peregra*）壳的旋管的方向。椎实螺种的有些品系具有右旋壳（dextral shell），它的旋管向右旋转；有些具有左旋壳（sinistral shell），具有向左旋转的旋管。旋管的方向是由遗传控制的。旋管向右旋转的方向决定于显性相对基因 D，而向左旋转的方向决定于隐性相对基因 d，因此，右旋壳的基因型是 DD，而左旋壳基因型是 dd。

当右旋的雌椎实螺（DD）和左旋的雄椎实螺（dd）杂交时，所有 F_1 椎实螺都是右旋的。但 F_2 代不能获得通常的 3∶1 的比例，因为左旋 dd 的表现型没有表现出来。

取而代之的是，由母本基因（DD）决定的模式在 F_1 表现出来，而 F_1 母本基因型在 F_2 中表现出来，当 dd 个体自交时只产生向左旋的后代。然而当 DD 或 Dd 自交时，它们产生的后代都是右旋的（图 10-6、图 10-7）。

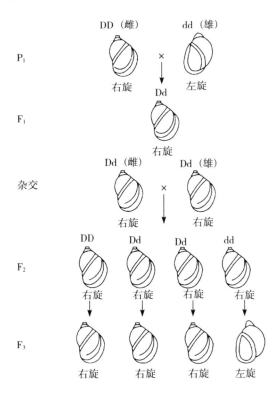

图 10-6　雌右旋型（DD）和雄左旋型（dd）椎实螺杂交的 F_1、F_2 和 F_3 代的结果

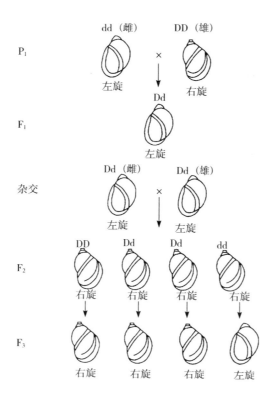

图 10 - 7　雌左旋（dd）和雄右旋（DD）椎实螺间杂交的 F_1、F_2、F_3 代的结果

这是基因型延缓效应的实例，正反交后代的表现型（雌 DD×雄 dd；雌 dd×雄 DD）决定于母本的基因型而不决定于表现型。在正反交时，显然 Dd（F_1）可以是右旋也可以是左旋的，决定于母本的基因型。相似地，dd 可能是右旋，如果母本基因型带有显性相对基因 Dd。母本的表现型对后代的表现型没有任何效应。起决定作用的是雌亲本的基因型。

四、与感染遗传颗粒有关的母性遗传

细胞质遗传决定于额外的染色体颗粒，这种颗粒并非细胞功能所必需的，因此可有可无，这种不必要的颗粒不但是遗传的，并且也是感染的（infective），因为并不需要通过真正的繁殖过程就能引入到新的寄主中。此外，这些感染性颗粒的存在与繁殖也可能决定于核基因。

草履虫中的卡巴粒（kappa particles）：卡巴粒发现于某种草履虫的杀菌品系（指具有卡巴粒的草履虫）并产生草履虫素，这种物质对某种没有卡巴粒的品系（敏感系）是有毒害的。卡巴粒的产生决定于显性相对基因 K，因此杀菌（放毒）品系基因型是 KK 或 Kk，而敏感系（没有卡巴粒的）基因型是 kk。当没有显性相对基因 K 时，卡巴粒不能增殖，并且当没有卡巴粒时，显性相对基因 K 便不可能再产生卡巴粒。因此，可以获得具有 KK

或 Kk 基因型的敏感品系，这些品系不能带有任何卡巴粒。然而，具有 kk 基因型的杀菌系（killer strain）不可能获得，因为即使存在卡巴粒，它们也将因为没有显性相对基因而消失。

如果基因型为 KK 或 Kk 的草履虫属无性繁殖系，允许其无性繁殖到非常快的速度，以致卡巴粒赶不上细胞分裂，卡巴粒就会消失。因此将会获得具有显性基因型（KK、Kk）而没有卡巴粒的敏感品系。

如果杀菌品系（KK）和敏感品系（kk）可以允许其接合，所有接合后体（exconjugant）（接合后分离的细胞）将具有相同的基因型（Kk）。表现型决定于接合时间的长短。如果接合不能保持时间长到足以进行细胞质相互交换，杂合的接合后体将只有亲本的表现型，也就是杀菌系仍是杀菌系，而敏感系仍是敏感系（图 10-8），但是，如接合能够持久，敏感系将获得卡巴粒并将变为杀菌者，接合后体将变为基因型为 Kk（图 10-9）的杀菌系。

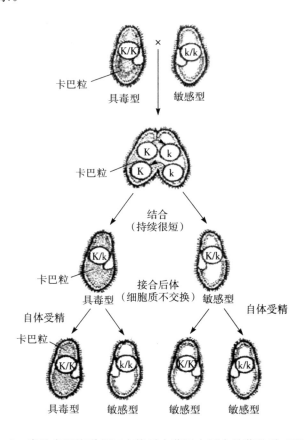

图 10-8　当没有细胞质相互交换时在草履虫属中杀菌品系（KK）和
　　　　　敏感系（kk）杂交的结果

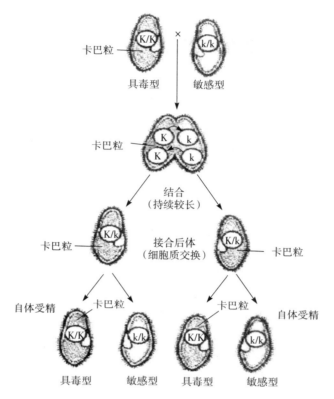

图 10-9　当细胞质可以相互交换时在草履虫属中杀菌品系（KK）和
敏感品系（kk）杂交的结果

■ 小结

细胞质遗传和孟德尔遗传截然不同，像正反交结果所显示的那样，其后代延续母本性状。位于细胞核外的基因称为细胞质基因，其遗传模式称为细胞质遗传。细胞质中的基因主要位于叶绿体和线粒体中，线粒体和叶绿体都含有 DNA，称为细胞器 DNA。

紫茉莉、玉米雄性不育、脉孢菌属小菌落突变体中细胞器 DNA 控制质体遗传。在椎实螺壳的旋向遗传上发现母性效应。称为卡巴粒的遗传单位和草履虫细胞质中的杀菌性状有关。

第十一章　染色体的数量变异与结构变异

一个种内所有细胞的染色体数目和结构的恒定性（constancy）是一个基本的前提。根据这一前提，按照相同的遗传组（genetic complement）所有细胞均保持相同的染色体的数目和类型，这种恒定性代复一代地永久保持，有助于个体稳定性的保持和遗传性状由亲代传给后代。

在进化上，伴随同种的稳定性，也衍生变异（variation），随后产生新基因型的进化，并最后导致新的种的进化。所以，染色体的作用并不仅仅是维持遗传性状的稳定性，也能产生变异，有助于基因型和种的起源。新的变异形成一般的生物多样性（biodiversity），这是特殊的植物多样性（plant diversity）起源的基础。

基因水平上的改变也称为基因突变（gene mutation），很大程度上有助于进化的过程。此外，基因突变和染色体变异形成进化的原料。染色体组的改变可能既包括染色体的数目也包括染色体结构的变化。染色体数目的改变被划为数目改变的范围内，而染色体结构变异则被划为结构改变的范围内。当染色体数量和结构改变导致遗传变异时，所形成的变异被划分为染色体突变（chromosome mutation），以区别于点突变（point mutation）或基因突变（gene mutation）。无论是染色体数量变异还是结构变异都已在植物进化过程中发挥了极其重要的作用。由于植物染色体组（基因组）的灵活可变性（flexibility）及其对多变环境的适应性，鉴于这种灵活可变性，在植物系统上有广泛的遗传变异，无论是种间或种内水平。数量变异以及总的结构变异的证据已经广泛的研究，并对不同植物种进行了分析，在农业园艺和医学上加以应用。

此外，这些染色体数量和结构的变异，可以通过细胞学方法进行检测到，包括隐形结构改变（cryptic structural alteration），它可以通过超微结构和分子技术借助细微染色体分析法（finer chromosome analysis）进行分析。

一、染色体的数量变异

染色体的数量变异可以根据增加或减少一条或更多条染色体或整组染色体（染色体组）而分类。两类主要的数目变异是整倍性（euploidy）和非整倍性（aneuploidy）（图11-1、图11-4及表11-4）。

（一）非整倍性

非整倍性是细胞中染色体数目不是一套完整的基本染色体数目。含有一个或更多个不完全染色体组的有机体称为非整倍体（aneuploid）。非整倍性既可以是比完整的染色体组缺少一条或更多条染色体（亚倍性，hypoploidy），也可以是增加一条或更多条染色体

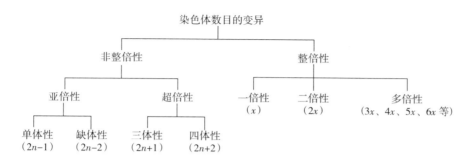

图 11-1　染色体不同的数目变异（x＝染色体基数，$2n$＝体细胞染色体数目）

（超倍性，hyperploidy）。非整倍性植物的最初的关键性研究是由 Blakslee 和 Belling 于 1924 年开始的，当他们在曼陀罗种 *Matura stramonium* 中发现具有 25 条染色体的"突变类型"，它的正常的体细胞中只有 24 个染色体。

亚倍性可能只缺少一条染色体——单体性（monosomy）（$2n-1$），或者缺少一对染色体——缺体性（nullisomy）（$2n-2$）。与此相类似，超倍性可能涉及增加一条染色体——三体性（trisomy）（$2n+1$）或增加一对染色体（$2n+2$）四体性（tetrasomy）（图 11-2）。这种情况可能这样产生，两个配子的结合，其中至少有一个染色体数目是不平衡的，由于在有丝分裂后期不能正常分裂或者得到了或者丧失了一个或更多染色体的细胞的繁殖。

1. 单体性　单体性是一种现象，某一个体缺少一条二倍体染色体组的一个或几个非同源染色体。单独的单体（monosomic）缺少一条完全的染色体（$2n-1$），导致主要的不平衡现象，并且非二倍体所能容忍。

然而，单体在多倍体种内是能成活的，在多倍体种内缺少一条染色体影响不明显。例如，普通烟草（*Nicotiana tabacum*）是一个 $2n=$ 48 的 4 倍体种，已知有一系列具有 47 条染色体的不同的单倍体类型。一个种的可能的单体类型的数目等于它的单倍体（haploid）的染色体的数目。双单体（double monosomic）（$2n-1-1$）或三单体（triple monosomic）（$2n-1-1-1$）也可以在多倍体中产生。单体起源可能由于双价染色体的不常见的不分离（non-disjunction）而产生的 $n-1$ 类型的配子。单体表现不正

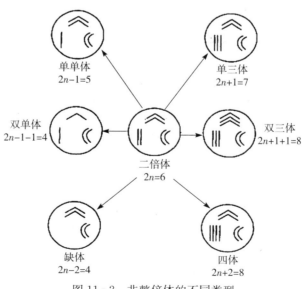

图 11-2　非整倍体的不同类型

常的减数分裂（除双价体外还有单价体）。而且，在单体的后代中，可以获得二体（2n）、单体（2n-1）和缺体（2n-2）的混合物。一个特定染色体的单体的状况和某一特定的形态学（morphology）相联系。观察某一单体及其后代的形态学，基因可以定位于某一特定的染色体上。在小麦上，Sears 已经应用单体，成功地将不同基因分别定位于特定染色体上。

2. 缺体性 缺少一对染色体的植株称为缺体。它的染色体公式是（2n-2）而不是（2n-1-1），后者指双单体（double monosomic）。一种有机体可能有的缺体的数目和它的单倍体染色体数目相等。缺体的来源一般由于单体的自交。缺体可以有效地应用于不同基因的定位。在小麦中，已经获得只有 40 条染色体而不是 42 条染色体的缺体。

3. 三体性 三体是具有一个额外染色体（2n+1）的有机体。在一种生物有机体中，可能有的三体的数目和它的单倍体（haploid）的染色体的数目相等。三体有不同的类型：初级三体（primary trisomic），其额外的染色体和 2 个同源染色体相一致；次级三体（secondary trisomic），其额外的染色体是具有 2 个遗传上相一致的臂的等臂染色体（isochromosome）；三级三体（tertiary trisome），是染色体易位（translocation）的产物（图 11-3）。自然界也可以获得双三体（double trisomic，2n+1+1）。

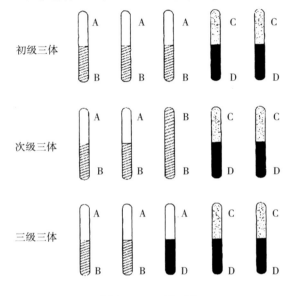

图 11-3 3 种三体

三体的起源是由于 n+1 类型的配子的产生，这是由于二倍体中不常见的二价体的不分离，也可能由于三倍体通过不规则的减数分裂而产生（图 11-4）。三体显示不规则的减数分裂（图 11-5）。因为三体有一个额外染色体，它是和染色体组中的一条染色体是同源的，因而它们形成了三价体。Blakslee 和 Belling 在曼陀罗种 *Datura stramonium* 中获得了具有 25 条而不是 24 条染色体的三体。逐渐地，所有理论上可能的 12 种三体被人们获得了。在染色体组（genome）中，12 个性质不同的染色体的每一个都具有一个额外的染色体。三体对于将基因定位于特定染色体上是有意义的。三体和正常二倍体类型相比，活力较差，结实率较低。

4. 四体性 四体（tetrasomic）具有一个呈现 4 剂量的特定的染色体（2n+2）。可能的四体类型数和一个有机体的单倍体（haploid）的染色体数目相等。小麦中已经获得了全部 21 个可能的四体。在减数分裂时，四体组中的 4 个同源染色体有形成四价体（quadrivalent）的趋势。四体可能由于三体的自交而产生。

5. 非整倍性的重要性 非整倍性除了遗传分析以外，在进化上起了一定作用，并在植物育种中有其重要性。

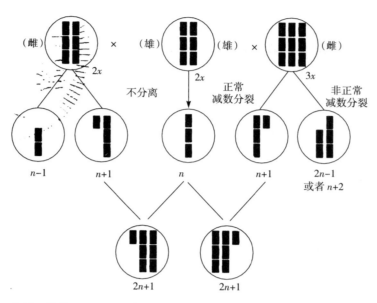

图 11-4 由于二倍体（$2x$）和三倍体（$3x$）个体中形成 $n+1$ 类型的配子导致三体的产生

（1）检测连锁群（detecting linkage group） 非整倍体将一个连锁群和一个基因定位于一个特定染色体上时起着重要作用。特别是缺体、单体和三体已经应用于测定烟草、小麦等作物的连锁群。非整倍性的研究已经显示了小麦的 A、B 和 D 染色体组间的部分同源

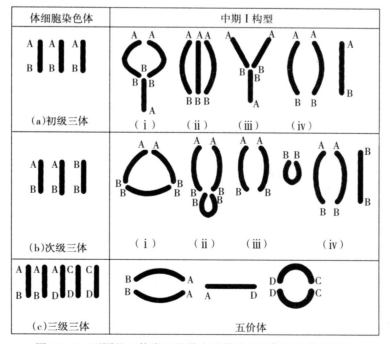

图 11-5 不同的三体类型及其在减数分裂中期染色体的构型

（根据 Gupta P K 的加以修改，1997）

性（homoeology）。和易位有关的染色体的鉴定也借助于非整倍体进行了研究。

（2）植物育种中染色体的替换　非整倍体的主要贡献已经应用于植物育种领域，利用非整倍体替换了整条染色体或染色体的一部分已经有人完成。这些替换系导致作物产量、抗性、倒伏性等的明显改变。

（3）物种形成（speciation）　非整倍性在无性繁殖作物种中，能够产生变异（variation），并且是物种形成的渊源（source of speciation）。在还阳参（金龟子幼虫）中，非整倍体变异形成种间 $x=3$、4、5、6 和 7 的变异。在薹属植物（$n=6\sim56$）中已经观察到一个极其广泛的非整倍体系列。

（二）整倍体

整倍体是细胞染色体数目是其基础染色体组的倍数的个体。一个具有基础染色体数为 7 的有机体，可能有染色体数目为 7、14、21、28、35、42 的整倍体。整倍体可以更进一步分为不同类型——单倍体（monoploid）、二倍体（diploid）和多倍体（polyploid）。单倍体具有一个染色体组，二倍体具有 2 个染色体组，而在多倍体中，具有 2 个以上的染色体组（表 11 - 1）。

表 11 - 1　涉及整个染色体组的变异

整倍体类型	每一染色体出现的同源染色体数目（x）	实　　例
单倍体	1（x）	ABC
二倍体	2（$2x$）	AABBCC
多倍体	多于 2	
三倍体	3（$3x$）	AAABBBCCC
四倍体	4（$4x$）	AAAABBBBCCCC
五倍体	5（$5x$）	AAAAABBBBBCCCCC
六倍体	6（$6x$）	AAAAAABBBBBBCCCCCC
七倍体	7（$7x$）	AAAAAAABBBBBBBC···
八倍体等	8（$8x$）等	···

注：染色体数目的符号
$2n=$二倍体或多倍体种的体细胞染色体数目
$n=$二倍体或多倍体种的配子染色体数目
$x=$基本染色体数或染色体组数

在二倍体种中，染色体数目 $2n=14$，$n=7$，$x=7$，但在多倍体（六倍体）种中，染色体数目 $2n=6x=42$，$n=21$ 而 $x=7$。

1. 整倍体的类型

（1）一倍体和单倍体　一倍体（monoploid）个体具有一组基础的染色体，例如在二倍体（$2n$）大麦中，$x=7$（二倍体种的一倍体或单倍体）。单倍体是具有体细胞染色体数目一半的个体，例如，六倍体小麦，其单倍体 $3x=21$。在二倍体中，一倍体和单倍体的染色体数目相等，但在多倍体种内，一倍体和单倍体的染色体数目不同。

在有花植物（显花植物）中，二倍期（双倍期）（diplophase）或孢子体时期（sporophytic phase）占优势，单倍期或配子体时期正常情况下只局限于花粉粒和胚囊。在特殊情况下，可能产生完全单倍体的植株。关于它们所有的部分，单倍体都是比较小的，并且经常呈现较差的活力。

在真正的单倍体中，减数分裂肯定是极不正规的，而且染色体是随机分配的（distributed at random），它们中有些移动到一极，另一些到相对的一极（opposite pole）。更有甚者，经常出现染色体的丢失（elimination）。例如，单条染色体被弃置在细胞质中，而没有被包括在花粉粒或胚囊中。在大多数情况下，花粉粒和胚囊将形成一个不完全的或不平衡的染色体结构（chromosome constitution），它将产生致死效应。因而，单倍体是完全或几乎完全不孕的。

单倍体有不同类型（图 11-6），多倍单倍体（polyhaploid）是由多倍体种（例如小麦多倍体种）获得的单倍体，小麦是六倍体，$2n=42$，含有多于 1 个的染色体组。如果染色体是同源或部分同源的，该多倍单倍体将有二价体形成并有优良的结实性。也可能有非整倍单倍体（aneuhaploid），有 2 种类型——二体单倍体（单倍体由 4 体获得）和缺体单倍体（比整倍单倍体缺少一条染色体）。

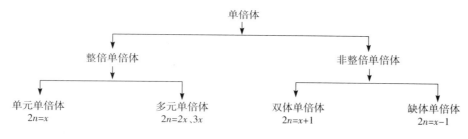

图 11-6　单倍体的分类

单倍体可能是自发起源，但一般说来，自发起源的频率很低。单体可能以这样的方式诱导产生：第一，延迟授粉，卵未经受精而分裂；第二，X 射线照射花粉；第三，用不亲和种的花粉进行授粉，例如，龙葵（*Solanum nigrum*）用 *S. luteum* 的花粉授粉，将会产生龙葵的单倍体；这些单倍体是由龙葵未经受精的卵细胞衍生而成；第四，获得单倍体多胚性的方法是双胞胎法（twin method）。第五，诱导单倍体的最重要的方法是离体培养花粉粒的方法，如用于曼陀罗属、稻属和其他作物属种的花粉粒离体培养。

（2）多倍体　具有 3 个或更多个基因组（染色体组）的植物种是多倍体（polyploid）。按照染色体的基本组进行着增殖（multiplication）。例如，菊花属（*Chrysanthemum*）的基本染色组 $x=9$，它的种和杂种染色体数表现为 9 的倍数。例如 18、27、36、54 等。烟草属（*Nicotiana*）和茄属（*Solanum*）的基本染色体组 $x=12$，其染色体数为 24、48 和72；小麦属（*Triticum*）基数为 7，染色体数为 14、28、42，同样在果树中，例如香蕉（*Musa sapientum*，$3. x=33$）、芒果（*Mangifera indica*，40），观赏树木也是这样，多倍性是常见的。在另一方面，黑麦、大麦和甜菜，保持着二倍体性（黑麦和大麦 14，甜菜18）。在某些园艺作物种中，如鸭跖草（$2n=12$、24）和菊花（$2n=18$、27、36、54、72、90）的多倍性是众所周知的。多倍性出现于大量的被子植物、蕨类和若干藓类植物，而在松柏类树木中，这种多倍性现象是极其少见的。大约半数已知植物具有多倍性，但多倍性在动物中是罕见的。这可能是由于性平衡（sex balance）在动物中要比植物中敏感得多。

多倍体起源于二倍体植物，从而生存于自然界，被认为有两种基本的过程。

①体细胞有时在有丝分裂时行为不规则，由于纺锤体机制缺乏功能，出现了整套染色体的加倍，最后所有染色体都包括在分生组织细胞内，这些细胞在植物的新的世代繁殖。

②生殖细胞可能有一种不规则的减数或均等分裂，其中成组的染色体在分裂后期不能完全地分离到两极（pole）；因而两组染色体结合于重组核中，它的染色体数目是配子染色体数的2倍。

自然界中这两种不规则现象都能出现。一旦多倍性形成，具有不同染色体数目的植物间进行互交，可能产生大量的染色体组合。这些组合的大多数是不育的，但是有些能结实，并受自然选择的影响。可以发现这些组合所有不同程度的活力——从致死组合到那些可以在特殊的环境条件下有力地和二倍体相竞争的。

主要有3种不同的多倍体，即同源多倍体（autopolyploid）、异源多倍体（allopolyploid）以及部分异源多倍体（segmental allopolyploid）（图11-7）。

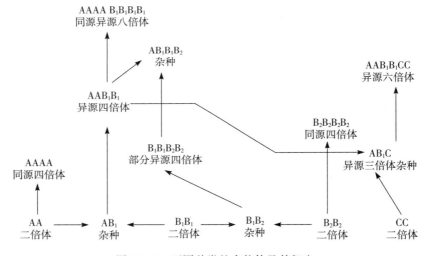

图11-7　不同种类的多倍体及其衍生

（引自 Gupta P K，1997）

①同源多倍体。当相同的染色体组成倍地增加时就产生同源多倍体，增加的是相同的基础染色体组。例如，如果二倍体种有相同的两套染色体，或相同的两个染色体组（AA），一个同源三倍体将具有3个相同的染色体组（AAA），而一个同源四倍体将具有4个这样的染色体组（AAAA）。同源三倍体已知在西瓜、香蕉、甜菜、番茄、葡萄中存在，而同源四倍体则常见于玉米、红三叶草（red clover）、金鱼草（snapdragon）和葱（*Alliums tuberosum*）中，天然的同源四倍体是水杨梅属种植物。

A. 同源四倍体中的减数分裂：同源四倍体的减数分裂和二倍体的不同，是由于每一种染色体有4个同源染色体。假定最初的材料是一个具有14条染色体的二倍体种（AA），这些染色体在减数分裂时将形成 7 对二价体（bivalent）。在四倍体中（AAAA），每一类染色体有 4 个，在减数分裂时，这 7 组每组 4 个的染色体可能形成 7 个四价体。四价体是 4 个同源染色体的组合。四价体可能有不同的形状，同源染色体的表现有时 3 个组合于一起，称为三价体（trivalent），再加一个单价体（univalent）；或者两个二价体（bivalent）组合于一起。因此，每一个细胞的四价体的平均数总低于中间的可能数目。同种的同源四倍体在这方面的行为不同。它们中有的有很高的四价体的频率，例如葱，而在有些情况下，只能形成二价体。在一个同源四倍体中，减数分裂时，单价体和三价体的出现，导致染色体分配的扰乱，并且形成染色体数目有偏差的配子。这是导致同源四倍体高度不育的主要原因。

B. 同源多倍体中基因的分离：每一个基因的等位基因数目是根据多倍体个体的多倍性水平（ploidy level）以及可以产生含有每一基因的一个以上的等位基因（纯合或杂合的）的配子而显示。根据某一特定位点上的显性和隐性基因的数目，一个同源四倍体的基因型可能是四显性组合（quadruplex，AAAA 或 A^4）、三显性组合（triplex，AAAa 或 A^3a）、双显性组合（duplex，AAaa 或 A^2a^2）、单显性组合（mono 或 simplex，Aaaa 或 Aa^3），以及零型或无显性组合（nullplex，aaaa 或 a^4）。

同源多倍体如四倍体呈现所谓的四体遗传，在同源多倍体中基因的分离受一些在二倍体中不起主要作用的因子的影响。在这些因子中，有多价体中交叉（chiasmata）的数目和位置，特殊位点和着丝粒之间的距离，多价联合中同源染色体在后期 I 的行为，以及单价体的出现。

在同源四倍体中，假如假定这 4 个同源染色体在后期 I 按 2：2 分配到 2 极，不同的同源四倍体基因型的一个位点的理论分离比例可以推算出（表 11 - 2）。

表 11 - 2　同源四倍体基因型的配子类型和合子类型的频率

（根据 Shukla 和 Chandel，1996）

亲本基因型	配子				合子					
	AA	Aa	aa	比例	A^4	A^3a	A^2a^2	Aa^3	a^3	比例
四显性组合（AAAA）	1	—	—	1	1	—	—	—	—	1
三显性组合（AAAa）	1	1	—	2	1	2	1	—	—	4
双显性组合（AAaa）	1	4	1	6	1	8	18	8	1	36
单显性组合（Aaaa）	—	1	1	2	—	—	1	2	1	4
无显性组合（aaaa）	—	—	1	1	—	—	—	—	1	1

②异源多倍体。多倍体也可能由来自 2 个或更多个明显不同的种之间杂种的染色体数目加倍而形成。这样就使杂种具有 2 组或更多组不同的染色体。杂种中染色体数目加倍，产生的多倍体称为异源多倍体。

一个异源多倍体，其中起源于两个不同种的结合的一个不孕杂种（AB），经过染色体组（chromosome set）的加倍（duplication），称为双二倍体（amphidiploid，AABB）（图 11 - 8）。萝卜甘蓝（*Raphano brassica*）是一个经典的双二倍体性（amphidiploidy）的实例。1927 年俄罗斯科学家 Karpechenko 报道，萝卜（*Raphanus sativus*，$2n=18$）

和甘蓝（*Brassica oleracea*，$2n=18$）杂交，产生了完全不育的 F_1 杂种。这一不育性（sterility）是由于缺少染色体配对，因为来自萝卜（*Raphanus sativaus*）和甘蓝（*Brassica oleracea*）的染色体组之间没有同源性。在这些不孕的杂种中，发现了某些可孕的植株。细胞学检测，发现这些可孕植株具有 $2n=36$ 条染色体。它显示正常地配对成 18 个二价体（图 11-9）。这样在异源多倍体中是同源联会型的配对（autosyndesis type，父本与父本或母本与母本配对），与二倍体和同源多倍体中的异源联会（allosyndesis，父本与母本配对）不同。

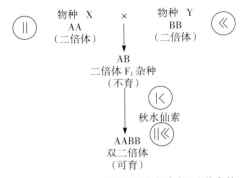

图 11-8　2 个二倍体种偏离常轨而形成的四倍体、双二倍体

在异源多倍体中，双二倍体杂种含有二组来自每一亲本的染色体，具有特殊的重要性。因为它们通常是可育的，在自然界的被子植物中间非常广泛地出现，提供了某些种间关系的线索，并开辟了改良栽培植物的新途径。双二倍体的最好实例是栽培水稻（*Oryza sativa*）。

最早知道的双二倍体杂种之一是具有 32 个体细胞染色体的可孕的黄花樱草（*Primula kewensis*）。*Primula floribunda*（$2n=18$）和 *Primula verticillata*（$2n=18$）杂交产生不孕的二倍体 *Primula kewensis*（$2n=18$），具有来自每一亲本种的一个染色体组。从这个植株的侧芽自发地生长出一个四倍体枝条，

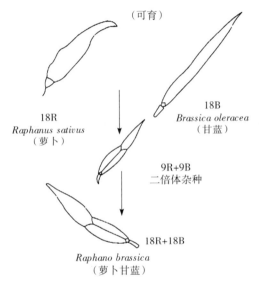

图 11-9　萝卜甘蓝（*Raphano brassica*）的人工合成

具有来自每一亲本的两个染色体组，并且显示可育。其中数字的变化可能表示为 $(9+9)×2=36$。

有些双二倍体是由染色体数目不同的种杂交而产生的染色体组，例如，*Nicotiana digluta* 是由黏烟草（*Nicotiana glutinosa*，24 体细胞染色体）和普通烟草（*Nicotiana tabacum*，48 体细胞染色体）杂交而产生的：$(12+24)×2=72$。普通烟草（*Nicotiana tabacum*）也是来自 2 个不同种的 2 条染色体组形成的四倍体。

Nicotiana digluta 根据属的基本数（12），异源六倍体具有来自一个种的 4 个染色体组和 2 个来自其他种的染色体组。这种情况下的一般公式为：$(x+2x)×2=6x$，这种杂种类型的进一步的实例是包括棉属种的杂种 $(26+13)×2=78$。

普通栽培小麦是异源多倍体（allopolyploid）的另一重要实例，在小麦属（*Triticum*）

中，有 3 个不同的染色体数目，它们是 $2n=14$、$2n=28$、$2n=42$。普通小麦是六倍体，$2n=42$；根据 Kihara 和 Sears 小麦是由 3 个二倍体种起源的，一粒小麦（*Triticum mono-coccum*）、拟斯卑尔脱山羊草（*Aegilops speltoides*）和方穗山羊草（*Aegilops sguarrosa*）（图 11-10），异源多倍体就是这样人工合成的。四倍体棉（图 11-11）是人工合成异源多倍体的另一实例，表 11-3 显示有些异源多倍体开花植物种的起源。

双二倍体有时起源于不同个体细胞染色体数目的加倍。由于减数分裂的失败，二倍体孢子也就是二倍体的配子将会出现，因而两个二倍体配子的结合产生四倍体。虽然按照这样的方式获得这样植株的机会是相对较小的。

③节段异源多倍体。在有些异源多倍体中，所存在的不同的染色体组并不是彼此十分不同，而是有些部分彼此间有部分同源性（partial homology）（$B_1B_1B_2B_2$）。因此，在这些多倍体中，来自不同染色体组的染色体可以一定程度地配对于一起，并形成多价体（multivalent）。这意味着部分染色体而不是所有染色体是同源的（homologous）。这样的异源多倍体被称为节段异源多倍体（segmental allopolyploid）（Stebbins），这些部分同源而不是彼此完全同源的染色体有时也被称为部分同源染色体（homoeologous chromosomes）。也有人认为大多数自然界出现的多倍体既非真正的同源多倍体，也不是真正的

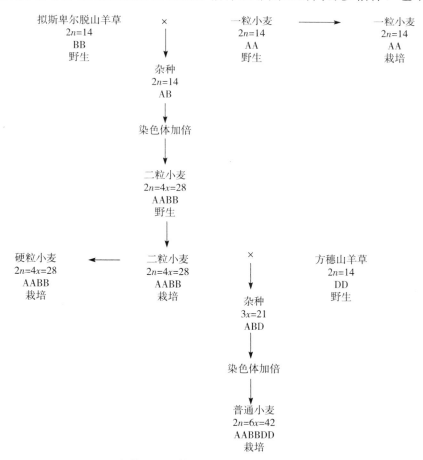

图 11-10　四倍体及六倍体栽培小麦从野生祖先起源的图解表示

异源多倍体。马铃薯（*Solanum tuberosum*）是节段异源多倍体最好的实例。

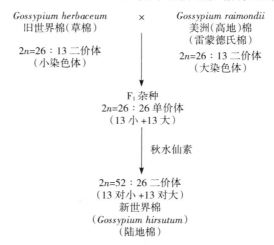

图 11 - 11　新世界棉的起源

表 11 - 3　若干天然形成和人工诱变形成的异源多倍体实例

种	体细胞染色体数	倍性	来　源
甘蓝型油菜 （*Brassica napus*）	38	4 倍体	甘蓝（*Brassica oleracea*）×油菜（*Brassica campestris*） （2n＝18）　　　　　　　　　　　（2n＝20）
陆地棉 （*Gossypium hirsutum*）	52	4 倍体	草棉（*Gossypium herbaceum*）×雷蒙德氏棉（*Gossypium raimondii*） （2n＝26）　　　　　　　　　　　　（2n＝26）
黄花樱草 （*Primula kewensis*）	36	4 倍体	*Primula floribunda*×*Primula verticillata* （2n＝18）　　　　　　（2n＝18）
普通烟草 （*Nicotiana tabacum*）	48	4 倍体	林烟草（*Nicotiana sylvestris*）×绒毛状烟草（*Nicotiana tomentosiformis*） （2n＝24）　　　　　　　　　　　　（2n＝24）
Nicotiana digluta	72	6 倍体	普通烟草（*Nicotiana tabacum*）×黏烟草（*Nicotiana glutinosa*） （2n＝48）　　　　　　　　　　　（2n＝24）
萝卜甘蓝 （*Raphano brassica*）	36	4 倍体	萝卜（*Raphanus sativus*）×甘蓝（*Brassica oleracea*） （2n＝18）　　　　　　　　　（2n＝18）
小黑麦（triticale）	42	6 倍体	硬粒小麦（*Triticum durum*）×黑麦（*Secale cereale*） （2n＝28）　　　　　　　　　（2n＝14）
	56	8 倍体	普通小麦（*Tritium aestivum*）×黑麦（*Secale cereale*） （2n＝42）　　　　　　　　　（2n＝14）
普通小麦 （*Triticum aestivum*）	42	6 倍体	一粒小麦（*Triticum monococcum*）× （2n＝14） 拟斯卑尔脱山羊草（*Aegilops speltoides*）× （2n＝14） 方穗山羊草（*Aegilops sguarrosa*） （2n＝14）

（3）同源异源多倍体（autoallopolyploid）　当同源多倍体和异源多倍体相结合时，可以产生同源异源多倍体（AAAABB）。从六倍体水平向上发展有可能成为这种类型的多

倍体，如在普通烟草（*Nicotiana tabacum*）和龙葵（*Solanum nigrum*）中所观察到的。同源异源多倍体在某些植物种的进化上有其重要性。

2. 多倍体的起源 多倍体既可能由于不正常的有丝分裂产生，也可能由于不正常的减数分裂而产生。

（1）有丝分裂不正常产生的多倍体 如果分裂中的细胞的染色体不分离（separate）或者染色体数目重复（duplication），以后细胞分裂就停止，就可能产生多倍体，这样产生的细胞便会有加倍数目的染色体。如果这种四倍性（tetraploidy）存在于合子中（zygote）就可能直接起源于一种四倍体植株，如果在茎尖端区域的一群细胞，或在单个顶端原始细胞中，就可能起源于四倍体枝条或茎秆。该四倍体茎秆到成熟时可能形成具有二倍体配子的花，这样产生的种子最后将发育成为四倍体植株。

（2）通过不正常减数分裂起源的多倍体 染色体联会（synapse）并进行正常的减数分裂，并进行复制（双份），但是同源染色体并不分离。因此，子细胞接受了所有的染色体，这些染色体进行第二次减数分裂，并产生两个二倍体子细胞，它们形成二倍体配子。当这些二倍体配子和正常的单倍体配子结合时，产生了三倍体。或者如果二倍体配子彼此结合，就会形成四倍体。

3. 多倍性的诱导 为了诱导多倍性，可以采用两种基本策略。

①防止减数分裂时染色体数目减半。

②减数分裂时染色体的分离受到抑制。

在不同试剂的影响下，染色体可能分裂，但是子染色体不会分离，而保留于同一细胞之中。这两种方法已形成了正向的结果。用不同的外部试剂，尤其是用麻醉剂以及高温或低温处理，减数分裂可能被干扰，而且染色体数目的正常减半不能实现。在这种情况下就形成了不减数的配子。在同源三倍体（autotriploid）中，这种现象是自动产生的，因为减数分裂总是不按规律进行。

（1）温度处理 使染色体数目加倍的一个重要方法是用不同的外部试剂处理通常的营养细胞合子。一种方法是将受精卵细胞在第一次分裂时期暴露于热休克中（40～45℃），这种方法获得的种子产生的多倍体百分比虽然比较低，但数量稳定。

（2）辐射 多倍性可以将植物的某些部分如无性芽和花芽暴露于短光波、紫外线、X射线、γ射线的辐射中而诱致。辐射增加细胞分裂的速率并也使染色体数目增加，最终使体细胞染色体数目加倍。

（3）伤害（injury） 当一个植株的分生组织区域受到伤害时，伤害点的细胞生长快速并形成愈伤组织。愈伤组织生长借一种称为 doumerine 的化学物质而加速，这种物质也能使体细胞染色体数目加倍。在自然界一般由愈伤组织发育而成的无性芽是多倍体。番茄植株的受伤部分，可能产生四倍体植株。

（4）体外再生（regeneration in vitro） 多倍性是在人工培养下组织培养细胞的一个共同特征。有些由悬浮培养愈伤组织再生的植株中可以发现多倍体。多倍体已经在烟草、曼陀罗、水稻和其他种的愈伤组织的培养中得到发育。

（5）化学处理（chemical treatment） 有许多化学物现在已知道它们能诱致植物多倍体。其中重要的有秋水仙素、羟基喹嗪（8 - hydroxy quinoline）、亚硝酸氧化物（nitrous oxide)、水合氯醛（chloral hydrate）、某些麻醉剂和生物碱（alkaloids）、veratin sulphate、苊（acenaphthene）以及有机氯农药（六溴氯环乙烷，hexa chloro cyclo hexane），秋水仙素（C_{22} - O_6N）是诱致多倍体的最佳化合物。秋水仙素最初证明是一种特殊而有效的化学药剂，用以创造多倍体重建核（polyploidy restitution nuclei）（Eigsli and Dustin 1955），秋水仙素是从百合植物（liliaceae family）的秋水仙（*Colchicum autumnale*）、*Colchicum lateum* 和嘉兰（*Glorio superba*）的种子和球茎的提取物中获得的。

应用秋水仙素的方法：秋水仙素处理可按照下列方法中的任何一种进行。

①种子处理。干燥或用水浸过的种子浸在用浅容器盛装的不同浓度的水溶液中（通常应用 0.05%～0.5%的浓度），秋水仙素处理需要一定时间，时间长短因不同的种子而异。当在秋水仙素溶液中浸渍所必需的时间后，种子必须用清水冲洗干净，而后进行播种。有些情况下，干种子处理的比用秋水仙素浸过的种子可以取得较好的结果。

②幼苗处理。幼苗可以在年幼时期进行处理，处理时茎尖浸在 0.2%秋水仙素溶液中，而根尖则用浸过水的棉花盖起来，这样处理需经过 3～24h，在有些情况下，这样的处理需在第 2～3 天后重复进行。

③茎部生长芽处理。在有些情况下，用 0.1%～0.5%秋水仙素溶液处理生长点，秋水仙素溶液可用刷子涂或用滴管滴。也可将皮棉浸于秋水仙素水溶液中，而后敷于植株的生长点上。这样处理每天重复进行 1～2 次，连续进行几天。交替地用 0.2%～0.5%秋水仙素溶液与羊毛脂糊混合，涂在茎尖端。这样处理每天重复进行 2～3 次，连续进行 1 周。

秋水仙素阻断有丝分裂（c-mitosis）：秋水仙素有丝分裂（或秋水仙素阻断有丝分裂）及 C-肿块形成是这样定名的，因为它最初是应用秋水仙素观察的，在中期（metaphase）末端染色单体已经分离以后，纺锤丝断裂而发生，因此，它们存在同一细胞内，而没有相继的细胞板（cell plate）的形成。当组织可以恢复时，染色体数目加倍，形成了多倍体。延长处理的时间，可以导致高度的多倍性，如用高丙体 666（林丹）（gammexane）中观察到的。C-有丝分裂活性和它在大多数化合物的水中的溶解度成反比，但是秋水仙素是一个例外，它高度溶解于水中，但是其至很低的浓度（0.5%）也能够阻止纺锤丝形成，并停留于中期，因此，可以获得大量的中期。

C-肿块的形成（C-tumour）导致根尖珠状肿胀的形成，由于丧失了极性，导致分裂的瓦解，这种效应可能独立产生，和 C-有丝分裂无关，虽然它经常与后者相伴而行。

Gavauden 将 C-有丝分裂化学物质分为两组：

①那些其中阈值跟随化学物质的物理性质。

②那些其中在化学反应阈值和水溶解性之间可以观察到很大的界线，说明与化学反应有关。

一个实例，其中甲氧基（methoxy）和乙醛（aldehyde）群在 C 环中的一个交换，形成异秋水仙素（iso-colchicine），后者没有 C-有丝分裂（秋水仙素阻断有丝分裂）的作用。

4. 多倍体的外部特性和生理学变化 关于外部特性，同源四倍体的特点是某种一定程度的巨大性（gigantism），茎秆、叶片、花和种子，体积都比通常的二倍体大，而且气孔增大。这些变异，经常非常动人，并且在生产观赏新类型方面有很大的重要性，这主要是由于这样的事实，即四倍体细胞是相当大的。通常，染色体数目加倍经常导致不同器官体积的增加，并且在许多情况下，但当然并非总是如此，使整个植株的体积都能增加。

再者，必须强调的是，首先四倍体是常常比较弱的，并且是不大调和的。而且，由于染色体数目的突然增加，导致多倍体减数分裂的质核比例的不平衡，在开始阶段是非常不规则的。通常的结果是产生高度的配子不育性。在开始阶段，多倍体经常求助于不经过受精的无融合生殖类型。这种方式，可以避免在配子成型阶段由于配子的不平衡导致的不育。逐渐地，在进化上，通过选择压力，常常会有核质平衡，分离进入规律性，多倍体有了能结实的种子而得以存活，最终是由初生四倍体衍生的四倍体经过一段时间的基因重组和选择就变得稳定并表现正常。

表 11-4　染色体数目改变的通常类型

类　型	染色体数目的改变	符　号
异倍体（heteroploid）	从 $2n$ 状态发生改变	
1. 非整倍性（aneuploid）	比 $2n$ 增加或缺失一条或几条染色体	$2n\pm$ 几个
缺体（nullisomic）	缺少一对染色体	$2n-2$
单体（monosomic）	缺少一条染色体	$2n-1$
双单体（double monosomic）	缺少 2 条非同源染色体	$2n-1-1$
三体（trisomic）	增加一条额外染色体	$2n+1$
双三体（double trisomic）	增加 2 条非同源染色体	$2n+1+1$
四体（tetrasomic）	增加一对额外染色体	$2n+2$
2. 整倍体（euploid）	染色体组数不同于 2	
一倍体（monoploid）	只有一个染色体组（genome）	x
单倍体（haploid）	有关种的配子染色体数目	n
多倍体（polyploid）		
同源多倍体（autopolyploid）	存在 2 个以上相同的染色体组	
同源三倍体（auto triploid）	具有 3 个相同的染色体组	$3x$
同源四倍体（auto tetraploid）	具有 4 个相同的染色体组	$4x$
同源五倍体（auto pentaploid）	具有 5 个相同的染色体组	$5x$
同源六倍体（auto hexaploid）	具有 6 个相同的染色体组	$6x$
同源八倍体（auto octaploid）	具有 8 个相同的染色体组	$8x$
异源多倍体（allopolyploid）	具有 2 个或更多个不同的染色体组，每一染色体组具有 2 个拷贝（copy）	
异源四倍体（allotetraploid）	具有 2 个不同染色体组，每一染色体组有 2 个拷贝 $2x_1+2x_2$	$2x_1+2x_2$
异源六倍体（allohexaploid）	具有 3 个不同染色体组，每一染色体组有 2 个拷贝 $2x_1+2x_2+2x_3$	$2x_1+2x_2+2x_3$
异源八倍体（allooctaploid）	具有 4 个不同染色体组，每一染色体组有 2 个拷贝	$2x_1+2x_2+2x_3+2x_4$

染色体数目加倍也有生理的效应（consequences），同源多倍体比相应的二倍体经常渗透压较低，细胞分裂速度较迟缓，营养生长时期较长，较低的渗透压经常导致抗霜能力降低。在有的情况下，也可以发现细胞的维生素含量以及化学成分的差异。

在生理效应方面，四倍体和原始二倍体材料相比，胚胎期形成的和发育的花数经常较少。通常，多倍体比二倍体更能抵抗温度和气候的压力。

5. 多倍体的重要性　多倍体在植物杂交方面是重要的，因为它增加了细胞的染色质含量。多倍体使基因内容的数量改变，这能有利地影响育种材料中的理想性状。多倍体在经济植物的进化上也起着重要作用。因此，对进化过程的认识不仅对追溯种的系统发育（phylogeny）和进化有帮助，并且对改进作物植株的杂交技术也有重要意义。

（1）多倍体在植物育种中的作用　当人工加倍染色体的技术确定以后，重新开始了许多经济作物的起源的调查。许多重要作物如小麦、燕麦、甘蔗、棉花、烟草，以及许多蔬菜和水果等都是多倍体。多倍体的重要效应之一是被诱导的多倍体花期（blooming season）的变更。因为有可能获得这样种的种间杂种，如果不然，这样的种由于季节隔离（seasonal isolation）以及由于花期不同而保持隔离的。

利用人工多倍体诱导，抗病性及其他理想性状已经结合于有些经济作物中。如普通烟草（*Nicotiana tabacum*）不抗烟草花叶病毒（TMV）病，而黏烟草（*Nicotiana glutinosa*）似乎能够抗烟草花叶病毒病。当这两烟草种杂交时，发现杂种抗病但是完全不育。当这一杂种的染色体数目加倍时，有可能获得一个可育的能抗病毒的多倍体。

许多多倍体植物品种已经选择并且进行栽培，因为它们的体积大，具有强有力并有观赏的价值。若干苹果、梨以及葡萄的品种已经生产出巨大的果实，具有很高的经济价值。

（2）多倍性在进化中的作用　多倍性和种间杂交相结合提供了自然界产生新种的机制并在进化上起了一定作用。在双二倍性（amphidiploidy）中已经讨论了不同的新种类型是怎样衍生的。在种间杂交中，主要有 *Primula floribunda*（$n=9$）和 *Primula verticillata*（$n=9$）杂交而获得的黄花樱草（*Primula hewesis*，$n=18$），毛地黄（*Digitalis purpurea*，$n=28$）和 *Digitalis ambigna*（$n=28$）杂交而获得的 *Digitalis mertonesis*（$n=56$）以及 *Spartina stricta*（$n=28$）和互花米草（*Spartina alterniflora*，$n=35$）杂交而获得的唐氏米草（*Spartina townsendii*，$n=63$），以上的研究证明了多倍性在进化中的作用。

有些经济上有重要意义的植物如水稻、小麦、棉花、烟草的起源在多倍性进化中是重要的。水稻（*Oryza sativa*）的染色体数是 $2n=24$，这是一个染色体基数是 $n=5$ 的典型次级异源多倍体的实例，目前的水稻栽培品种实际上是杂交后，继之以非整倍性与整倍性而获得的。小麦、棉花、烟草等的起源已经在前文中讨论。

（3）性状保持的媒介　多倍性在性状保持上起重要作用，也在进化上起一定的作用。异源多倍性可以借组合新的性状并在进化中的稳定而生产新种。一个隐性突变为了在同源四倍体中得以表现，4 个基因必须处于隐性状况，这是一个需要时间的过程。这样多倍体植物中的性状可以保持。

（4）多倍性及地理分布　多倍体植物可以比二倍体更能适应复杂的地理限制（diverse geographical limit），因此多倍体植物的地理分布范围大于二倍体。

同源多倍体不能产生新种，但是它们能容易地开拓一个新的繁殖领域，因为异源多倍体含有不同的染色体组，它们能够抵抗不同的环境条件。多倍体植物在不同环境中适应和抗衡的能力，使它们的地理分布广泛。

二、染色体的结构改变——染色体的变异

除染色体数目改变以外，个别染色体的结构也可能自发地改变或因诱导而变异，这样的变异可能导致基因数量的变异或者基因的重新排序（rearrangement），染色单体片断（segment）的断裂和重接导致许多染色体结构的改变（图 11 - 12）。

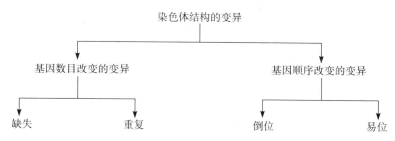

图 11 - 12　染色体结构变异的不同类型

结构变异的起源是由染色体的断裂而引起的。任何断裂末端可能和任何其他的断裂末端相联合，因而可能导致新的连锁排列（linkage arrangement）。在这过程中也可能发生染色体片断的丢失或增加。断裂端而后可能遵循 3 个不同的途径：

①它们可能保持不连接，最终导致该不包含着丝粒（centromere）的染色体片段的丢失。

②同一断裂端可能产生迅速重接或恢复，导致原来染色体结构的重组或重建（reconstitution）。

③一个特殊断裂的一端或两端可能和一个不同断裂所产生的断口相接合，发生交换或非重建结合。

由于断裂的数目、位置以及断点结合在一起的模式不同，就可能产生很多种的结构变异。为了鉴别染色体变异，初级与次级缢痕和总长度是有用的，但需要更多的标记。最初的植物染色体重新排列的细胞学证明是由 McClintock 在玉米中所建造的。

染色体结构变异有 4 种情况（图 11 - 13，表 11 - 5）：

①缺失（deficiency，染色体的部分丢失或缺失）。

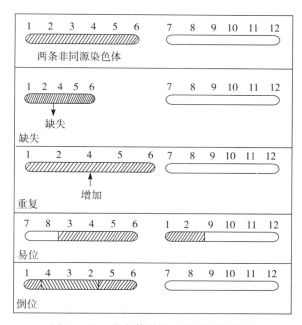

图 11 - 13　染色体结构变异的不同种类

②重复（部分染色体增加或重复）。

③倒位（inversion，部分脱离又反向重接）。

④易位（translocation，部分染色体脱离，并接于非同源染色体上）。

表 11-5 染色体结构变异的一般类型

类　　型	染色体结构的改变
1. 缺失（deletion）	缺失一条染色体的一段
顶端缺失（terminal deletion）	缺失的片段包括端粒（telomere）
中间缺失（interstitial deletion）	端粒和着丝粒之间的片段缺失
2. 重复（duplication）	一条染色体片段在同一细胞核中出现 2 个以上的拷贝
串联重复（tandem duplication）	增加的染色体片段正好位于正常片段的后面，基因次序相同
逆转重复（reverse duplication）	增加的染色体片段正好位于正常片段的后面，但增加片段的基因次序颠倒
置换重复（displaced duplication）	增加的片段位于同一染色体上但远离正常的片段
易位重复（translocation duplication）	增加的片段位于非同源染色体上
3. 倒位（inversion）	一个染色体片段含有的基因，其次序和正常的相颠倒
臂内倒位（paracentric inversion）	颠倒的片段不包含着丝粒
臂间倒位（pericentric inversion）	颠倒的片段包含着丝粒
4. 易位（translocation）	染色体片段整合到非同源染色体
简单易位（simple translocation）	染色体片段结合于一非同源染色体中
相互易位（reciprocal translocation）	一段染色体结合到一个非同源染色体，该非同源染色体又有一段结合到前一染色体

　　不同的染色体结构变异，倒位和易位只表现不同大小的染色体片段位置的改变，总染色体的质量（chromosome mass）没有改变。所有染色体片段均按原来剂量出现，但按新的方式分配，也就是有质的改变。如果发生短少、缺失以及重复（duplication），便会产生染色体组的（chromosome complement）数量的改变，某些染色体片段丢失或重复。结构纯合体（structural homozygote）是指缺失或重复的改变涉及 2 条染色体，这样的变异便称为缺失纯合体（deficiency homozygote）或重复纯合体（duplicate homo zygote）。如果一对染色体中只有一条染色体发生结构变异，便称为结构杂种和结构杂合体（structural hybrid or heterozygote，图 11-14）。

　　1. 缺失　缺失（deficiency or deletion）显示染色体物质的丢失并且是第一个用遗传证据证明的染色体变异，

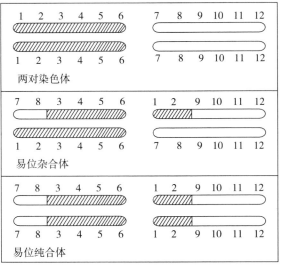

图 11-14　一个易位杂合体和一个易位纯合体的染色体结构

这一由 Bridge 于 1971 在果蝇（*Drosophila melanogaster*）上所提出的证据，显示缺少了一段包括 Bar 位点的 X 染色体，染色体缺失可以分为两类：

　　①顶端缺失（terminal deletion），在一个染色体末端附近有单一断裂，可导致顶端缺失。

　　②中间缺失（intercalary deficiency），如果发生两次断裂，一段染色体将缺失，便会形成中间缺失。

　　顶端缺失似乎比较不太复杂，并且比断裂两次的更容易出现。中间缺失的发生见图 11-15。杂合缺失（heterozygous deficiency），在减数分裂时形成一个二价体环，它可以在粗线期观察到（图 11-16）。

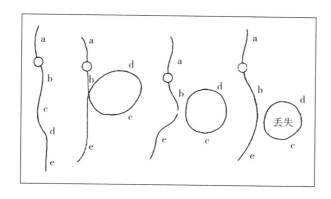

图 11-15　缺失的发生

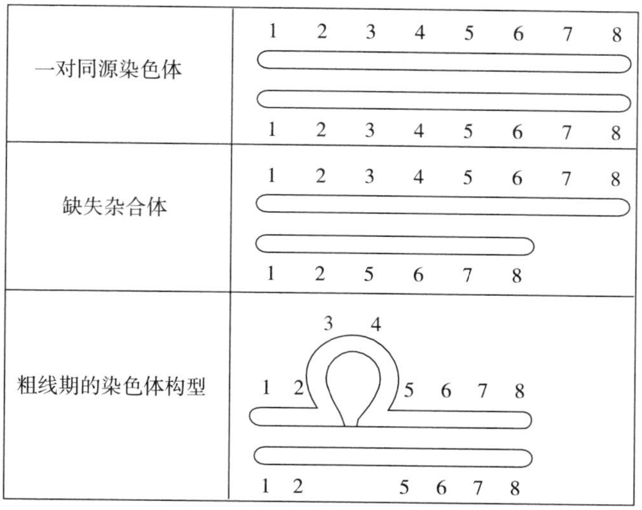

一对同源染色体	1　2　3　4　5　6　7　8 1　2　3　4　5　6　7　8
缺失杂合体	1　2　3　4　5　6　7　8 1　2　5　6　7　8
粗线期的染色体构型	3　4 1　2　　　5　6　7　8 1　2　　　5　6　7　8

图 11-16　一个缺失杂合体的染色体配对

　　染色体结构最为重要的畸变是一条或两条染色体臂的断裂（fragmentation）。染色体的断裂始于折断。该断片可能有着丝粒或没有着丝粒。无着丝粒的染色体片段通常是难以存活的，但是经常易位到其他染色体。有着丝粒的片段可能存活，但缺失了染色体臂。这样的有着丝粒的染色体片段经常通过物理和化学物质而诱致，如 X 射线和 8-乙氧基咖啡因。

缺失也有遗传上的效应。当存在缺失时，一个隐性基因的行为将如同显性基因，这种现象称为假显性（pseudodominance）。这一缺失性杂合体所呈现的假显性原则已经应用于果蝇特殊染色体上的基因的定位。染色体缺失使连锁图谱的校对（验证）很便利。丧失一小段染色体的体细胞可以生存，并且可以产生像它一样的其他的杂合细胞，每个都有一段丢失的染色体。表现型效应有时能证明那些细胞或身体的部分是由原来的缺失细胞传递而来的。如果缺失的细胞是一个配子，而后被一个带有无缺失的同源染色体配子受精，所形成的有机体的所有细胞将带有杂合状态的缺失。在缺失区域的非缺失染色体的隐性基因就可以自己表现出来。因此，杂合缺失通常会降低其一般的活力。

2. 重复　重复（duplication）呈现染色体部分的增加。有的染色体片段表现类似某种基因型方面的显性，有的类似隐性。其他片段表现中间性遗传（intermediate inheritance），而有的有累加效应（cumulative effects）。重复起源于不均等的交换（unequal crossing over）（图 11 - 17）。如果重复只出现在 2 个同源染色体中的一个，在减数分裂时（粗线期），可产生一个特殊的环（图 11 - 18）。

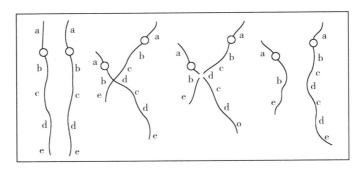

图 11 - 17　一个重复的起源

根据重复片段的位置，重复可以分为不同的类型：

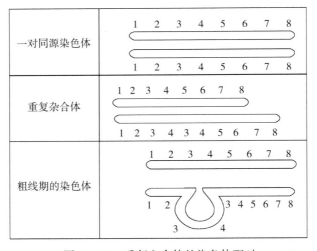

图 11 - 18　重复杂合体的染色体配对

①串联重复——毗邻区域（adjacent region）。

②同臂转移重复（displaced homo brachial duplication）——同一臂内的转移位置的重复。

③异臂转移重复（displaced hetero brachial duplication）——同一染色体的不同臂上。

④转座（转位）重复（transposed duplication）——在不同的染色体上。

⑤反向串联重复（reverse tandem duplication），重复的片段发现逆转重复（图 11 - 19）。

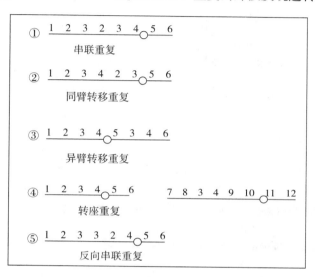

图 11 - 19　不同类型的重复

重复在果蝇 X 染色体 B 位点（棒状）观察到是有其重要性的，棒状眼的特点与正常眼睛形状相比较狭窄，这种表现型性状是由于染色体一部分的重复。棒状性状是由于 X 染色体（图 11 - 20）的 16A 区域的重复，棒状眼个体（16A16A）由于不正常交换（图

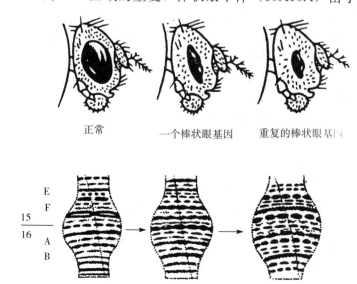

图 11 - 20　一个正常眼、棒状眼和一个具有相应染色体片段（唾腺染色体）的双棒状眼，显示重叠

11-21）产生超级棒状（ultra bar，16A16A16A）和正常的野生型（16A）。棒状眼在纯合棒状和杂合超级棒状个体中具有不同的表现型，虽然在每一种情况下 16A 染色体片段是保持相同的，这是由于位置效应（图 11 - 22）。

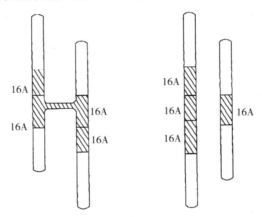

图 11 - 21　一种超级棒状眼情况，由于不等交换而形成

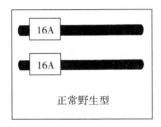
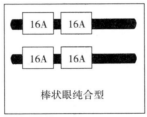
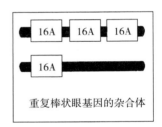

正常野生型　　　棒状眼纯合型　　　重复棒状眼基因的杂合体

图 11 - 22　显示位置效应的图解

在果蝇中有别的重叠，能导致下列表现型效应：

①染色体 4 的逆转重叠，导致显性无眼睛（Ey）。

②染色体 3 串联重叠，造成汇合（confluens，Co）导致静脉加厚。

③另一种重叠导致毛翅（Hw）。

3. 倒位　倒位（inversion）起源于部分染色体脱离，翻转 180°，而又按这样方式重新插入染色体，使原来的基因颠倒了（图 11 - 23）。

有些倒位可能是减数分裂前期染色线（thread）缠绕，以及此时染色体发生断裂的结

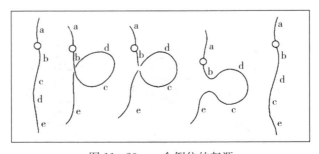

图 11 - 23　一个倒位的起源

果。例如，某一段染色体可能在两处发生断裂，这两处断裂可能由于染色体产生的一个环而十分靠近。当它们重接时错误的端点可能接合起来，环的这一边部分和原来接合的不同的那一端接合起来了，这样使那另外两个断点接合在一起，环内的部分便颠倒。

倒位可以分为两种类型：臂内倒位（paracentric inversion）和臂间倒位（pericentric inversion）。臂内倒位的倒位片段不包含着丝点；而臂间倒位则倒位片段包括着丝点。倒位可以通过减数分裂存活下来，并能分离成为活的配子。染色体配对在产生可育配子上是最主要的。因倒位而杂合的同源染色体完成减数序列的配对如图 11-24 和图 11-26 所示。这两类倒位的交换及相继时期的产物是不同的。

（1）臂内倒位（paracentric inversion）　在臂内倒位的倒位区域中，一个单交换或一个奇数的交换，可以形成双着丝粒（dicentric）染色体（具有 2 个着丝粒）和一个无着丝粒（acentric）的染色体（没有着丝粒）。在其余 2 条染色单体中，一条保持正常，另外一

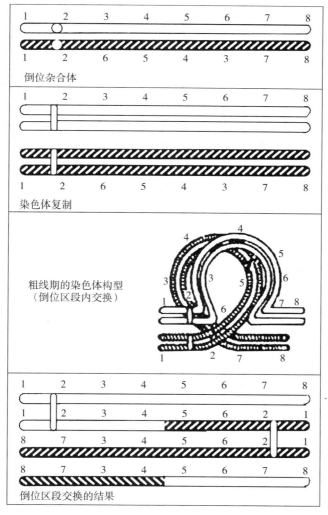

图 11-24　臂内倒位杂合体中染色体的配对和交换的过程
（根据 Gupta P K）

条带有倒位。双着丝粒和无着丝粒染色单体可以在减数分裂后期Ⅰ观察到，呈桥形和一个片段（图 11-25），倒位内外的交换可导致不同种类的缺失和重叠。

（2）臂间倒位（pericentric inversion） 在臂间倒位中所观察到的粗线期的形态和臂内倒位的相类似。但是交换的产物及减数分裂以后各期的形态则不同。4 条染色单体中 2 条将有缺失和重叠。没有形成双着丝粒桥或无着丝粒片段。

通过交换形成的 2 条染色单体具有缺失和重叠。具有这些染色体的配子没有功能并导致一定程度的配子或合子的致死性。植株显示花粉不育。唯一可以恢复的交换是双交换，而且任何两个基

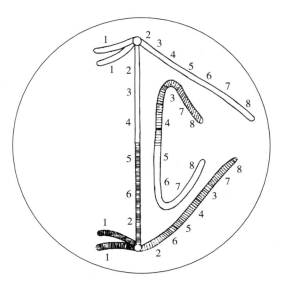

图 11-25　减数分裂后期Ⅰ双着丝粒桥和
一个无着丝粒片段

因间的重组频率大大降低，因此倒位被称为交换抑制因子（crossover suppressor）。这种倒位的性状已经被应用于生产检测与性联系的致死突变的 ClB stock 的 Muller。用一个倒位杂合体自交而获得 3 种不同的非交换后代（1∶2∶1）（图11-27）。

4. 易位　有时染色体的一部分发生脱离，而联结于非同源染色体上，这样就产生了易位（translocation），已经发现有 3 种易位类型。

（1）简单易位（simple translocation）　断裂部分联结在非同源染色体的一端。

（2）移动易位（shift translocation）　断裂的部分插入非同源染色体的中间。

（3）相互易位（reciprocal translocation）　属于两对不同染色体的部分发生交换（图11-28）。相互易位已在许多植物中有过描述，而在某些植物群中是进化的重要因素，如曼陀罗属和月见草属植物。易位不可能包括染色体物质的损失或增添，但是它们经常和缺失（deficiency）、重叠（duplication）等不平衡的遗传单位的组合相联系。如果易位出现在两条染色体中的一条，这就成为易位杂合体（translocation heterozygote）。在这样的植物中，含有易位的染色体间，正常配对成二价体便不可能了。由于同源染色体片段间的配对，在粗线期将看到包括 4 条染色体的十字形图像（四价体，quadrivalent）。4 条染色体在减数分裂中期Ⅰ的环形可以是下列 3 种定向中的一种（图 11-29）。

交替（alternate）：在交替起源中，交替染色体将起源于同一极（pole）。这可能获得像 8 的图形。

相邻Ⅰ（adjacent Ⅰ）：相邻Ⅰ起源，具有非同源着丝粒的染色体朝向同一极定向。换句话说，具有同源着丝粒的染色体将朝向相反的极定向，就可以看到 4 个染色体环。

相邻Ⅱ（adjacent Ⅱ）：在相邻Ⅱ定位，具有同源着丝粒的相邻染色体，将向同一极定向。获得 4 个染色体环。

交替分离（alternate disjunction）产生有功能的配子，相邻Ⅰ和相邻Ⅱ形成的配子带

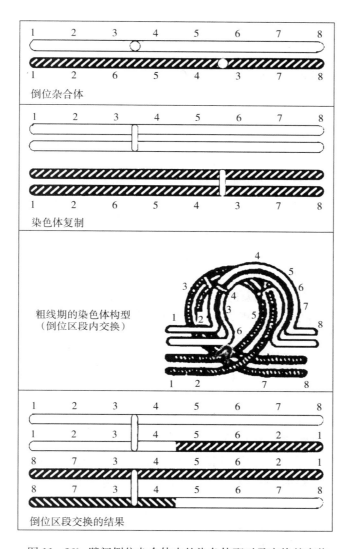

图 11-26 臂间倒位杂合体中的染色体配对及交换的产物
（根据 Gupta P K）

配子 雄 雌	正常配子	倒位配子
正常配子	正常	倒位杂合体
倒位配子	倒位杂合体	倒位纯合体

图 11-27 一个倒位杂合体自交所获得的后代

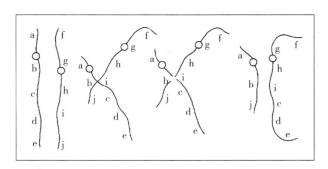

图 11 - 28　易位的产生

有重叠和缺失，因此，这些配子将没有功能或不育。所以，当一植株含有呈杂合状态的易位时，将会有一定程度的花粉不育。通过交替分离的易位杂合体，由于自花授粉获得 1∶2∶1 比例的不同后代（图 11 - 30），易位的第一个实例是在月见草中发现的，紫露草属（*Tradescantia*）和紫万年青属（*Rhoeo*）也有杂合状态的易位。

当易位涉及 2 个以上非同源染色体对时，可以获得含有 6 个、8 个或更多的染色体的减数分裂环。这种现象稀奇，并可以在月见草中广泛地看到。月见草具有以下的特征：

①有些月见草类型能产生新的遗传类型，其频率大大高于通常所期望的突变频率。

②许多月见草类型，如月见草（*Oenothera lamarckiana*）所产生的种子，其所生长的植株一般自花授粉时约 50% 致死，但和其他类型远系繁殖时则能充分成活。

③所有月见草类型有 7 对染色体。第一次减数分裂中期形态从 7 个个别二价体通过不同的环和二价体的组合直到单独的 14 个染色体环。

在月见草中，可以看到一个 12 条染色体的环而不是 14 个染色体的环。因为交替分离几乎只在这些环中观察到，一般看不到重叠和缺失，整个易位复合体在每一配子中作为一个单位分离。在月见草中，12 个片段的环形成 2 个复合体：3.4、12.11、7.6、5.8、14.13、10.9 以及 4.12、11.7、6.5、8.14、13.10、9.3（7 对中间着丝粒染色体的每一染色体的共 7 个臂的每一个记为 1.2、1.2、3.4、3.4、5.6、5.6……13.14、13.14）。每一个又带有分离二价体的 1.2 染色体。在杂合体中任何类型的分离都将产生不平衡的配子。因此 6 条染色体的每一复合体被认为一个连锁群，这两个连锁群（根据 Renner，图 11 - 31）称为 Gaudens 和 Velans。

月见草的平衡致死和平衡杂合性：月见草既不产生范伦/范伦（Velans/Velans），也不产生戈登/戈登（Gaudens/Gaudens）的同源染色体对，虽然两个纯合体的染色体是平衡的。显然，隐性致死体在 Velans 和 Gaudens 复合体中均有保存。因此，纯合组合是致死的，这一致死性影响接合子，因此一半种子是不能发芽的。配子和合子致死率只导致杂合体的生存。在配子致死性中，两类配子中只有一类在雄性中起作用，另一类配子对雌性起作用，因此只产生一种类型的后代，即杂合的。在接合子致死性中，两种类型的配子在雄性以及雌性方面都能起作用，但是纯合子后代由于隐性致死基因不能成活（图 11 - 32）。

和月见草相类似，同一种柳叶菜科（Onagraceae）的 *Rhoeo discern* 是一种结构杂合体（structural heterozygote），具有 12 条染色体的环。

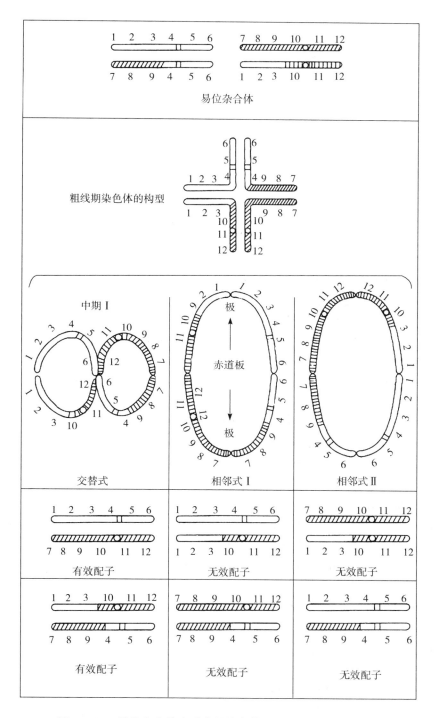

图 11-29 易位杂合体中形成的染色体配对和不同种类的配子

5. 染色体结构改变的效应 在大多数情况下，缺失的纯合性具有有害效应并导致死亡。

配子　　　　雄 雌	正常配子	易位配子
正常配子	正常	易位杂合体
易位配子	易位杂合体	易位纯合体

图 11-30　由于易位杂合体自交而获得的不同后代

重叠比丧失染色体物质具有更加理想的效应。即使在这种情况下，有一种染色体平衡的干扰（disturbance），有这样的例子，在大量的重叠下，结实性及生活力会减低。

月见草染色体易位能产生 50% 没有活力的种子。有活力的种子都是易位杂合体（平衡的致死系统）。在紫背万年青（*Rhoeo discolor*）中只有易位杂合体是成活的。在克拉花属（*Clarkia*）种 *Paeoria* 中染色体易位及正常纯合体也是常见的。有时，在月见草和紫万年青属（*Rhoeo*）中染色体按不规则方式分离产生新的易位，导致不同组合间的交换可能产生。所有这些改变均能产生可以辨认的表现型效应。

倒位出现的记录比易位的少。在无性繁殖的显花植物（flowering plant）中，如郁金香属（*Tulipa*）中经常有倒位的杂合体，在四叶重楼（*Paris quadrifolia*）中，每一植株似乎都有一个或几个倒位的杂合体。无性繁殖植物中常见倒位发生可能由于产生结构变异及其积累并无特殊的损害，它们的繁殖不受结构变异的影响。因为这些植物只靠或主要依靠无性繁殖方式，影响有性繁殖和结实的变异对它们并无重要意义。

6. 其他的染色体变异

（1）着丝粒合并和分裂　着丝粒合并（centric fusion）是一个导致染色体数目减少的过程，两个近端着丝粒染色体接合在一起产生一个中间着丝粒染色体，这一现象也称为罗伯逊氏易位（Robertsonian translocation，端点着丝粒易位）。解离（dissociation）或分裂（fission）是一个导致染色体数目增加的过程，一个中间着丝粒染色体（等臂染色体，通常是大的）和一个小的额外的中间着丝粒片段进行易位，因而产生了两个端着丝粒或亚中间着丝粒染色体。

合并和分裂是大多数动物及某些植物群在进化过程中染色体数目增加或减少的主要机制（图 11-33）。

（2）等臂染色体（isochromosome）　一种新类型的染色体可能通过着丝粒处的断裂（就是错分裂，misdivision）而产生。如图 11-34 所显示，两个端（点）着丝粒染色体可能分开而形成具有两个相同臂的染色体，也就是等臂染色体。这类染色体在辐射过的物质中已经产生。在减数分裂时它们可能和自己配对或者和正常的同源染色体配对。

（3）姐妹染色单体交换（sister chromatid exchange）　染色单体交换（互换）是一

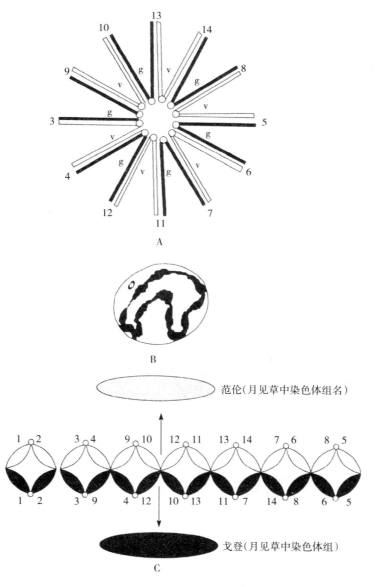

图 11-31 月见草在减数分裂时的染色体形态

A. 6 对易位染色体间配对的图示,产生 12 条染色体的环

B. 在粗线期 12 条染色体及一个二价体的表现

据 Velans 和 Gaudens 二组复合体的染色体臂阐释染色体的分离,这两组分别用 v、g 表示

(根据 Emerson)

条染色体的姐妹染色单体间 DNA 的互相交换(interchange),据推测包括 DNA 的断裂继之以凝集。应用普通细胞学方法姐妹染色单体的交换难以发现,因为染色单体形态上是一致的。

染色单体交换的研究:在重复循环中,加入 ^{3}H-胸(腺嘧啶脱氧核)苷,继之以另一个非辐射介质周期,应用 5-溴脱氧尿苷〔一种胸(腺嘧啶脱氧核)苷类似物〕可以使这

雄 雌	戈登 （月见草中染色体组）	范伦 （月见草中染色体组名）
戈登	戈登 戈登 致死	戈登 范伦
戈登	戈登 范伦	范伦 范伦 致死

图 11-32 月见草中的平衡致死体系（合子致死性）

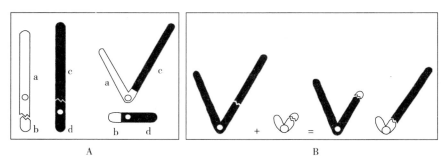

图 11-33 着丝粒合并与分裂

A. 新的 V 形（中间着丝粒）染色体的形成，通过 2 个非同源的
近端着丝粒染色体的着丝粒并合，bd 片段丢失

B. 解离（dissociation）：一条中间着丝粒染色体和一个小的额外染色价进行易位，
形成 2 条染色体（端着丝粒染色体和中间着丝粒染色体）

一现象的分析大为方便，它可以加入到重复细胞的 DNA 中去，而不是原来的碱基。如果 5-溴脱氧尿苷继之以荧光染料（Hoechst 33528），含有 5-溴脱氧尿苷片段的荧光（fluo-rescence）和原有基质的那些相比将大大减低。更进一步，用吉姆萨（Giemsa）染料染色也有相似地减低。

然而，应用这一技术不能发现染色单体交换是自发地进行的，还是由 5-溴脱氧尿苷所诱致。虽然，这对于区分具有染色体脆性特征的各种遗传疾病有帮助，染色体的脆弱性有增加姐妹染色单体交换的频率，并有与瘤形成相联系的趋势。这些疾病中有些推测是和 DNA 修复中的缺点有关。

姐妹染色单体交换在研究染色体的诱变效应时也有其重要性。各种烷化剂诱变药物如丝裂霉素 C 和氮芥子，能产生大量的染色单体的断裂和交换。姐妹染色单体因诱变和致癌作用而交换的亲密联系可能有重要的医用含义。

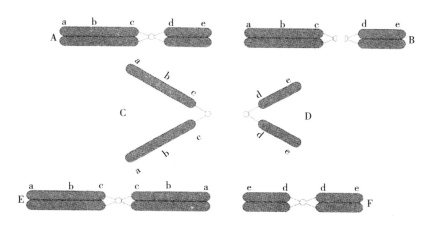

图 11-34 等臂染色体的形成

A. 原来的染色体 B. 有丝分裂后期开始时着丝粒的错分裂
C、D. 染色单体展开成为 2 条等臂染色体 E、F. 在下一次分裂时，出现两个完全的等臂染色体。注意，在每一等臂染色体中，染色体臂表现相同的遗传结构

三、染色体畸变的重要性

染色体畸变（aberration）在生物进化上发生一定作用，在遗传分析上也有重要性。

1. 在进化上的作用 研究不同种的染色体组型（核型）揭示了关于植物界（plant kindom）的有趣事实。已经证明，野生群体中的个体，在一定程度上是细胞学和遗传学杂合的。在有些事例中，甚至即使基因是一致的，由于染色体片段的改变，它们可能按不同次序排列，这些改变和种的进化有重要的关系。

观察染色体组织以及个体、种、属和主要系统群的不同的染色体组型（核型）（karyotype）证明染色体畸变和进化过程有联系。一个最为经常的进化的起因是由于染色体畸变而产生的基因次序的改变。

因此染色体畸变在进化中起着极其重要的作用，因为它们在自然群体中产生变异。自然选择保持像月见草、曼陀罗、紫万年青属（Rhoeo）、克拉花属（Clarkia）、风铃草属（Campanula）等植物总的染色体改变的多态性（polymorphism）。相互易位与染色体交替分离保证杂合性的保持并防止致死基因的表现。重叠保证单剂量生存的基因的保存。倒位防止同源部分的配对并抑制交换。

2. 遗传分析上的作用 染色体畸变在遗传分析上很有帮助，玉米的易位系用于证明染色体部分的细胞学交换导致遗传重组，在不同作物种内、易位、重叠和缺失已用于基因位点的制图。

3. 植物育种中的作用 染色体畸变导致连锁关系的改变而这已经应用于育种试验。

四、染色体片段及其畸变的鉴定

染色体结构的畸变不管怎样可以通过染色体组型的比较分析加以检验。大体的染色体改变及其位置（location）可以方便地通过阐明染色体的详情细节及其与没有改变的染色体组型（核型）相比较加以研究。研究减数分裂也提供有力的检测方法，假如改变适合于诱导减数分裂行为中可以检测的改变，检测的方法包括为了倒位片段的倒位桥，缺失而形成圈，以及为了易位杂合体而形成环（ring）。多价体（multivalent）的形成也清楚地证明染色体的重叠，减数分裂分析可以提供清楚地证明染色体已经进行影响它们结构的改变。

另外，还有许多改进的方法，通过这些方法，更细的染色体片段可以用微观的（显微镜的）方法加以区分。这些方法可以检测微小的染色体片段，这些片段难以通过染色体组型（核型）粗线期分析（pachytene）或详细的减数分裂研究而加以解决。现在广泛应用于检测染色体组畸变的两种方法是染色体显带和原位杂交（in situ hybridization，ISH）。

1. 染色体显带　通常在特殊区域、特定水平上观察到的染色体有差异的显带模式最初是在人类染色体片段的分析中发展出来的。这些带是在荧光显微镜下低的或高强度的区域，或在光学显微镜下作为不同区分的染色区域而看到的。这些方法当时首先扩展到不同的动物而后到植物的染色体。

分子杂交草案，就是细胞学水平的变性作用，如果随之以复性作用并用不同染料染色，特别是吉姆萨染剂，会在相同的染色体片段产生强烈的正向反应，否则它会显示重复DNA。显然，这样的处理能够展现（露出）染色体的重要片段。这一显带继之以变性作用—复性作用以及吉姆萨染色，称为 C-显带（C-banding）。

较早时期，Caspersson 等记载了不同染色体片段有差异的荧光，继之用不同的荧光染色（奎吖因，quinacrine），用紫外光显微镜观察并成功地应用于构成人类染色体组型分析带型。这些带型称为 Q-带，其他荧光也产生带型，如与 Q 相类似的 Hoechst 33528 以及相反的溴化乙锭（ethidium bromide）。每一染色体的带型都是独特的，如手指纹（fingerprints）。一个分类单位除了微小的变异，分带通常是一致的。许多别的化合物也能产生和荧光带相一致或不同的带。根据不同的原则，这样的不同带型，通常在特殊染色体的特定区域可以观察到，并正在更多地应用于检定染色体。

根据于 1971 年在巴黎会议上所采用的染色体带的命名，确认了人类染色体的下列带型。

Q 带——应用奎吖因染色及荧光染料染色。

G 带——在适当预处理后用吉姆萨及有关染料的技术染色。

R 带或反 Q 带的定带——经过加热到 87℃后，用吉姆萨染剂染色。

C 带——为了构成异染色质，由变性作用和复性作用加以说明。

E 带——由根据 Lejeune（1973）所分类的酶消化（enzymic digestion）所产生，表现膨胀和收缩的区域和 G 带的黑暗或不明显的区域相对应。

相同的命名可以应用于其他真核生物染色体中所观察到的带型模式。其他的染色体带型包括：

CT-带——经过氢氧化钡、培育及 "Stain All"（含染色染料）（4，5，4′，5′-dibenzo-3，3′-diethyl-9-methylthiacarbocyanine bromide）处理后着丝粒和端粒片段所表现的带。

N-带——在核仁组成区，可能由于酸性蛋白质。

O-带——主要为植物染色体，用地衣红（orcein）染色，中间的及着丝粒异染色质显示带（Sharma，1975）。

上述所有分带方法可以清晰地显示染色体片段的差异从而易于在显微镜下分析。这一技术可以鉴定具有特殊分子的复杂性的染色体片段，如重复顺序（repeat sequence），改变或未改变的不同基因型之间分带的比较，可以使已经进行改变的片段进行定位。显带的重要性可以借这些确切的事实加以判断，逆转带（reverse banding）的 R-带型已应用于人类染色体的基因顺序的作图。

2. 原位杂交　除了染色体分带以外，不同染色体片段和基因位点在显微镜水平上的定位和作图（图谱定位），现在已广泛采用了分子原位杂交技术。在分子原位杂交中主要应用由放射性同位素荧光化合物或一个化学报告分子（chemical reporter）所标记的探针序列。初始的步骤是目标染色体 DNA 的变性（denaturation），大多数在中期（metaphase）以便于探针接近目标。继之以与互补序列探针杂交以便进行重退火（reannealing）或配对。探针的互补序列有选择性地在目标位点凝合。杂交的位点局限于通过放射自显影术或免疫荧光以及由特殊染料进行细胞学检测的复染色（counterstaining）。原位杂交技术最初由 Padue 和 Gall 所发展，而后由不同学者所修饰（modified）。

荧光原位杂交（FISH）现在是最有力的技术，通过它染色体的目标位点与由荧光化合物标记的互补探针序列杂交。在植物染色体中有两种途径，即直接或间接的荧光原位杂交技术。在间接方法中探针由报告分子（reporter molecule）进行标记，如生物素（biotin）、洋地黄毒苷（digoxigenin），而最后它们的荧光色素与如抗生素蛋白等抗体相结合而定位。这一方法的主要原理是使探针目标的序列作为抗原（antigenic），因此，它可以通过抗体进行检测。普通的荧光染料是异硫氰酸荧光素（fluorescein isothiocyanate，FITC）以及碱性蕊香红。在直接方法中，探针直接对荧光素标记的抗体进行标记。用荧光色素以探针直接标记是保证良好结果的快速方法。

如果这一技术应用于总的基因组探针，其植物具有多基因组结构，亲本的染色体可以直接在杂种中进行鉴定，如小黑麦（triticale）的亲本小麦属（*Triticum*）和黑麦属（*Secale*）。因此基因组原位杂交的方法也称为基因组原位杂交 GISH（genome in situ hybridization）技术。

不同探针的不同色彩组合的荧光原位杂交，现在应用于同时检测不同的基因组或染色体片段，将该技术扩展，也可以称为多色荧光原位杂交（multicolor FISH）。这一方法已经用于检测小麦属和山羊草属植物（*Aegilops*）多倍体种若干易位点和插入点。多色荧光原位杂交技术现在被用于基因作图（gene mapping）以及检测，包括插入和具有特殊染色体或特殊基因组分散探针的断点的反常性。

染色体作图（chromosome painting）这一名词应用于荧光原位杂交技术，其中应用染色体特殊分散探针以便检测在组合中互补标的序列的定位。荧光原位杂交技术在最近几年中作了进一步的改进。

应用初级调节扩展及借聚合酶链式反应（PCR）方法的原位扩增可以定位单独样本或串联序列。这一方法也应用于转基因个体中外来基因在染色体水平上的定位。

■ 小结

一个生物体的所有遗传信息的染色体组或基因组，它的正常配子或合子核中的染色体组的变更可能是数量的或结构的。无论数量或结构变化都有各种类型。

数量变更可能是染色体基本组的直接加倍，这是整倍性；或者是不同的基本组，这是非整倍性（aneuploidy）。非整倍性包括染色体的缺失，如单体性（$2n-1$）和缺体性（$2n-2$）。此外，个别染色体可以进行重复，如三体性（$2n+1$）和四体性（$2n+2$）。

在整倍体中，整个单倍组的成倍增加称为同源多倍体，如同源四倍体（$4x$）、同源六倍体（$6x$）等。另外一类多倍体称为异源多倍体性，在多倍体种内包含 2 个或更多个染色体组。某些作物种如小麦、棉花等是异源多倍体，是由 2 个或更多个基因组杂交而产生的。

除此以外，还有片段异源多倍体，它们中不同的染色体组可能在染色体片段上有部分相似性，或可以称为部分同源染色体。它们的配对称为部分同源配对。

同源多倍体的特点是在减数分裂时多价体的形成，四倍体中四体的遗传，以及配子的不平衡性，初期的高度不育性。异源多倍体也显示异常的减数分裂，但通过相同基因型的染色体间的配对，育性会逐渐恢复，最常见的异源多倍体是整套染色体的倍增，在杂交前或后出现。它们在减数分裂时能显示有规律的二价体的形成。最常见的双二倍体（异源四倍体）的实例是棉花。有几个诱导的属间和种间水平的异源多倍体，如萝卜甘蓝、黄花樱草、普通小麦和鼠瓣花（*Galeopsis tetrahit*），天然的同源多倍体是相当罕见的，如在水杨梅属植物 *Geum dphylla* 中以及在进化过程中，同源四倍体通常与微小的结构改变相联系以保证结实性，同源四倍体在初期阶段经常与无融合生殖相联系，这是没有受精的生殖。

在种的进化过程中，异源多倍体的重要性是高度有意义的，而且大多数多倍体种都经历过染色体结构或基因组的微小的改变，以便生存于自然界。由于基因剂量的增加，多倍体显现了性状的巨大性，以及异源多倍体组合了不同染色体组的理想的性状。在农业及园艺界，广泛地实施染色体数目倍增以及杂交，以便诱致同源异源多倍体。个别染色体的倍增如三体性、四体性；或缺失，如单体和缺体，已应用于基因序列的作图和基因转移。

鉴于多倍性的重要性，已经应用了一些方法以便诱导多倍体。最广泛应用的化学药剂是秋水仙素。主要应用于种子或茎尖，其作用的机制在于纺锤丝活动被抑制（C-减数分裂），导致染色体不分离和染色体数目加倍的细胞的形成，除了秋水仙素外，若干其他化学剂如水合氯醛及 gammexane 也已应用。

与进化有关的最重要的染色体变异是结构变异。这样的变异可能包括重复、缺失、倒位和易位，表现这种结构变异的杂种，包括缺失、重复、倒位和易位的称为结构杂合体。最常见的结构杂合体的实例是月见草和 *Rhoeo discolor*。在月见草中，没有纯合的组合成活，因而应用了平衡杂合体或平衡致死这样的名词，倒位和易位的减数分裂行为非常特殊，倒位显示倒位桥，而易位在杂合体中出现环状染色体。

另一类染色体结构变异包括着丝粒并合和着丝粒分裂，表明着丝粒的融合和着丝粒区域的横向分离，前者由于两个端粒染色体的融合而产生等臂染色体，这一名词用做罗伯逊氏易位，而后者从一个等臂染色体，导致 2 条端粒染色体，而端粒染色体可能产生具有 2 条相同臂的等臂染色体。姐妹染色单体交换是另一种涉及姐妹染色单体间 DNA 互换的变异类型。这样的互换经常根据突变剂的效应进行研究。

染色体片段的鉴定，正常或异常的，可以通过染色体显带和分子原位杂交进行。染色体显带技术可以通过紫外线以及特殊的染色体染剂加以检测。原位杂交利用同位素或非同位素化合物所标记的特殊探针的应用，去检测目标基因序列，根据 DNA 的补充序列的杂交。用荧光化合物标记的探针与标记的 DNA 杂交称为荧光原位杂交。如果，整个染色体组已经标记，就应用染色体组原位杂交这一名词。两种技术近来在作物种间广泛应用，为了检测特殊的基因位点，断点、易位、缺失、重复。已经证明在包括小麦和黑麦的许多作物中分析基因组（染色体组）和系统发育是非常有用处的。

第十二章　突　变

遗传以繁殖过程中由亲代到子代确实可靠地传递的基因为基础。已经揭示了不同的机制促使遗传物质（讯息）可信地代代相传。但是，遗传物质的"讹误"或变异难免出现。这种突然发生的遗传物质的可遗传的变异称为突变（mutation）。

Hugo de Vries 应用突变这一名词描述可以遗传的表现型变异。突变这一名词既指遗传物质的改变也指变异发生的过程。一个有机体由于发生突变而呈现新的表现型称为突变体（mutant）。然而，突变这一名词经常用于相当严格的意义，只包括在分子水平上改变基因化学结构的变异。这些变异通常称为基因突变（gene mutation）或点突变（point mutation）。显示具有特殊碱基序列的特殊 DNA 片段的基因称为具有特殊密码序列的信使 RNA（mRNA）。

密码子（codon）是三联体，被翻译成一定氨基酸序列的蛋白质。突变包括通过 RNA 反映蛋白质中的 DNA 碱基序列的改变。

一、突变的类型

1. 形态学突变　形态学突变（morphological mutation）包括形态的改变，如颜色、形状、大小等，如脉胞菌属（*Neurspora*）白化子囊孢子、玉米籽粒色、果蝇的卷翅及豌豆的矮态（侏儒）。

2. 致死突变　致死突变（lethal mutation）包含导致个体死亡的基因型变异。如植物中由于叶绿色缺失而导致的白化突变（albino mutation）。

3. 生物化学突变　生物化学突变（biochemical mutation）由一个缺失（deficiency）加以鉴定，因此这一缺失可以借突变体所缺失的营养物质或任何其他化学混合物加以克服。这样的突变已在细菌和真菌以及人类血液失常中进行过研究。

4. 抵抗突变　抵抗突变（resistant mutant）可能借助在有抗生菌（antibiotic，如链霉菌、氨苄青霉素、放线菌酮）或病原菌（pathogen）存在时突变体生长的能力加以鉴定，对这些物质野生类型都是感染的。

5. 条件突变　条件突变（conditional mutation）指那些突变型的表现型只能在一定的条件（如高温）下才能表现，在称为可容许条件的正常条件下，突变型表现为正常的表现型。

6. 体细胞生殖细胞突变　在发育的有机体中，突变可能出现在细胞周期（cell cycle）的任何时期的任何细胞中。如果突变出现在有机体的体细胞中，突变立即生殖像自身那样而不是整个有机体的其他细胞。当这些细胞发育成新的个体，称为体细胞突变（somatic mutation）。然而，当突变发生于生殖细胞时，它可以产生一个完全新的有机体，而这一类的突变称为生殖细胞突变（germinal mutation）。

7. 错义突变　错义突变（missense mutation）是指另一种氨基酸替代多肽链中的一种氨基酸。由于突变密码子中的一个碱基可能被另一碱基所取代，被改变的密码子而后可能编码另一氨基酸。

8. 无意义突变　在 64 个密码子中 61 个密码子是氨基酸密码子。而 3 个是终止密码子，它们并不详细规定任何氨基酸。3 个终止密码子是 UAA（三联体密码突变）、UGA（非线粒体 mRNA 的一种无意义密码子）和 UAG（琥珀一种无意义的密码子）。突变导致编码氨基酸的密码子改变为终止密码子，这种突变称为无意义突变（nonsense mutation）。如果密码子 UAC（L-酪氨酸密码子）进行碱基替换（C→G），变为 UAG，就是一种终止密码子。无意义突变导致多肽合成的终止。其结果，多肽是不完全的。这样的链似乎生物学上是不活跃的。无意义突变导致合成的酶有很大的改变，而这样似乎对表现型效应存在有害的影响。

9. 沉默突变　没有导致表现型变异的突变称沉默突变（silent mutation）。沉默突变有不同的类型：

①遗传密码简并，也就是，多于一个密码子可以编码同一个氨基酸，所以，当一个发生过突变的密码子编码像原来一样的氨基酸时，氨基酸就没有改变了。

②密码子的改变可以导致一个氨基酸的替换（substitution）但不足以充分地修饰蛋白质功能到一定程度。

③突变可能出现在一个无功能的基因上。

10. 抑制突变　抑制突变（suppressor mutation）是指突变的表现型的效应可以逆转（reversed），因此原来野生类型的表现型又重复了。在不同地点的第二次突变中和了第一次突变的效应。

二、自发突变与诱致突变

突变可能在自然界自发产生。它们可能真正的自发产生，可能是由环境因素导致。诱致突变是由于暴露于诱变因素（如离子化辐射，紫外线，以及各种和基因发生反应的化合物）而产生的突变。

突变的诱导（induction of mutation）：突变可以人工利用诱变剂（mutagenic agent，mutagen）诱致，诱变剂可以大致分为物理诱变剂（physical mutagen）和化学诱变剂（chemical mutagen）（表 12-1）。

（1）物理诱变剂　物理诱变剂包括各种辐射线，X 射线的诱变效应最初由 Muller 和 Stadler 所证实。辐射可能有离子化作用（电离作用）或者没有。电离辐射可能导致电离作用（离子化）并可以从它所攻击的原子中排出一个电子。X 射线、γ 射线、β 射线以及中子（neutron）都是用于诱致突变的普通电离辐射，非电离辐射像紫外线（UV）并不能导致离子化（电离作用），但能通过能量的转移而导致兴奋刺激。诱变剂的效应决定于它的波长和透入度（外显率），这两者的相互关系是相反的。紫外线和 X 射线的诱变机制在后面讨论。

（2）化学诱变剂　　Auerbach 首先在果蝇中证明突变可以用某种化学制剂加以诱致。而后 Oehelkers 证明植物中有相同的效应。到目前已明确有一系列化学物质能够诱致植物和动物的突变。大多数化学物质甚至某种来源的水分子可能诱致代谢的反常和突变。就这一点而论，任何商业或医药产品，在发放以前，对其诱变效应该加以测试，芥子气（mustard gas）、EMS（甲基磺酸乙酯）已广泛地应用于诱致突变。这些化学诱变剂的突变机制在后面讨论。

表 12 - 1　不同的物理和化学诱变剂

物理诱变剂	化学诱变剂
1. 非电离辐射	1. 环乙亚胺
紫外线	乙烯亚胺（E1）
2. 电离辐射	2. 芥子
（1）电磁射线	氮芥子气
X 射线	硫芥子气
γ 射线	3. 亚硝胺
（2）微粒射线	二甲基亚硝胺（DMN）
β 射线（电子）	亚硝基胍（NG）
质子（H 核）	亚硝基-N-甲脲（NMU）
中子	4. 环氧化物
α 射线（He 颗粒）	氧化乙烯（环氧乙烷）（EO）
其他重粒子	双环氧丁烷（DEB）
	5. 磺酸直链烷酯
	硫酸二乙酯（DES）
	甲基磺酸甲酯（MMS）
	甲基磺酸乙酯（EMS）
	亚硝酸
	马来酰肼
	肼、酰肼
	羟胺

（3）其他诱变剂　　除此以外，低 pH 和高温可能诱致突变。突变率也受有机体的年龄影响。

三、突变的分子基础

（一）突变产生的方式

1. 碱基对替换　　碱基对替换（base-pair-substitution）导致 DNA 修饰或复制时错误的碱基对的结合（并入）。在碱基对改变时，三联体密码子的一个碱基被另一碱基替换，成为改变了的密码子。如果原来的阅读框架是 CAT GAT CAT GAT CAT，在第三个密码子中 A 被 G 所替换就将成为 CAT GAT CGT GAT CAT。

人类镰刀细胞贫血病是由于碱基对的替换而产生的，是一种点突变。这种人体的红细胞（RBC）含有不正常的血红蛋白并延伸成为镰刀形，这是可遗传的，并呈现隐性遗传。

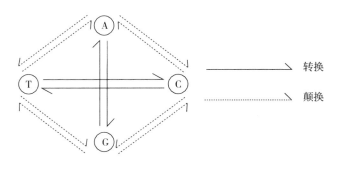

图 12-1 碱基对替换类型

碱基对替换主要可以分为两种类型（图 12-1）：

（1）碱基转换 碱基转换是指一个嘌呤被另一个嘌呤所替换，或一个嘧啶被另一个嘧啶所替换。

（2）碱基颠换 碱基颠换是指一个嘌呤被一个嘧啶所替换，或者一个嘧啶被一个嘌呤所替换。

2. 移码突变 一个或几个核苷酸的缺失或插入引起的突变称为移码突变（frame shift mutation）。阅读框中有一个或二个核苷酸作向前或向后的变动（移动），增添或减少一个或两个碱基将导致新的密码子的编序，它可能编码为完全不同的氨基酸，而使蛋白质经常失去功能。如果编码序列的改变涉及 3 个核苷酸，所形成的蛋白质是正常的，只是可能缺少一个氨基酸，或者可能含有一个额外的氨基酸。如果原来的信息或解读密码是 CAT GAT CAT GAT CAT GAT，在第七位置上缺失碱基 C，编码次序将改变为 CAT GAT ATG ATC ATG AT，相似地，如果在相同位置上插入一个碱基 G，信息序列将改变为 CAT GAT GCA TGA TCA TGA T。

（二）突变机制

1. 自发突变的机制 所谓自发突变是由于错误的复制而导致的突变。所有 DNA 的 4 个普通的碱基（腺嘌呤 A、胸腺嘧啶 T、鸟嘌呤 G、胞嘧啶 C）都能以多种形式存在，也就是以互变异构体类型（tautomeric form）的形式出现。正常的 DNA 碱基通常按照"酮基"和氨基的形式出现。由于互变异构重新排列，它们可以转变为"烯醇"形式和"亚胺"形式，其中电子的分布稍有不同（图 12-2）。

正常的 DNA 碱基对是 A（腺嘌呤）＝T（胸腺嘧啶）和 G（鸟嘌呤）＝C（胞嘧啶）（图 12-3）。但是，在互变异构形式中可能是不正常的碱基配对，如胸腺嘧啶＝鸟嘌呤（T＝G），腺嘌呤＝胞嘧啶（A＝C）等（表 12-2、图 12-4）。

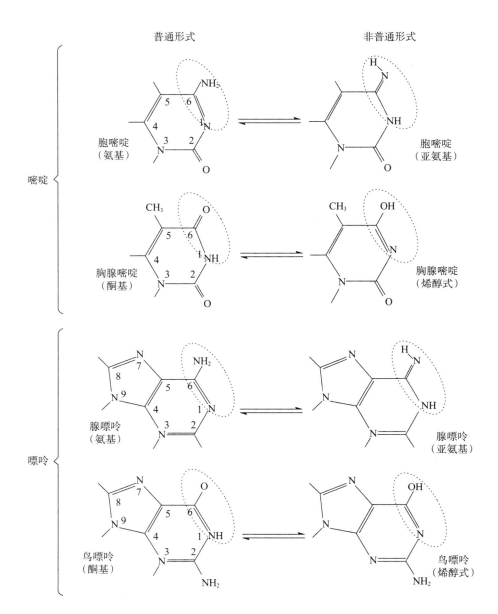

图 12-2 DNA 碱基的非普通形式

表 12-2　4 碱基的正常配对及互变异构配对

正常碱基		配对碱基	互变异构碱基		配对碱基
A	→	T	A	→	正常 C
G	→	C	G	→	正常 T
T	→	A	T	→	正常 G
C	→	G	C	→	正常 A

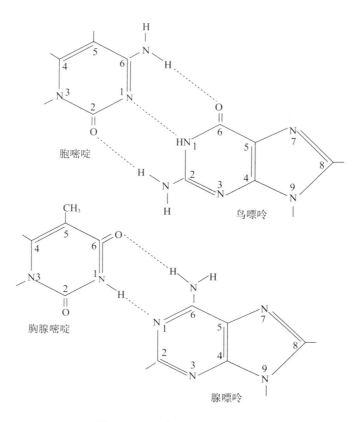

图 12-3　正常的碱基配对形式

这种碱基配对方式导致 DNA 链的错误复制，在有些后代中会产生突变（图 12-5）。

除复制"讹误"以外，自发损害（spontaneous lesion）也能产生突变。两种最常见的自发损害是由脱嘌呤作用（depurination）和脱氨基作用（deamination）引起的。脱嘌呤作用更加常见，开始时碱基和脱氧核糖之间的糖苷键（glucoside bond）发生中断，继之从 DNA 链上脱去鸟嘌呤或者腺嘌呤的残留物（residue）。这些脱嘌呤点不能具体说明一个弥补原来嘌呤的碱基。然而，有效的弥补体系可以除掉脱嘌呤位点（apurine site）而能稀少地出现突变。胞嘧啶的脱氨基作用产生尿嘧啶。尿嘧啶残遗在复制过程中可以和腺嘌呤配对，导致鸟嘌呤和胞嘧啶（G＝C）配对转变为腺嘌呤和胸腺嘧啶配对（A＝T）。

2. 诱致突变的机制　诱致突变至少有 3 种不同的机制，它们既可以代替也可以改变一个碱基，导致该 DNA 的错误配对（mispair）或伤害（damage）。

（1）碱基类似物的掺入　有些化合物和 DNA 的氮素碱基相类似，因此它们偶尔会代替正常碱基掺入 DNA 中，这种化合物称为类碱基（碱基类似物）（base analogue）。这些类碱基，一旦进入 DNA，有和那些被替换（替代）了的碱基不同的性状，在复制时插入了和与原碱基相反的错误的碱基而导致突变。经常发现的嘧啶类似物是 5-溴尿嘧啶（5-bromo uracil，5-Bu）或 5-溴脱氧尿苷（5-bromo deoxyuridine，5-Brdu）。它可能和嘌

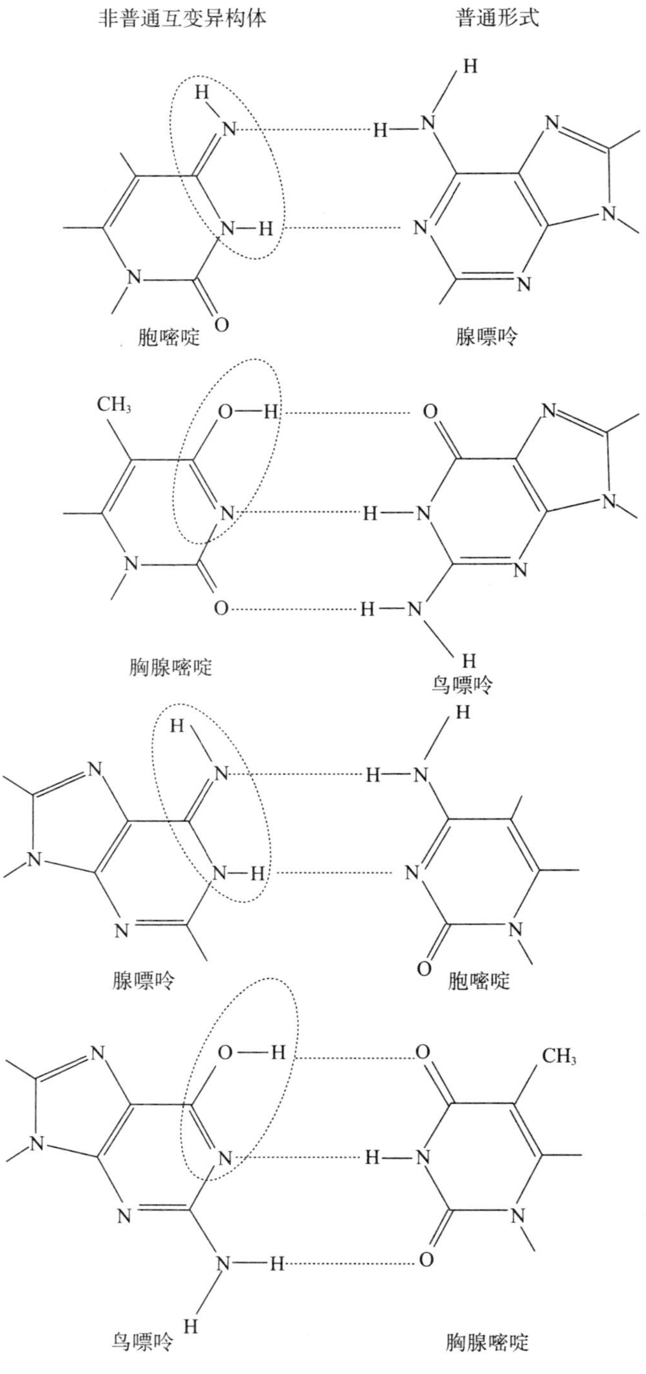

非普通互变异构体   普通形式

胞嘧啶   腺嘌呤

胸腺嘧啶   鸟嘌呤

腺嘌呤   胞嘧啶

鸟嘌呤   胸腺嘧啶

图 12-4   DNA 碱基互变异构体的配对

吟（腺嘌呤、鸟嘌呤）相配对。嘌呤类似物包括 2-氨嘌呤（2-aminopurine，2-AP），它可以和嘧啶（胞嘧啶、胸腺嘧啶）配对（图 12-6、图 12-7）。

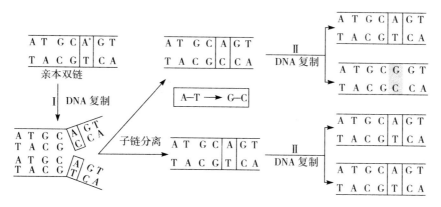

图 12-5 由于互变异构变动的 DNA 错误复制

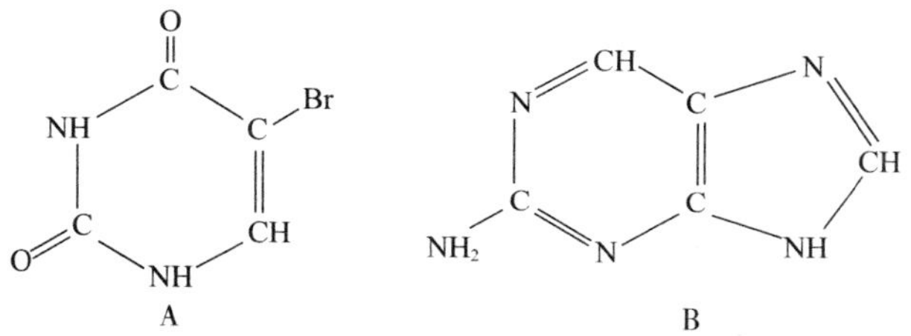

图 12-6 碱基类似物

A. 5-溴尿嘧啶 B. 2-氨基嘌呤

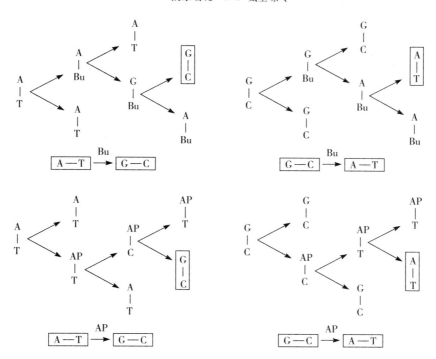

图 12-7 由于碱基类似物的掺入，复制时碱基对发生改变

（2）碱基改变及特殊的错误配对　有的诱变剂并不掺入 DNA，而是改变碱基导致错误的配对。这种诱变剂包括烷化剂（alkylating agent）、羟胺（hydroxylamine）及硝基氧（nitrous oxide）。

①烷化剂（alkylating agent）。烷化剂包括甲基磺酸乙酯（ethyl methane sulphonate，EMS）、亚硝基胍（nitrosoguanidine，NG）、二甲基磺酸酯（盐）（dimethyl sulphonate，DMS），它们以不同方式改变 DNA。

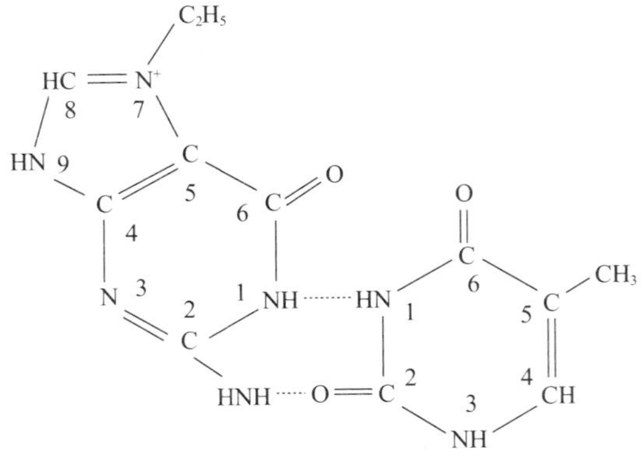

A. 碱基的烷基化（烷基取代）增添了烷基群（alkyl group）。如果是 EMS 增添乙基群（ethyl group），如果是 NG 增添甲基群（methyl group），所有 4 个碱基都能在许多位置有所增添（图 12-8），这导致

7-乙基鸟嘌呤　　　　　胸腺嘧啶

图 12-8　烷基化的鸟嘌呤与胸腺嘧啶而不是与胞嘧啶配对

胸腺嘧啶的直接的"讹误"配对，而在下一轮的复制中导致 G—C→A-T 的转变。

B. 糖基连锁或糖磷酸连锁水解，从 DNA 分子释放碱基，这将引起基因链产生缺口（gap），并且插入不正确的碱基，导致碱基颠换。

C. 磷酸盐族烷化可能导致非互补碱基的掺入。

②亚硝酸。亚硝酸（HNO_2）与含有氨基的碱基反应，氨基被替换（脱氨基作用，deamination）而导致碱基配对的改变（表 12-3）。脱氨基作用频率的次序为腺嘌呤＞胞嘧啶＞鸟嘌呤。

表 12-3　HNO_2 的脱氨基作用和碱基配对的改变

DNA 的正常碱基	正常配对	脱氨基作用以后的碱基	配对的改变	图
腺嘌呤	A＝T	次黄嘌呤（H）	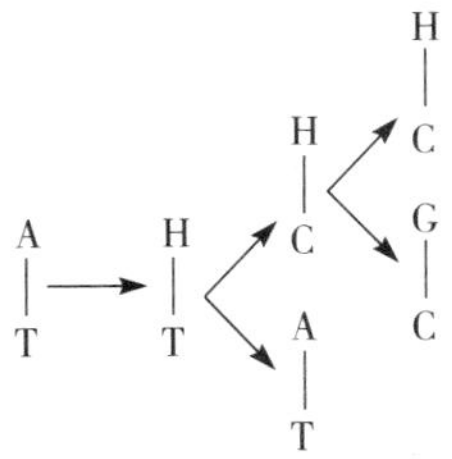	图 12-9
胞嘧啶	C≡G	尿嘧啶	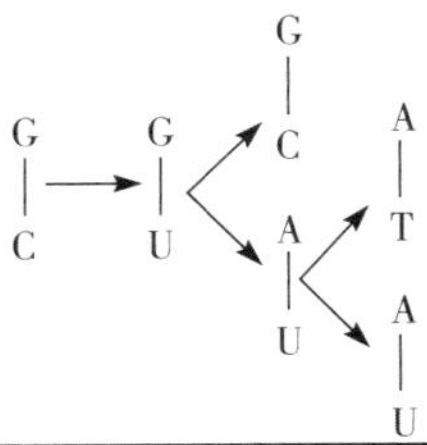	图 12-10

③羟胺（hydroxylamine）。羟胺（NH_2OH）的作用非常特殊，主要与胞嘧啶作用（反应），导致碱基转换与"讹误"配对。羟胺使胞嘧啶发生脱氨反应成为羟基胞嘧啶（HC），羟基胞嘧啶与腺嘌呤相配对而不和鸟嘌呤相配对，因此 C - G 配对变成 A - T 配对（图 12 - 11）。

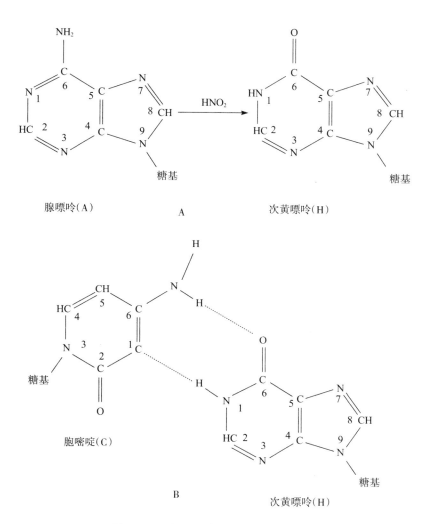

图 12 - 9　由于亚硝酸导致的脱氨作用

A. 腺嘌呤（A）碱基颠换为次黄嘌呤（H）　　B. 胞嘧啶（C）和次黄嘌呤（H）之间的碱基配对

（3）导致 DNA 发生畸变（失真、变形）的介质　DNA 结构因辐射及嵌入剂而变形。

①嵌入剂（插入介质，intercalating agent）。这是另一类重要的 DNA 修饰剂。这类化合物包括吖啶橙和硫酸原黄素（硫酸-3-6 二氨基吖啶）等。这些模拟的碱基自己能够滑动（slip），插入在 DNA 双螺旋中心组套的含氮碱基中间（图 12 - 12）。

这样使 DNA 的结构变形，并且可以导致复制时碱基的缺失或插入。

②辐射（radiation）。高能量的电离辐射（ionising radiation）以及非电离辐射的紫外线是重要的诱变剂，导致 DNA 的变形。

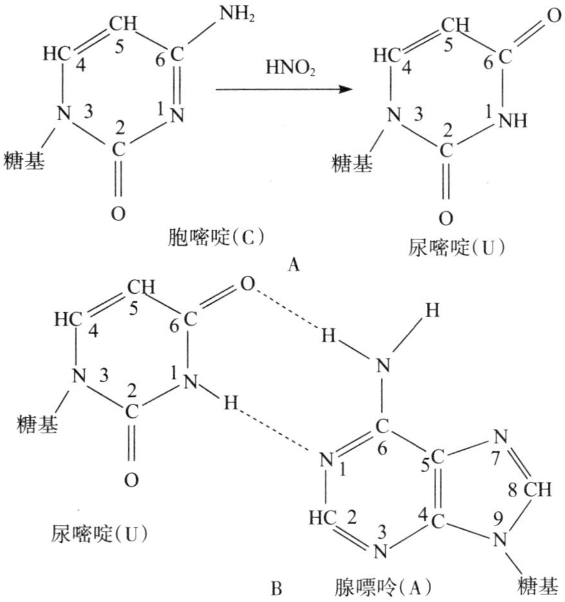

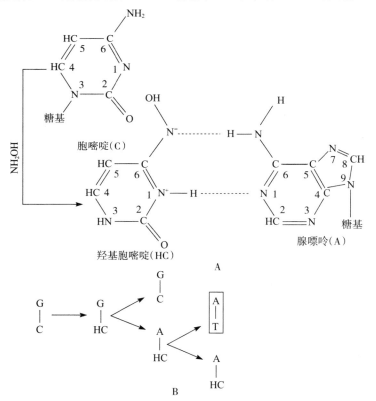

图 12-10　由亚硝酸引起的脱氨基作用
A. 胞嘧啶（C）转变成尿嘧啶（U）　　B. 腺嘌呤（A）和尿嘧啶（U）之间的碱基配对

图 12-11　羟胺引起的碱基转换与"讹误"配对
A. 胞嘧啶转变为羟基胞嘧啶，它和腺嘌呤（A）配对，而不和鸟嘌呤（G）配对
B. 由于亚硝酸配对发生改变

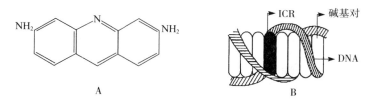

图 12 - 12 嵌入剂
A. 硫酸原黄素　B. 嵌入剂 (ICR) 在 DNA 分子中的插入

A. 紫外线（UV）：DNA 和 RNA 都喜欢吸收紫外线，导致碱基的 N_2 变成高度反应的自由基。所引起的不稳定性将导致一个碱基转变成另一个。吸收紫外线的 2 个主要产物似乎是嘧啶二聚体（pyramiding dimer）和嘧啶水合物（pyrimiding hydrate）。

紫外线主要的诱变效应似乎是由于产生胸腺嘧啶二聚体（thymine dimer）（图 12 - 13），相邻嘧啶的不饱和键变成共价连接形成环丁圈（cyclobutane ring）。细菌培养辐射以及相继的 DNA 的提取产生 3 种可能的嘧啶二聚体类型，胸腺嘧啶-胸腺嘧啶（50%）、胸腺嘧啶-胞嘧啶（40%）以及胞嘧啶-胞嘧啶（10%）。嘧啶二聚体也能够在相连（adjacent）的链（strand）体间形成。在 RNA 中，嘧啶二聚体在相邻的尿嘧啶（uracil）和胞嘧啶（cytosine）环之间形成。嘧啶二聚体不能插入 DNA 双链导致分子的变形，如果损害没有弥补，复制会被阻塞产生致死效应。

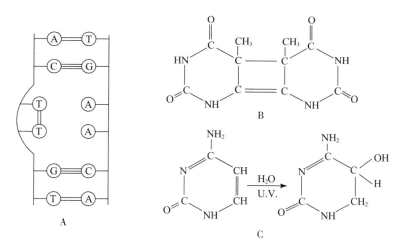

图 12 - 13 紫外线诱变效应
A. 用胸腺嘧啶二聚体使 DNA 变形　B. 胸腺嘧啶-胸腺嘧啶二聚体　C. 胞嘧啶→水合胞嘧啶

紫外线辐射也能使 DNA 或 RNA 中的嘧啶增加水分子，导致光水合物（photo hydrate）的形成。

B. X 射线：X 射线由于断裂 DNA 中的磷酸酯键而导致突变。断裂可能发生在一点或更多点。因此，大量的碱基丢失或重新排列。在双链 DNA 中，断裂可能发生在一条链或两条链上，只有双链发生断裂才能致死。X 射线的生物效应，可能既是直接的又是间接的。

a. 直接效应（靶学说，target theory）：辐射能量直接转移到遗传物质的原子或分子上，颗粒对遗传材料的打击使它发生突变。

辐射导致：

(i) 电子从 A 原子喷射，$A \xrightarrow{\text{光子}} A^+ + e^-$；

(ii) 电子被 B 原子捕捉，$B \xrightarrow{e^-} B^-$；

(iii) 沿着辐射的路线形成原子对：$[A^+ + B^-]$；

(iv) 发生中和（neutralize），电子进行化学反应，导致突变发生。

b. 间接效应（化学学说）：辐射的主要遗传效应与从水中产生自由基有关。这些自由基而后与 DNA 反应而改变其结构，包括：

(i) 从水中的 O 原子喷射电子：$H_2O \xrightarrow{\text{光子}} H_2O + e^-$。

(ii) 被水的 H 原子捕捉电子：$H_2O + e^- \longrightarrow H_2O^-$。

(iii) 形成离子对→ $[H_2O^+ + H_2O^-]$。

(iv) 从这些离子形成自由基：$H_2O^+ \rightarrow H^+ + OH^0$，$H_2O^- \rightarrow H^0 + OH^-$。

(v) $H^+ + OH^- \rightarrow H_2O$。

(vi) 高活性自由基之间的反应，$H^0 + OH^0 \rightarrow H_2O$，$H^0 + H^0 \rightarrow H_2$，$OH^0 + OH^0 \rightarrow H_2O_2$。

(vii) 氧增加 H_2O_2 的产量：$H^0 + O_2 \rightarrow HO_2^0$，$HO_2^0 + HO_2^0 \rightarrow H_2O_2 + O_2$。

(viii) 高活性的 H_2O_2 和有机过氧化合物引起突变发生。

四、DNA 修复

突变对 DNA 构成损伤时，DNA 立即启动许多应用酶的系统进行修复。没有这样的修复系统，损伤便会积累起来而引起致死。并不是所有伤口都能修复，因而出现了突变，但频率很低。DNA 修复系统对于细胞的生存是很重要的。

1. 光复活作用 嘧啶二聚体环丁圈的分裂，靠 DNA 光裂合酶（DNA photolyase）修复原来 DNA 的结构，光裂合酶具有发色团（生色团，chromophore），它能吸收蓝光以提供该反应的能量。

2. 烷基转移酶 诱导蛋白质从鸟嘌呤的 O^6 位置移动烷基到它自身，导致蛋白质失活（僵化）。

3. 切割修复 在核苷酸切割修复过程中，一个核酸内切酶使损伤的两边各有一断口（切口），损伤因而移去成为一个缺口（gap）。这一缺口由 DNA 聚合酶（多聚酶）将新合成的正常的核苷酸片段填充，而 DNA 连接酶最后形成磷酸二酯键。在碱基切割修复中，损伤被特殊的 DNA 糖基物（glycosylase）所移去。形成的脱嘌呤脱嘧啶位点被劈开，而被脱嘌呤脱嘧啶核酸内切酶与核酸外切酶扩张成为一个缺口（gap），因此，这一过程像核苷酸切割的修复。

4. 错配修复 避免了校正读码（proof reading）的复制错误含有后代 DNA 链的错配。DNA 复制的半甲基化作用（hemimethylation）可以使后代的 DNA 链与亲代的链相互区分。误配的碱基可以借切割修复机制从后代染色体中除掉。

5. SOS 修复 SOS 修复是借 RecA 蛋白与 LexA 阻遏蛋白互作而开始。损伤激活 RecA蛋白，它导致 LexA 蛋白降解。因此，所有与 LexA 结合的操纵子（operon）被诱导。这可能包含许多具有 SOS 盒的基因（din）。

五、突变的检测

有几种不同的检测突变的方法。

ClB法检测性连锁致死。这一方法应用ClB原种品系，该品系含有：

①呈杂合状态的倒位，作为交换抑制者（crossover suppressor）（C）。

②在呈杂合状态的X染色体上有一隐性致死基因（l）。

③棒眼的显性标记棒状眼基因（B）。

一个雌果蝇的2条X染色体中的一条带有所有这3个特征的基因，另一X染色体是正常的。为了诱变而经过辐射的雄果蝇和ClB雌果蝇杂交（图12-14），在下一代中50％接受ClB X染色体的雄性后代将死亡。在后代中所获得的ClB雌果蝇可以由棒状眼中发现。这些和正常的雄果蝇杂交，在下一代中，50％获得ClB X染色体的雄果蝇将死亡，其余50％雄果蝇可能或不可能带有诱变，如果雌果蝇诱致了致死基因突变，雄性中不能观察到。另一方面，如果没有诱致致死突变，50％雄果蝇将存活。因此，ClB方法是最为有效的检测性连锁致死突变的方法。

六、突变的重要性

（1）在进化中的作用　突变是遗传变异的最终来源，它为进化提供原料，如果没有突变，所有基因将只能存在于一种形式，不可能存在等位基因，不同的有机体不能够逐渐发展进化并不能适应于环境的变化。

（2）在植物育种中的应用　正常情况下突变是有害的，据 Gustaffison 估计，在植物育种上有用的突变可能不足所有突变的 0.1％。但是在不同作物中也获得过几个重要的突变。

①在小麦中有几个有用的突变，即分枝穗抗倒伏、琥珀色籽粒及有芒的小穗（awned spikelet）等突变已获得并应用于植物育种。Swaminathan 所获得的最著名的突变是 Sharbati Sonora。在印度发放的其他重要品种是 Pusa

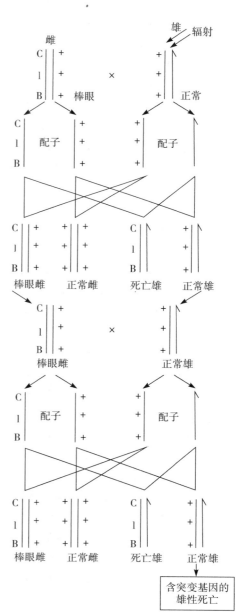

图 12-14　Muller 在果蝇中检测性连锁致死突变的 ClB 方法

Lerma，NP836。

②水稻几个高产优质品种。Reimei、Japonica、Indica 通过突变已获得。在水稻中又通过突变而获得了增加蛋白质和赖氨酸含量的突变型，Jagannath、1/T48、1/T60 是在印度由突变而诱致的产物。

③大麦。称为 erectoides 的突变是高产的。RED-1、DL-253 是在印度诱致的突变。

④豆类。Hans-pea、Ranjan-lentil、MuM2-绿豆都是在印度通过突变型而发展的豆类的品种。

⑤在印度发放的其他重要突变品种有 S-12-番茄、Rasmi 棉花、RLM514 芥菜、Co997 甘蔗、JRC7447 黄麻。

联合国粮农组织（FAO）和国际原子能机构（IAEA）联合进行的正规检定报道在不同作物中发展的突变品种的数目有显著增加。

（3）诱导突变的另一个有价值的应用是抗生素产量的增加，如由青霉属（*Penicillium*）种诱变产生的青霉素（penicillin）。

（4）体细胞突变也发现于许多观赏植物。和组织培养一起，若干体细胞克隆突变型导致体细胞突变，已经在园艺作物种中获得。

■ 小结

遗传物质中突然发生的永久性的变化称为突变；具有新的表现型的有机体称为突变体。

突变可以从形态学或生物化学方面加以查明，大多数的突变是致死的，只有极少数是有用的突变。突变体可能由体细胞组织或胚组织（生殖组织）起源。它们可能是错义的、无意义的、沉默基因或者甚至是抑制基因。

涉及基因内水平变异的微突变称为点突变或基因突变；它们或者由于碱基对替换（转换和颠换）而形成，或者由于碱基的缺失或插入而导致的移码突变。

突变可能是自发或诱导而产生的。自发突变是由于碱基的互变异构移位，使 DNA 复制错误而导致。诱致突变通过物理诱变剂而获得，物理诱变剂如电离 X 射线或非电离（UV）射线，也可通过化学诱变剂而获得，化学诱变剂如氮芥子气、甲基磺酸乙酯、羟胺、亚硝酸。

诱变剂的作用机制包括：

①碱基结构类似物（5-Bu、2-Ap）的结合掺入导致碱基配对的改变。

②烷化剂（EMS、NG、DMS）导致碱基的烷化，糖基（sugar-base）或糖-磷酸、环联的水解导致错误配对。

③亚硝酸、羟胺，由于脱氨基作用导致碱基的错误配对。

④嵌入剂（硫酸原黄素、吖啶橙）导致 DNA 的变形失真。

⑤辐射线如紫外线诱变嘧啶碱基的二聚体而导致突变；X 射线通过自由基形成导致的效应既是直接的（靶学说 target theory）也是间接的（化学学说）。

细胞中存在 DNA 修复系统而得以存活。果蝇中的性连锁致死突变基因可以用 ClB 方法加以检测。

突变在进化和育种中均有其重要性，许多新颖的商用品种，如水稻、小麦、大麦、豆类和其他作物，已经通过诱变而产生。

第十三章　遗传密码

生物的生存依赖于蛋白质，蛋白质产生所有化学反应必需的酶。合成任何一种蛋白质所需要的特异性结构信息储存在具有 Watson 和 Crick（1953）提出的双螺旋空间结构的 DNA 分子之中。DNA 分子中的线性碱基序列组成一个字母表（一般为 ATGC4 个遗传字母）编码另一个线性结构，即蛋白质的 20 种氨基酸组成的字母表。然而，信息的真实传递是不直接的。DNA 是 RNA 合成的模板，RNA 整合到核糖体中进而作为蛋白质合成的模板。蛋白质的所有特征，包括它的二级结构和三级结构最终都是由染色体 DNA 决定的，而所有生物学特性都是由该生物体内的蛋白质通过蛋白质结构和酶活性决定。编码的含义是指 DNA 和蛋白质之间的关系。通过编码，DNA 携带的 4 个字母最终转变成由 20 种氨基酸的字母组成的蛋白质语言。

一、遗传密码的特征

1. 三联体密码子　Ochoa、Kornberg、Nirenberg、Brenner、Crick 以及其他人对编码比例，即一个系统规定另一个系统中一个单元所需的单元数目进行了研究，发现核苷酸和氨基酸之间没有一一对应的关系。如果每种核苷酸决定一种氨基酸，那么只能构建含有 4 种氨基酸的蛋白质。类似地，两个核苷酸对应氨基酸，得到可能的结果数目虽多一些，但是仍然不够，只有 $4^2=16$ 种。然而，如果使用 3 位密码可以产生 $4^3=64$ 种单元或者密码子（图 13-1），编码 20 种氨基酸还有余，剩余的 44 种三联体最初被认为是无意义密码子，20 种密码子是有意义密码子。不过后来的研究表明几种三联体可以编码同样的氨基酸，这样无意义的三联体的数目就非常少。一些无意义三联体也可以作为"标点"，指定一个化学信息的末端。

证据：关于编码单位（即三联体中的密码子）实质的关键信息是通过研究多核苷酸链（DNA）的突变效应获得的。使用突变剂导致某个碱基对或若干个相邻碱基对的缺失或重复。添加或缺失一个或两个碱基常常会引起剧烈的反应并最终导致个体的死亡。另一方面，添加或缺失 3 个碱基虽然也导致个体行为的变化，但是未必引起死亡，个体可以带有变化效应而存活。

①支持三联体密码子概念直接而确切的证据是由 Crick 等（1961）基于他们在病毒——T4 噬菌体的试验中获得的（图 13-2）。他们发现用一种称为二氨基吖啶的化合物处理噬菌体时，可以在其 DNA 上添加或者去除一个碱基，从而损伤病毒并导致病毒的改变或突变。添加一个碱基之后紧接着删除一个碱基可以恢复原始的病毒。这暗示 DNA 分子中的正常碱基序列通过第二个变化得到了恢复。

从碱基序列 GTCCAGACC……这个例子可以看出一个碱基对缺失或插入可以完全扰

A		AA	AG	AC	AT
G		GA	GG	GC	GT
T		CA	CG	CC	CT
C		TA	TG	TC	TT

单联体密码　　　　双联体密码

AAA	GAA	TAA	CAA
AAG	GAG	TAG	CAG
AAC	GAC	TAC	CAC
AAT	GAT	TAT	CAT
AGA	GGA	TGA	CGA
AGG	GGG	TGG	CGG
AGC	GGC	TGC	CGC
AGT	GGT	TGT	CGT
ACA	GCA	TCA	CCA
ACG	GCG	TCG	CCG
ACC	GCC	TCC	CCC
ACT	GCT	TCT	CCT
ATA	GTA	TTA	CTA
ATG	GTG	TTG	CTG
ATC	GTC	TTC	CTC
ATT	GTT	TTT	CTT

三联体密码

图 13-1　单联体密码子、双联体密码子和三联体密码子

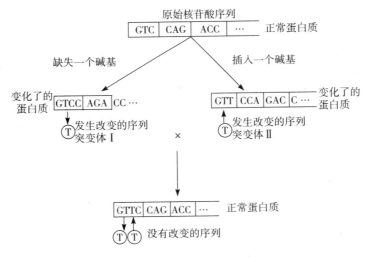

图 13-2　Crick 证明遗传密码的三联体特性试验

乱阅读框。正常情况下这个序列被读成 GTC，CAG，ACC，……，但是在第一个碱基和第二个碱基之间插入一个新的 T 之后，生成的序列为 GTTCCAGACC……，从而导致阅读组为 GTT，CCA，GAC，C……，导致错误的氨基酸序列。缺失产生类似的结果。插入和缺失杂交可以恢复除插入和缺失之间以外的该序列的正确阅读框。不难看出，两个插入突变或两个缺失突变的结合仍然会产生错位的阅读框。

　　Crick 等（1961）发现同时插入或者缺失相邻的 3 个核苷酸也产生正常的病毒，这是由于恢复了正常的 DNA 碱基序列的缘故。这些试验表明同时插入或者缺失 3 个碱基产生完全正常表现型的噬菌体，含有不是 3 的倍数的插入或缺失的重组体只能产生无功能或者错误的氨基酸。这些证据强烈表明遗传密码以三联体运行，或者说一个三联体核苷酸组成一个密码子。

　　②密码子的三联体特征被 Nirenberg 和 Leder（1965）的研究进一步证实，他们发现在蛋白质翻译时，当只有两个核苷酸时仍可以结合少量的 tRNA，但是有 3 个核苷酸时更有利于结合 tRNA。它们能够刺激由相同的 3 个核苷酸组成的不同序列结合不同的氨基酸，再次证实三联体密码的存在。

　　2. 密码子无重叠　　自然界总是趋于简洁高效。Gamow 在他的"重叠"编码假说中提出，密码子是以三联体形式存在，但不是直链排列的。重叠区内某一个特定核苷酸在多个编码单位中起作用。Gamow 的重叠密码子是根据两个特征提出的：①DNA 分子中相邻碱基的距离是 0.34nm；②在蛋白质分子中，两个氨基酸之间的距离也是 0.34nm。这可以解释为单编码，也可以解释为重叠编码，但极不可能是直链的三联体编码。在非重叠编码里，6 个核苷酸编码 2 个氨基酸，而在重叠编码里则编码多达 4 个氨基酸（图 13-3）。在非重叠编码中，每个字母只读一次，而重叠编码时则读 3 次，每次作为不同单词的一部分。在非重叠编码中，突变只引起一个单词的变化，而在重叠编码中将影响 3 个不同的单词。

　　证据：有证据表明遗传密码是非重叠编码。

　　①Crick 等（1961）的试验证据引人注目地反驳了重叠编码，他们的研究充分地支持了早些时候的科学家提出的非重叠编码。他们以已知三联体序列的 mRNA 序列为起始合成特定的蛋白质。当插入一个核苷酸进去的时候，就再也不能合成特定的蛋白质。及时再插入第二个核苷酸仍然不改变这样的结果。然而，插入第三个核苷酸时，其正确的功能恢复。

　　某核苷酸序列 ACTACTACTACT，在非重叠编码系统中编码的密码子为 ACT ACT ACT ACT，当在第一个 C 和第一个 T 之间插入一个 G 时，序列变为 ACGTACTACTACT，

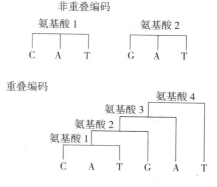

图 13-3　非重叠编码与重叠编码

在非重叠编码系统下，密码子为 ACG TAC TAC TAC T。插入一个核苷酸后，不能合成原始的蛋白质，取而代之，氨基酸序列改变之后将产生一个完全不同的蛋白质。在先前插入变化的序列中的第一个 G 和 T 之间再插入一个 G，序列变化为 ACGGTACTACTACT，

密码子效应变化为 ACG GTA CTA CTA CTA CT。原始的蛋白质仍不能合成。在插入第二个核苷酸后的序列的开端，再插入一个 G，序列变为 GACGGTACTACTACT，相应的编码子链为 GAC GGT ACT ACT ACT。插入第三个核苷酸之后，恢复了大多数的原始三联体序列。DNA 序列的缺失与插入有相同的效应。不过缺失第三个碱基将恢复多数阅读框，使氨基酸序列与原始序列之间只有微小的区别。这暗示着编码是非重叠的。

②支持非重叠编码的另一个证据是单座位突变效应。在重叠编码系统中，点突变必然引起多肽链上相邻的 2～3 个氨基酸序列的变化。在非重叠编码系统中，ATGATGATG 序列中第一个 G 突变为 C 时，只引起一个密码子的变化。初始的 ATG ATG ATG 密码子序列将变为 ATC ATG ATG。然而，在重叠编码系统中，原始的 ATG TGA GAT ATG TGA GAT ATG 则变为 ATC TCA CAT ATG TGA GAT ATG。如果重叠编码运行，一个点突变将产生 3 个密码子序列的变化。而在非重叠编码中，一个点突变只产生一个氨基酸的变化。由于在点突变试验中只观察到一个氨基酸的变化，这个证据进一步证实了非重叠编码的存在。

③Brenner（1957）根据所有发表的蛋白质的氨基酸的序列，总结出蛋白质中没有禁区，相邻氨基酸无一例外都是由不相干的核苷酸组编码的。这进一步证实了没有特别的氨基酸总有相同的近邻，氨基酸序列看起来几乎完全是随机的。这些发现对于重叠编码来说是难以解释的。

④Yanotsky（1963）提供了可能是已有的最令人信服的证据，排除了重叠编码。他在用转导技术研究突变和重组时，发现几个蛋白质中有不同氨基酸序列的某个位置，其两侧的氨基酸却相同的现象。

3. 密码子的简并　有时候 3 个或 4 个三联体密码子编码一个氨基酸。这种由一个以上的三联体（密码子）编码同一个氨基酸的遗传编码称为简并编码。64 种不同可能的密码子中，有 61 个密码子编码不同的氨基酸。由于只有 20 种氨基酸，显然有一种以上的密码子或三联体编码一种氨基酸。如果每种氨基酸由单个密码子编码，那么 64 种密码子中就有 44 种密码子是没有用的或者是无意义密码子。

例外：甲硫氨酸和色氨酸都只有一个三联体，而其他氨基酸都是有一种以上的三联体编码。

证据：无数证据表明遗传密码是简并的。

①如果 20 种三联体有意义，那么就有其余的 44 种三联体没有意义，那么某个长度的染色体上仅有限的少数占总长度 1/3 的座位上可以发生突变，而且不是遍布整个染色体长度上。但是自发突变和用 X 射线诱导的突变结果表明几乎整条染色体的所有座位都可以发生突变。只有简并编码才有这种可能。然而，虽然建立了简并遗传编码，但是多拷贝的重复序列可能使染色体的大部分片段不能发生突变。

②当把 U 和 C 按 3∶1 的比例合成到 RNA 中去时，可能的三联体及其频率可以计算出来：$UUU = 3/4 \times 3/4 \times 3/4 = 27/64$；$UCC = 3/4 \times 3/4 \times 1/4 = 9/64$；$UCU = 3/4 \times 1/4 \times 3/4 = 9/64$；$CUU = 1/4 \times 3/4 \times 3/4 = 9/64$；$UCC = 3/4 \times 1/4 \times 1/4 = 3/64$；$CUC = 1/4 \times 3/4 \times 1/4 = 3/64$；$CCU = 1/4 \times 1/4 \times 3/4 = 3/64$；$CCC = 1/4 \times 1/4 \times 1/4 = 1/64$。这种组分的 mRNA 应该指导纳入 8 种氨基酸，而实际上只有 4 种氨基酸在蛋白质链内实际检

测到，说明编码有简并的特征，即某些密码子指导纳入的是相同的氨基酸。

③根据 Crick（1966）提出的摇摆假说，三联体密码的前两个碱基是按照规定的规则配对，即 A 与 U、G 与 C 配对，但是第三个碱基较其他的碱基有更多的度进行变动。在这个位置上摇摆并允许多于一种类型的配对。这样，摇摆假说在某种程度上解释了编码的简并性。

4. 密码子无逗点 无逗点编码是指在两个单词之间不需要标点符号。换言之，可以说在一个氨基酸被编码之后，第二个氨基酸就自动地被接下来的三个字母编码而没有任何字母浪费（图 13 - 4）。然而，含有多个氨基酸的整条多肽的编码总是由一个作为终止的编码术语的无意义的密码子所终止。

证据：如果遗传密码有逗点地工作，就有特定的核苷酸作为标点符号。通过试验已经确定 AAA 编码赖氨酸，CCC 编码脯氨酸，UUU 编码苯丙氨酸，说明停顿的碱基不会是 A、C、U。

无逗点

5. 密码子无歧义 多义性是指一个密码子可以编码多种氨基酸。无歧义性就是指某个特定的密码子没有多义性。一个特定的密码子总是只能编码同一种氨基酸。

例外：一个三联体可以编码多种氨基酸。例如，当 GUG 出现在 mRNA 的末端时，它编码甲硫氨酸，但是出现在中间位置时编码缬氨酸。这种罕见的编码称为歧义编码。

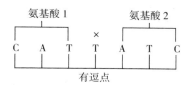

有逗点

图 13 - 4 无逗点和有逗点密码子

证据：遗传密码一般是无歧义的，这已经被试验证明。

每一个氨基酸都有特异性的密码子，这一点通过特异的三联体—核糖体复合体指导特异的 tRNA 结合试验得到了证实。例如，UUU 三联体—核糖体复合体指导苯丙氨酸- tRNA 的结合，AAA 三联体-核糖体复合体指导赖氨酸- tRNA 的结合。以相似的方式，用已知序列的三联体，确定了缬氨酸、半胱氨酸、亮氨酸和一些其他氨基酸的密码子，因此确定了自然生理条件下遗传密码无歧义的本质。

6. 密码子的通用性 遗传密码是通用的。也就是说在从人类到病毒的所有生物中，同样的密码子编码同样的氨基酸。

证据：遗传密码的通用性已经获得试验证据。

①遗传密码的关键点是 tRNA 用特异性的反密码子与 mRNA 的密码子配对。因此，如果 mRNA 来自真核生物，tRNA 来自原核生物，而可以依据 mRNA 的编码合成蛋白质，就可以证明遗传密码是通用的。如果 mRNA 和核糖体来自大肠杆菌，氨基酸和 tRNA 来自大鼠，可以在大肠杆菌中按照 mRNA 的编码合成蛋白质，这是另一方面的证据。

②Merril 等（1971）的研究揭示细菌的催化半乳糖代谢的 χ - D - 1 -磷酸半乳糖尿苷酰转移酶在人组织培养细胞中不能合成，用带有大肠杆菌 gal$^+$ 基因的病毒感染之后则可以合成。这个试验提供了支持遗传密码通用性的强有力的证据。

③同源蛋白质的氨基酸序列的相似性，如从人、马、鸡、酵母、细菌等宽多样性的物

种中分离的细胞色素 c，表现出遗传密码的通用性。

二、破译密码子：密码子注释

以前人们很难说出 64 种可能的密码子的每一个密码子编码 20 种氨基酸的那一种氨基酸，直到 Nirenberg W M 用人工合成的 mRNA 分子在离体系统中合成多肽才给这个问题带来一些线索。

1. 同聚物技术（多聚 U 试验）　Nirenburg 和 Mathaei 只用尿嘧啶合成 mRNA，以便使整个条 mRNA 链没有其他碱基而只有一种三联体 UUU。当用这种多聚 U（RNA）来合成多肽时（用大肠杆菌的提取液并添加蛋白质合成装置所必需的所有组分），只有苯丙氨酸被合成，说明只有一种氨基酸即苯丙氨酸被编码，因此可以断定 UUU 编码苯丙氨酸。

紧接着，多聚腺苷酸获得多聚赖氨酸，多聚胞嘧啶得到多聚脯氨酸，因此，UUU 被指派给苯丙氨酸，AAA 给赖氨酸，CCC 为脯氨酸。

2. 共聚物技术　多核苷酸的研究进一步扩展到用含有固定比例的两种或多种碱基共聚物作为无细胞系统的合成信使。这种随机合成的多核苷酸使氨基酸直接以不同的密码单词参与结合不同的氨基酸的方式合成到蛋白质中去。

一个含有随机分布的尿苷酸和胞苷酸这两个碱基的共聚物可以产生 8 种不同类型的序列，如果两种碱基的比例已知，就可以估算不同三联体密码的频率。例如，如果有 75% 的尿苷酸和 25% 的胞苷酸，那么，频率最高的三联体就是 UUU，其概率为 27/64（3/4×3/4×3/4），其次是 UUC，其频率预期为 9/64（3/4×3/4×1/4）。

在无细胞培养中，用这些合成的多聚核苷酸，一个信使多聚核苷酸所结合的不同氨基酸与合成的共聚物中的不同三联体的频率明显相关。因此，这个试验揭示了一种用核苷酸成分推导各种氨基酸三联体的途径。

3. 结合技术　Nirenberg 和 Leder 于 1964 年发现：将合成的一个已知序列的三核苷酸与核糖体和某个特定的氨酰 tRNA 放在一起，如果所用的密码子编码的这个氨基酸正好是结合到特定的氨酰 tRNA 上时，可以形成一个复合物。

为了揭示所有 20 种氨基酸的密码，所有的 64 个三联体都在无细胞培养试验中进行了研究，试验中，混合了 20 种氨基酸的 20 个样品，每一种氨基酸都进行放射性标记，但是每个样品中只有一种氨基酸用放射性标记，而另一个样品中只有另外一种氨基酸被标记。如在一个样品中缬氨酸被标记，其他 19 种氨基酸不标记；在另外一个样品中，赖氨酸标记而其余 19 种氨基酸不标记。然后将 tRNA 和核糖体分别与这些样品混合，所有的样品都用相同的密码子。把这些混合液倒到硝酸纤维膜上，只有当放射性标记的氨基酸参与了复合物的形成时才可以观察到放射性。由于每个样品中的放射性氨基酸是已知的，就可以通过膜上出现的放射性来检测某个密码子编码的氨基酸。

对 64 个合成的密码子都进行了这样的处理，它们对应的氨基酸被鉴定出来。

4. 重复序列共聚物　Khorana H G 设计了一种巧妙的应用重复共聚物序列的技术，根据这些技术，获得了全部遗传密码的字典。

三、密码子字典

mRNA 中的碱基序列及其派生蛋白质的氨基酸序列揭示了每个氨基酸的密码。所有的 64 个密码子及其氨基酸列于表 13-1 中，观察密码表可以发现以下特点：

①每个密码子由 3 个核苷酸组成，即三联体密码。61 个密码子代表 20 种氨基酸。3 个密码（UAA UAG UGA）指示蛋白质合成的终止。

②除了甲硫氨酸和色氨酸只有一个密码子外，几乎所有的氨基酸都是由一种以上的密码子编码，苯丙氨酸、酪氨酸、组氨酸、谷氨酰胺、天冬酰胺、赖氨酸、天冬氨酸、谷氨酸、半胱氨酸这 9 种氨基酸是由两个密码子编码，精氨酸、丝氨酸和亮氨酸这 3 种氨基酸是由 6 种密码子编码。表 13-1 中标明了遗传密码的简并性。

③如果一个氨基酸有一个以上的密码子，前两个核苷酸相同而第三个核苷酸可以是胞嘧啶或尿嘧啶。腺嘌呤和鸟嘌呤也可以在第三位上进行类似的替换，如 UUU 和 UUC 都编码苯丙氨酸，UCU、UCC、UCA 和 UCG 编码丝氨酸。不过有前两个核苷酸等价规律的例外，如除了 UCU、UCC、UCA 和 UVG 之外，还有 AGU 和 AGC 也编码丝氨酸。类似地，亮氨酸也是有 6 个密码子编码，即 UUA、UUG、CUU、CUC、CUA 和 CUG。胞嘧啶和尿嘧啶以及腺嘌呤和鸟嘌呤之间的频繁互换暗示一个生物体内 AT/GC 比率可能发生大的变化而不会影响体内氨基酸的相对比例，因为几乎每个氨基酸密码子的第三位携带的是 G 或者 C，而另一个携带的是 A 或者 U。DNA 中带有相同蛋白质序列信息的两个不同的生物，通过选择一种或另一种同义密码子可能显示不同的 AT/GC 比率。

④遗传密码有一种固定的结构，同一氨基酸的同义密码子不是随机分散在表 13-1 中，而是常常聚集在一起，只有是精氨酸、丝氨酸和亮氨酸各有的 6 个密码子是分散的。

⑤总的来说，一个氨基酸的多个密码子的前两个核苷酸相似，第三个是变化的。

表 13-1 遗传密码词典

第一个碱基	第二个碱基				第三个碱基
	U	C	A	G	
U	UUU ⎫Phe UUC ⎭ UUA ⎫Leu UUG ⎭	UCU ⎫ UCC ⎪Ser UCA ⎪ UCG ⎭	UAU ⎫Tyr UAC ⎭ UAA* UAG*	UGU ⎫Cys UGC ⎭ UGA* UGG Try	U C A G
C	CUU ⎫ CUC ⎪Leu CUA ⎪ CUG ⎭	CCU ⎫ CCC ⎪Pro CCA ⎪ CCG ⎭	CAU ⎫His CAC ⎭ CAA ⎫Gln CAG ⎭	CGU ⎫ CGC ⎪Arg CGA ⎪ CGG ⎭	U C A G
A	AUU ⎫ AUC ⎪Ile AUA ⎭ AUG Met	ACU ⎫ ACC ⎪Thr ACA ⎪ ACG ⎭	AAU ⎫Asn AAC ⎭ AAA ⎫Lys AAG ⎭	AGU ⎫Ser AGC ⎭ AGA ⎫Arg AGG ⎭	U C A G

（续）

第一个碱基	第二个碱基				第三个碱基
	U	C	A	G	
G	GUU⎫ GUC⎬Val GUA⎪ GUG**⎭	GCU⎫ GCC⎬Ala GCA⎪ GCG⎭	GAU⎫Asp GAC⎭ GAA⎫Glu GAG⎭	GGU⎫ GGC⎬Gly GGA⎪ GGG⎭	U C A G

* UAA、UAG、UGA 是终止密码子。

* * GUG 作为起始密码子的时候编码甲硫氨酸。

1. 起始密码子 AUG 是起始密码子，也就是说肽链起始于甲硫氨酸。这个氨基酸是甲基化的甲硫氨酸。起始密码子结合到一个与甲硫氨酸- tRNA 相同的 3′UAC5′反密码子的甲酰甲硫氨酸- tRNA 上，也就是说，甲硫氨酸- tRNA 和甲酰甲硫氨酸- tRNA 都是由 AUG 编码，但是起始氨基酸的信号要比所有其他氨基酸的信号复杂得多。根据 Stent 的理论，存在两种不同的可以接受甲硫氨酸的 tRNA。只有其中一个甲硫氨酸在特异的甲酰化酶作用下转变为甲酰甲硫氨酸。其他普通的甲硫氨酸- tRNA 把甲硫氨酸结合到延伸的多肽链之间，而且只对应于 AUG 密码子。甲酰甲硫氨酸起始多肽链的合成也可以响应 GUG（缬氨酸的密码子）。当 GUG 出现在起始点时，编码甲硫氨酸，而出现在中间位置时，它编码缬氨酸。对应的 tRNA 上的反密码子似乎对密码子的第一个核苷酸是宽容的，而第二和第三个核苷酸是选择性的。

2. 终止密码子 UAA、UAG、UGA 是链的终止密码子。它们不编码任何氨基酸而作为终止密码子。这些密码子没有 tRNA 但是被特殊的被称为释放因子的蛋白质识别。这些密码子也称为无意义密码子。遗传信使分子之间发生一个由有意义密码子向无意义密码子的突变会导致没有任何生物活性的不成熟或者不完整的多肽的释放。无意义突变可以由诱变剂诱发。UAG 被称为琥珀，UAA 被称为赭石，UGA 被称为蛋白石。

3. 摇摆假说 有人认为密码子的第三个核苷酸不是非常重要，密码子的特异性是由前面两个核苷酸决定的。已经表明，相同的 tRNA 可以识别一种以上的只是第三位核苷酸不同的密码子。这种配对不是非常稳定，允许第三位碱基配对摇摆。1965 年，Crick 提出了摇摆假说来解释这种现象。他发现如果 U 出现在反密码子的第一位，它可以与密码子上第三位的 A 或者 G 配对。类似地，反密码子上的 G 可以与密码子的 C 或者 U 配对。

摇摆假说揭示了很多密码子可以容忍在第三位碱基上的突变，因为反密码子上对应的碱基是非限制性的宽限。很多密码子的第三个碱基非常宽容，即使被替代也不会造成伤害。反密码子上相应的碱基可以摇摆与之相适应。这种摇摆使 tRNA 分子的种类数目更经济，因为几个编码有一种氨基酸的密码子使都被一种 tRNA 识别。

■ 小结

遗传密码是使核酸的碱基序列决定多肽的氨基酸序列而使基因编码蛋白质结构的系统。

遗传密码有几个特征：

①密码子是三联体，即由 3 个碱基组成。

②密码子是非重叠的，即一个碱基不能被两个密码子同时使用。

③密码子是简并的，即一个以上的密码子编码一种氨基酸。

④密码子是无逗点的，即两个密码子之间没有不用的碱基，但是有终止密码子。

⑤密码子是无歧义的，即一个特定的密码子总是编码同一种蛋白质。

⑥密码子是通用的，即相同的密码子在所有生物中都是编码同一种氨基酸。

密码子字典揭示了链起始密码子（AUG 和 GUG）和链终止密码子（UAA、UAG、UGA）。摇摆假说解释了密码子 3 个碱基的相对重要性。

密码子字典是通过 Nirenberg 和 Leder 应用结合技术，Khorana 应用重复共聚物序列解码的。全部的 61 种三联体都指定特异的氨基酸和 3 种无意义密码子都有记录。

第十四章　基因的现代概念

基因这一概念首先来自孟德尔的著作。虽然当时还没有使用"基因"这一词语，但孟德尔在他的豌豆植株的试验中，已经提出一个有机体的性状，接受位于体内的因子（factor）的控制。Flemming 报道了细胞内部某种染色深的物体，称之为"染色体"（chromosome）。在另一方面，Meischer 在鲑鱼的精子中提炼出核素（nuclein），一种核蛋白成分。而后，由于后继工作者的研究（Kossel 及其他），逐渐发展了染色体化学结构观点。经 Meischer 及其后继者从事染色体的化学分析以后，发现染色体主要包含蛋白质和核酸。它被认为是 DNA 和碱性蛋白或组蛋白的连续的框架结构，位于 DNA 的活跃区域，这就是基因（gene），即遗传物质。

一、基因的性质

然而，基因具有某种基本的性质。由基因控制着代代相传的性状，基因必须在细胞中，主要存在于细胞核中，有稳定性或持久性。这意指基因必须是所有有机体的基本成分。它不是短暂的或临时的物质，不会在有机体的某一时期出现而在其他时期则消失。持久性和普遍性是遗传物质的基本必需条件。

①基因存在于一个有机体的每一个以及所有的细胞中，从真核生物的单细胞合子到高等有机体的所有分化了的细胞。在单细胞有机体中，基因也是普遍存在的。基因能够复制，这是生物系统的基本性质——自身催化（autocatalysis）。

②基本原则是基因能够控制一个有机体的所有性状。可以控制直接或间接的所有性状，这也可以称为异体催化（heterocatalysis）。就这一点而论，基因也必须具有异体催化的性质。

③不同研究者的研究已经明确确定了：在生命进化及其历经地质年龄逐渐产生多样性的进程中，新的性状起源于进化过程。新性状来源于自然变异或突变以及已有性状的重组或改组。

既然遗传物质或基因是控制所有这些性状的，突变以及重组特性也是遗传物质所固有的（inherent）。

因此，基因，永久性的物质，遗传的基础，具有这样的特性：

①自体催化，也就是，生产自身复制品的重复制造。

②异体催化，也就是催化别的反应。

③产生性状变异的突变和重组。

已经根据肺炎球菌转化以及噬菌体繁殖的证据，证明 DNA 是遗传物质。但是，为了确定 DNA 是基因物质（gene substance），则必须证明它们具有自体催化，异体催化和突变的性质——基因先天固有的性质。

自体催化——基因可以复制，也就是，在每一次细胞周期的 S 阶段（细胞周期中

DNA 合成期）在细胞分裂以前 DNA 的量加倍。

异体催化——基因和酶的关系的知识大部分起源于许多不同微生物的研究，而这种关系的认识首先是由 Beadle 和 Tatum 所实施的链霉菌试验所衍生的，DNA 通过转移而产生 mRNA，mRNA 进行翻译而成为蛋白质（酶）。

突变——基因的另一基本的特性使它能产生变异或突变的能力，从而在进化过程中产生多样性（diversity），DNA 作为基因物质，具有产生突变的能力。

二、基因和酶的关系

理解基因和酶的关系对分析一个有机体生长和发育的基础是重要的。已经通过不同的证据，认识到基因能够控制有机体所有的代代相传的性状。与此同时也已经认识到，所有和性状表达有关的主要的生物化学途径是由酶所控制的。已经证实，所有性状的遗传控制是通过特殊的酶而调控的。更确切地说，基因信息最后通过酶而实现。

正如每一个生物化学途径都由一个基因所控制那样，酶也控制着彼此不同的每一步新陈代谢的步骤。正如同基因对每一个以及所有的性状都是特殊的一样，酶对新陈代谢的每一步骤也是特殊的。不同基因间的差异也反映在酶所控制的基本化学差异上。

1. 一个基因一个酶假说 一个野生的脉孢菌属的菌株，能够合成形成它的蛋白质所必需的所有氨基酸。在正常情况下，这一霉菌能够生长在含有果糖、硝酸盐、矿物质、维生素 H 的基本培养剂中。然而如果脉孢菌属野生菌株的孢子用诱变剂处理，有些孢子便能在基本培养基中生长，而需要添加一些其他物质，如瓜氨酸或烟酸（vitamin niacin）。

在生命体系中，有机分子如氨基酸的合成称为生物合成。在大多数情况下，必须有一系列有步骤的生物化学反应，每一种反应都受一种氨基酸的催化作用。导致已知化合物如鸟氨酸（arginine）合成的序列反应构成一个生物合成的途径。从鸟氨酸到蛋白质的周期可以总结如下：

$$鸟氨酸的前体 \rightarrow 鸟氨酸 \rightarrow 鸟氨酸碳酸化合物 + NH_3$$
$$\downarrow$$
$$精氨酸 \leftarrow 瓜氨酸 + NH_3$$

Beadle 和 Tatum 当研究脉孢菌属的若干突变菌系时，发现它们不能够合成精氨酸。因为在精氨酸的合成过程中，有不同的步骤。在这些步骤中任何一个发生一次突变，都会导致精氨酸生化合成受阻。当突变类型和正常或野生类型杂交时，正常或野生类型的后代显示一个单基因杂种比率的遗传，证明只有单基因的差异。发现一类突变型只能在精氨酸或瓜氨酸上生长，也能在鸟氨酸上生长。一个能够在有鸟氨酸存在的环境中生长的需要精氨酸的突变型，能够通过瓜氨酸和精氨酸而进行鸟氨酸的反应。因此，这类突变型当给以瓜氨酸或精氨酸时也能够生长，显然，这些突变型的基因突变造成先于鸟氨酸合成的反应之一的阻塞。相似地，可以在有瓜氨酸或精氨酸存在而没有鸟氨酸存在的情况下生长的突变型，一定不能够转变鸟氨酸为瓜氨酸。并且一个只能够利用鸟氨酸的突变型必须具有瓜氨酸和鸟氨酸之间的一个阻塞。由检查生化合成而衍生的证据显示 3 个突变类别中的每一个已经丧失了 3 个不同的生物化学反应中的一个。鸟氨酸的生化合成的每一个步骤都需要一个不同的酶。因此野生型和突变型之间的功能区别，或者由于丧失了鸟氨酸生化合成必需的 3 种酶的一种的生产能力，或者由于丧失了一种改变了的酶的生产能力。因此，在这种情况下，基因和酶之间的关系是 1：1（图 14-1）。

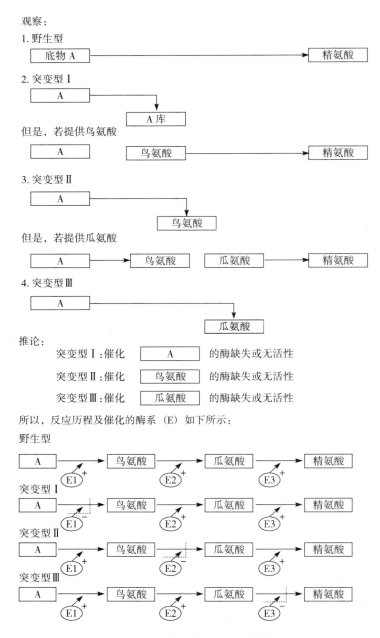

图 14-1　根据突变酶所查出的代谢途径

2. 人类的证据　最早调查生物化学突变的是称为尿黑酸症（alkaplonuria）的代谢病害，尿是黑色的。这种代谢的异常是隐性性状的遗传。患者不能代谢一种称为尿黑酸（homogentisic acid）的物质使之成为乙酰乙酸（aceto acetic acid），而乙酰乙酸接着从尿中排出。在尿黑酸症中缺少了一个单独的生化反应，因此它们不能够将尿黑酸转变为乙酰乙酸。在这种情况下，尿黑酸从尿中排出，当暴露于空气中经过氧化，使尿成为黑色。尿黑酸转变为乙酰乙酸需要一种酶的存在，而这种酶在尿黑酸尿（alka ptonaria）中不活跃或者不存在（图 14 - 2）。

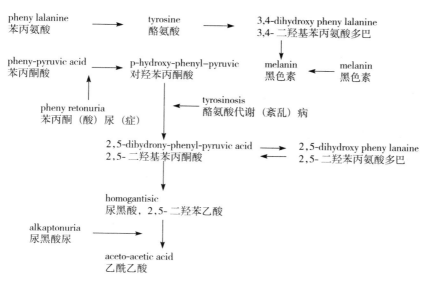

图 14 - 2 苯丙氨酸降解的生物化学

3. 一个基因一个多肽概念 一个基因一个酶假说已经按几个不同的方式加以修饰。该基因形成一个信使核糖核酸（或 mRNA）分子，它用于编码蛋白质（酶）。在有些情况下，若干个基因形成一个单独的信使核糖核酸链，被称为多顺反子（poly cistronic），因为一个单独的信使核糖核酸（mRNA）可以从一个单独多顺反子结构诱导若干个多肽的产生，这个被承认的概念就是一个基因一个多肽的概念。

这一概念已经用来研究人类，尤其在黑色人种的镰刀形细胞贫血症而得到阐明。此病血液中的红细胞（RBC）由于氧的浓度较低而变成镰刀形。这就导致细胞破裂症及若干溶血性贫血（hemolytic anemia），这一症状的分子基础在于血红蛋白（haemoglobin）中氨基酸分子排列的差异。

血红蛋白是一种蛋白质，包含 4 条多肽链，2 条完全相同的 α 链和 2 条完全相同的 β链。由于 β 链中第六位置上的谷氨酸（glutamic acid）被缬氨酸（valine）代替，镰刀形血红蛋白（Hbs）不同于正常血红蛋白（H6A）（图 14 - 3）。因此，镰刀形贫血症是

图 14 - 3 血红蛋白 A 的 β 链和血红蛋白 S 的β 链（显示开始的部分）

由于 2 条 β 多肽链中的任何一条产生了一个单独的变异，这是由一个基因单独的突变而诱致的，这意味着一个基因控制一个多肽链的合成，而不是完全的蛋白质的合成。

三、基因的再分（基因的细微结构）

基因被认为是一个遗传单位，控制诱导一种表现型性状显现的功能。基因又被认为是进行突变并能参加重组的一个最小的单位。Beadle 和 Tatum 的工作证明基因和酶的关系是 1∶1。显然的，如果一个基因负责一个单独的多肽的合成，那么孟德尔所想象的基因当然不是遗传的最后单位。基因是最后不能分割的单位的概念在 Benzer 的工作之后经历了完全的改变。

顺反子（cistron）、重组子（recon）、突变子（muton）：Benzer 对 TH 噬菌体的 rⅡ 基因座（rⅡ locus）进行了最精细的分析，在此基因座的上一个突变体负责噬菌体 B 菌株上菌落（colony）粗糙噬菌斑，但不能够在 K 菌株上产生任何噬菌斑。

Benzer 为了发掘不同的 rⅡ 突变等位基因之间的互补关系进行了互补测试（complementation test），他使大肠杆菌的 K 菌株受 2 个 rⅡ 突变型的混合感染。在大多数情况下，没有导致噬菌斑的形成，但在有些情况下，出现了噬菌斑。如果 2 个突变体在混合感染时没有形成噬菌斑，它们会被放在相同的群中。但如果产生噬菌斑，这两个经过混合感染的突变型会被放在 2 个不同的群中。在这种情况下，A 和 B 可以建立在 rⅡ 区域中。所有突变可以通过互补测试而分为两类，在这一情况下，来自 A 群的两个突变型或来自 B 群的两个突变型，可以导致噬菌斑的形成。因为根据顺式—反式试验 A 和 B 是有区别的，这些称为顺反子 A 和顺反子 B。不同的顺反子（A 和 B）的两个突变型将产生甚至反式构型的野生类型（有噬菌斑形成），换言之，这可以称为互补（图 14-4）。

根据互补试验，这是明显的，在 rⅡ区域，2 个分别为 2 500 个和 1 500 个核苷酸的顺反子 A 和顺反子 B（图 14-5），具有独立的功能，并且必须对两个不同产物的序列合成负责，它们可能是多肽链，所以，属于一个顺反子的所有突变体都有一个共同的缺失，这和属于第二个顺反子的突变体的缺失不同。当两突变体属于相同的顺反子时，两者缺乏相同的产物，因此它们不能互补，但是当两个突变体属于两个不同的顺反子时，它们由于缺乏不同的产物，可以互补，并且可能表现野生的表现型，也就是溶菌作用（lysis）和噬菌斑（plaque）的形成。

rⅡ 突变型被分类为顺反子 A 和顺反子 B 以后，Benzer 感兴趣于分析属于同一顺反子的突变型。因此，必须使它们进行重组试验，以便发现它们是否位于同一位置，或者位于由于重组而分开的不同的位置。和这一技术有关的原则是，如果一个特殊的点突变位于由 rⅡ 突变型所代表的缺失区域，用这一缺失突变型混合感染，这个点突变就不能够产生一个野生类型，但是，如果它落在缺失区的外面，就能够产生野生的重组类型。

两个突变体一次用于大肠杆菌 B 菌株的混合感染，以及在 B 菌株上形成的噬菌斑所产生的溶菌产物（lysate）用于感染 K 菌株以便发现所产生的野生类型噬菌体颗粒的频率。Benzer 最后估算在 rⅡ 区域的 400～500 为突变的位置，并且称它们中的每一个为突变单位或突变子（muton）。这样，Benzer 不但能够区分 rⅡ 为顺反子 A 和顺反子 B，而且能够将属于同一个顺反子的突变型分类为几百个，由于重组而分开的突变位置。

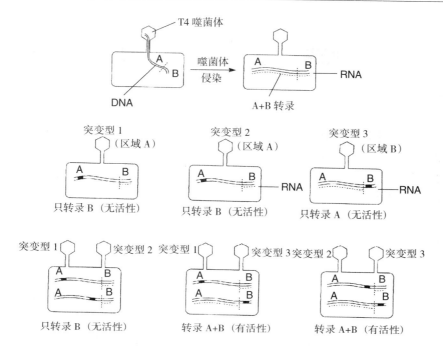

图 14 - 4 突变型之间的互补测试，以便发现它们是否属于相同的或不同的顺反子

[据 Sci. Amer.，（Jan. 1963）重绘]

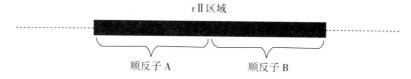

图 14 - 5 显示 2 个顺反子的 T4 噬菌体的 rⅡ区

因此，基因既是功能单位，又是重组单位或突变单位。Benzer 根据他的工作，创造了这样的词语：顺反子（cistron，功能单位）、重组子（recon，重组单位）和突变子（muton，突变单位）。顺反子被定义为一个单位，它的成分（等位基因）呈现顺式-反式（cis-trans）现象。能够进行重组的最小单位称为重组子。一个重组子又能进一步再分裂（subdivisible）为突变单位，称为突变子，而且一个重组子的若干突变子不会由于重组而分离，因此，顺反子、重组子和突变子是按照体积递减的顺序而排列的单位，而结构上经典基因（gene）可以和 Benzer 的顺反子（cistron）相比拟。

四、断裂基因：外显子和内含子

较高级的有机体包括植物系统的基因比原核生物（prokaryote）的基因更加复杂。与原核生物相比较，在真核生物中，基因由基本序列（essential sequence）外显子（exon）以及间隔序列内含子（intron）所组成（图 14 - 6）。

这样说来，和一个多肽有关的单独的基因是由若干个外显子被间隔序列内含子所间隔

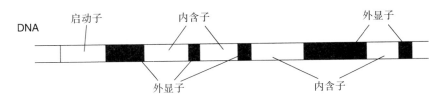

图 14-6　断裂基因的结构

而形成。这样的基因被称为断裂基因，它包含信息序列（外显子）和非信息序列（内含子），彼此靠得很近。在不同的种中，外显子和内含子的体积差异显著，在内含子中重复DNA是丰富的。当酶蛋白被基因合成时，接着转录，内含子被剪掉，而剩余的外显子分别借限制性内切酶和连接酶的帮助而彼此互相连接。这种剪断和连接也可以称为拼接（splicing），这是真核生物体系的特点，并在信使加工时发生。因此，转录之后合成基因水平的初级信使，在加工信使被用于翻译即蛋白质合成之前进行加工。因而，最初转录子比可以翻译的转录子要大得多。

　　断裂基因的报告已经从小鸡的卵清蛋白基因、老鼠的 β 珠蛋白基因（Chambon et al）、果蝇的核蛋白体基因、酵母菌的腺病毒（Phillip et al）转移 RNA（tRNA）基因及其他来源中获得。

　　Chambon 等从小鸡中分离出卵清蛋白基因的 mRNA 在有放射性核苷酸的介质中用反转录酶从信使 RNA（mRNA）合成 cDNA。这种放射性 cDNA 与变性的原始的非放射性DNA 一起孵育时出现在同一片段中。注意到放射 DNA 与原始的非放射性 DNA 杂交在 3个片段中，而不是卵清蛋白的疑似完全基因。这一事实显示卵清蛋白基因位于 3 片段中具有卵清蛋白基因单链 DNA 与其信息 RNA 之间的杂交也显示在这一特殊位点（site）明显的卷的形成（图 14-7）。

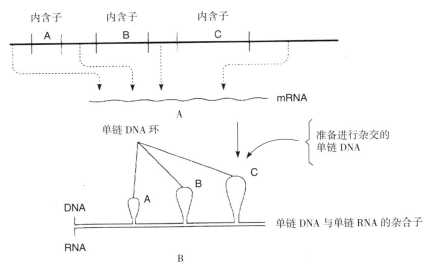

图 14-7　具有 3 个内含子（ABC）的被切断基因的 DNA 序列以及它的 mRNA 的合成
　　　　　（A）；自然 DNA 变性后所获得的单链 DNA 与 mRNA 杂交的结果（B，注意
　　　　　靠近 3 个内含子区域形成的卷）

（根据 Gupla P K，1997）

在脉孢菌属（Neurospora）和酵母菌中，它们中的内含子已经有了详细的研究，显示高度重复的序列，内含子最近已经显出在重组进程中的基本成分，像在高等有机体中一样，外显子只形成整个基因组的一小部分，而内含子占据了较大的片段，重组在很大程度上占据了内含子的位置，导致外显子的改组（reshuffling），外显子内的重组是相当困难的，在动物系统中，已经显示内含子中的重组有助于外显子的重新排列，像小鸡中的溶菌酶（lysozyme）。最近，在植物和动物中已经获得相当多的证据，显示内含子在进化中起源很早，在不同的属内经常位于相同的地位。如在鼠与大豆中，在研究陆生植物起源的学说时，苔藓植物从藻类系统的祖先已经证明一方面和苔藓植物中的内含子有相似性，另一方面和鞘翅类及轮藻中的内含子有相似性。

五、重叠基因和内含基因

重叠基因可以按照两种不同的方式阅读或翻译，以产生两种不同的蛋白质。根据关于按照 ΦX174 基因组编码的蛋白质的信息，可以进行所需要的核苷酸数目的估测〔碱基对（bp）的数目应该是蛋白质中氨基酸数目的 3 倍〕。这一核苷酸的估测数超过 6 000，这远远高于 ΦX174 单链 DNA 中存在的核苷酸的确切数目（核苷酸的确实数目为 5 400）。因此，这就难以解释这些蛋白质怎样能从一个 DNA 片段编码获得，这一 DNA 片段没有长到足以编码所需要的氨基酸的数目。

根据这一体系的详细研究，发现一个单独的序列可以被两个编码不同蛋白质的不同的顺反子所利用。如果两个顺反子必须在不同时期发生作用，并且它们的核苷酸序列被翻译成两种不同的阅读框（reading frame），顺反子的这种重叠在理论上将是可能的。

1976 年，Barnell 等发现 ΦX174 基因组包括 9 个顺反子（A、B、C、D、E、F、G、H、J）。顺反子 E 存在于 D 和 J 之间，而顺反子 E 重叠于顺反子 D。还有基因 D 的终止密码子与基因 J 的起始密码子重叠（图 14 - 8）。

在碱基序列 TAATG 中，最初的三联体密码 TAA 是基因 D 的终止密码子，而最后的 3 个基因 ATG 是基因 J 的起始密码子（图 14 - 9）。中间的碱基（从左边开始的第三个）是两个密码子相遇的碱基。其次，这也显示基因 E 完全包含在基因 D 中。这 2 个基因都产生许多它们自身的蛋白质。这样的基因分别被定名为重叠基因和内含基因。这些基因的意义可能是为了满足经济利用空间或区域的要求，而不影响所需蛋白质的产生。

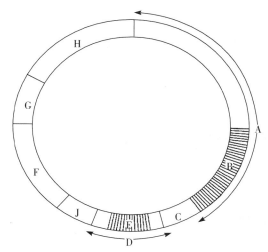

图 14 - 8　噬菌体 ΦX174 的遗传图

注意基因 E 重叠于基因 D，基因 B 重叠于基因 A

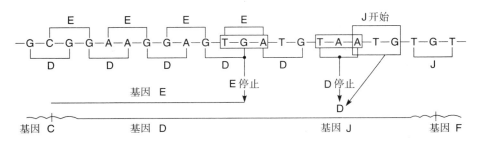

图 14-9　重叠的和被内含的基因

六、移动基因

在染色体中发现染色体的移动基因（mobile gene）序列是一重要事件。移动基因成分是具有在染色体中从一个位置向另一位置移动的能量的特殊 DNA 序列。这样的基因序列，经常称为移动序列或转座序列（transposable sequence）或跳跃基因（jumping gene），这是由 Barbara McClintock 在玉米中发现的。转座序列分为两个明显不同的类别，一种短的称为插入序列（insertion sequence，IS），约有 1 000 个碱基；一种比较长的称为转座序列，可能甚至多达几千个碱基。

1. 插入序列　最简单的细菌转座子（bacterial transposon）是插入序列或插入序列元件，之所以这样命名是因为它们能插入细菌染色体和质粒的不同区域。插入序列最初是在大肠杆菌某种 lac 突变型中检测到的。*lac* 是大肠杆菌中可控制菌体能否代谢乳糖的一个基因体系。这些突变体具有高频率回复野生突变型的不寻常的特性。分子分析最后揭示这些不稳定的突变型具有在 *lac* 基因中或其附近的 DNA 的额外拷贝。在回复突变型中，这些额外 DNA 序列丢失。之后，类似的插入序列在许多其他的细菌中被发现。

许多细菌转座子带有抗生素基因。因此，这些基因从一个 DNA 分子移动到另一个 DNA 分子是相当简单的事，例如，从染色体转移到质粒（plasmid）或者与此相反，这一遗传变化（genetic flux）具有深远的医学上的意义，因为许多获得了抗生素抗性基因的 DNA 分子可以传递给子细胞——从而水平方向或垂直方向地传播此抗性。这一过程已经在几个导致人类病害的菌种中出现过，现在许多病害变得难以控制，是由于这一转座子的活动。细菌群体中多数药物抗性的传播已经由于带有抗性基因连接 R 质粒的进化而加速。

以 Tn 这一词语表示的复合转座子（composite transposon）是 2 个插入序列或插入序列元件彼此靠近插入时创造的（图 14-10），而且它们之间的部分可以借旁侧元件/序列的联合作用而变换。实际上，两个插入序列抓住在其他方面不活动（immobile）的一个 DNA 序列，有时在一个复合转座子的侧面插入序列元件并不

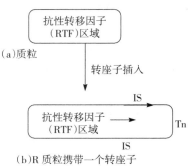

图 14-10　含有 IS 元件的一个转座子插入质粒中

（注：resistance-transfer factor，RTF）

是十分一致的。例如，在转座子 5（Tn5）中，右边的成分，称为 IS50R，能够产生转座酶（transposase），但是在左边的成分，称为 IS05L，含有缺陷的酶，这一差异是由于单独的核苷酸。在不同的转座子成分中，侧面序列的组成和起源以及通常含有转座酶利抗生抗性基因的中间转座的组成是有差异的。例如，在转座子 9（Tn9）中，旁侧插入序列的来源相同（直接复制），而它含有抗氯霉素基因；在 Tn5 和 Tn10 中，起源是颠倒的，Tn5 含有卡那霉素（kanamycin）、博来霉素（bleomycin）和链霉素（streptomycin）抗性基因，而 Tn10 含有四环素（tetracycline）抗性基因。

转座子 3（Tn3）成分（图 14 - 11）具有其他的重要性状。这是原核生物转座子的最大的家系，在它们的末端没有插入序列元件。与之代替的，当它们插入到寄生 DNA 时，Tn3 成分也产生目标座位的重复。

转座子每条链的两个末端产生的茎和环结构见图 14 - 12。

有 3 种基因 *tnpA*、*tnpR* 和 *bla*，它们分别编码转座酶（transposase）、解离酶（re-solvase）或阻遏物（repressor），以及对抗氨苄青霉素的内酰胺酶（beta-lactamase），转座酶和解离酶在转座中起重要作用。

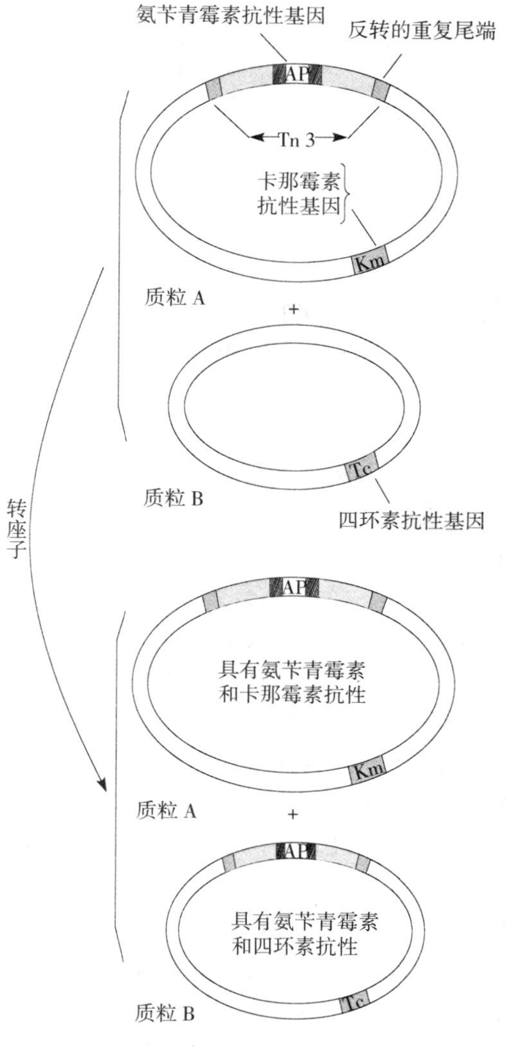

2. 转座子　遗传学家在真核生物中发现了许多不同的转座子（transposon）类型。它们的大小、结构、组成和行为都有差异。有的基因组内较丰富，而有的则较稀少。McClintock首先在玉米中对它们进行探测，

图 14 - 11　带有氨苄青霉素（AP）抗性的转座子（Tn3）从一个质粒（质粒 A，带有卡那霉素附加抗性 Km）转座到另一质粒（质粒 B，带有四环素抗性 Tc）

（摘自 Gupta P K 1997）

并称它们为"活动的遗传成分"。所有这些转座子在它们的端点具有反向重复，并且当它们插入寄主 DNA 分子时，在特殊位置造成重复。

McClintock 借研究染色体断裂发现了 Ac 和 Ds 元件，她利用遗传标记，如玉米籽粒色素（花青素基因活性位点）以检测断裂事件。当一个特殊的标记丧失时，McClintock 指出，此标记所在的染色体片段丢失，这是一个断裂事件已经出现的标志。标记的丢失可以根据玉米籽粒糊粉（aleuron）颜色的改变而得到检测。

McClintock 发现和花斑籽粒（mosaic kernel）有关的断裂在玉米第九染色体的特殊位

置上出现。她将产生这些断裂
（breaks）的因子命名为解难因子
（dissociation，Ds）。然而，这些因子
本身不能够诱致染色体断裂。实际
上，她注意到 Ds 基因必须被另一个
因子——激活子 Ac（activator）所激
发。这个 Ds 因子只出现在某些玉米
中，而在其他玉米中并不存在。当不
同的玉米品系杂交时，Ac 可以和 Ds
结合而创造导致染色体断裂的条件。

这个两因子 Ac/Ds 体系提供了
McClintock 在第九染色体上所观察到
的遗传不稳定性的解释。另外的试验
证明这是许多典型的端点倒位复制序
列 之 一 " CTGACTCTT - GACT-
GAGAA" （1850 年发现）。 " AC-
CGTCGGCATCA/TCGCAGCCG-
TAGT" 不稳定性出现于玉米染色体
组，在第九染色体的不同位置及其他
的染色体上。因为这些位置的断裂决
定于 Ac 的激活，她的结论是 Ds 因子
也有关系，而且那些因子可以存在于
基因组的不同的位置，并且可以从一
个位点移动到另一位点。

McClintock 另外的试验可以证
明，无论 Ac 或 Ds 都能移动，而且当

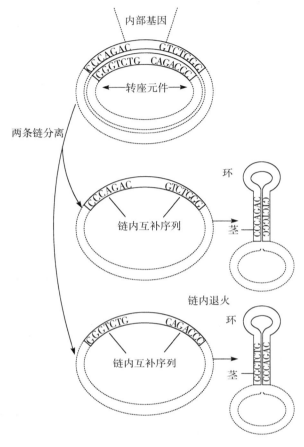

图 14 - 12　一个质粒转座子每条链的两个末端出现的反向
重复以及由于退火导致的双链分离后每条链上
形成的特征性茎和环结构

这些成分插入或靠近基因时，基因功能会改变，有时会完全消失，McClintock 称这样的
成分为调控元件（控制元件，controlling element）。DNA 测序证明一个 Ac 元件长 4 363
bp，包含两个 11 核苷酸对的反向重复序列，每一元件的侧面都有 8 个核苷酸对的同向重
复。因为同向重复是在成分插入染色体时形成的，它们是目标位点重复而不是一个成分的
整体部分。在玉米中发现 Ac/Ds 系统以后，从玉米分离出 Spm 成分，少数其他的转座子
（transposon），如 En/I、stowaway，从金鱼草（snapdragon）、矮牵牛（Petunia）和水稻
植株鉴定而得，它们的性状和 Ac/Ds 的相类似，但是和 Ds 不同，它们在组织和功能上是
完全的。例如，它们能够转座而不参加附加的成分。它们存在于人类、哺乳动物中，也存
在于其他的有机体中。现在，可变动的 DNA 序列或转座子是生物有机体的共同的特点，
而且它们是进化的工具。

转座子和插入序列在进化中的重要性愈来愈被人们所理解。插入序列在进化上的重要
性的最好实例已经由 Norwich 组科学家在豌豆中提出。已经证明孟德尔试验中所用的豌

豆的隐性皱缩种子性状是由于皱缩豌豆中缺乏支链淀粉（branched starch），豌豆的显性圆形种子性状是由于支链淀粉的形成，而支链淀粉是由淀粉分支酶（starch branching enzyme，SBE）所合成，这在隐性皱缩类型中是缺少的。分子研究已经显示隐性性状是由于在正常分支淀粉酶分子框架中 0.8kb 片段的插入，这种酶约长达 3.2kb。在这样的情况下，隐性皱缩卵子性状并不是由于缺乏编序酶，而是由于序列的歪曲（distortion）。

除了转座子外，真核生物基因组包含可以转座的元件，它们的活动决定于 RNA 反向转录为 DNA。这种遗传信息流向的逆转使遗传学家称这些成分为反转座子（retrotransposon），来自拉丁文词首，意指"向后"，有两类主要的反转座子：类似反病毒元件（retrovirus-like element），以及反转座子（retroposon）。第一类的成员类似一群病毒的染色体，它们的繁殖依赖于反转录（reverse transcription）。而第二类的成员具有多聚腺苷酸及其离子的 RNA 结构。

转座子现在广泛地应用于遗传操作，如基因位点作图、理想基因的标记以及基因突变的诱导。

七、拟等位基因

同一基因的不同状态称为等位基因。等位基因控制纯合状态的表现型。在一个杂合体中，显性等位基因表现出来，而在后来的世代中，等位基因正常地分离，没有任何它们间的重组（recombination）。在果蝇中，有时位于连锁图上相同位点的基因可能表现重组，从而证明虽然它们在功能上是等位基因，但结构上它们是非等位的（non-allelic），这样同一基因的可变状态被称为拟等位基因。

等位性测验，以便发掘 2 个有关的突变等位基因是彼此等位的或非等位的，是根据 F_1 个体是否能在 F_2 世代产生野生类型（图 14-13）。

Oliver 和 Green 应用不同的果蝇突变型进行试验，果蝇突变型是菱形位点杂合体（locus lozenge，I_z）眼较小，较黑，而且高度椭圆形，在两个菱形位点突变型杂交的 F_2 世代可以获得频率很低的野生重组类型，其至亲本间不存在野生类型。

后来用杏色眼和白色眼果蝇杂交，Lewis 获得具有中间眼色的 F_1，在 F_2 代，他期望只有杏色眼和白色眼的分离，但是也恢复出现了频率很低的野生类型。

在这两个试验中已经证明突变基因显然会重组，因此根据经典的等位性概念，证明其是非等位的。正因为这些等位基因的行为是非等位的，Lewis 喜欢称它们为拟等位基因，而这种现象称为拟等位性（pseudo allelism）。拟等位基因是紧密连锁的基因，具有类似的表现型效应（phenotypic effect），它们通常表现似等位基因，但是广泛的试验证明它们能够通过交换而分离。

虽然 F_2 世代出现野生类型可以根据拟等位性予以解释，但是 F_1 为什么是野生类型则难以解释。这个可以根据由于突变等位基因的不同排列

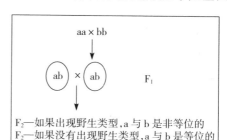

图 14-13 等位性的测验

（顺式—反式）缺乏互补作用而加以解释。

在 F_1 杂合体中两种排列是可能的（图 14 - 14）。在同一染色体上两个突变等位基因以及在另一同源染色体上的野生的配对（顺式，Cis），在 2 个不同的同源染色体的突变等位基因（反式，trans）。在 F_1 个体的反式构型（configuration）中不可能有野生类型的表现。因为基因内、等位基因内交换是可能的，因此，F_1 个体（反式）产生了＋＋和 ab 配子。这样，F_2 代＋＋/＋＋或＋＋/ab 将表现野生类型。

图 14 - 14　杂合状态的等位基因 a 和
　　　　　 b 的顺式和反式排列

八、假 基 因

与其他基因相类似但是它们的碱基序列有误差，而使其不可能含有生物学信息但经常存在的基因。这些假基因（pseudo gene）在进化过程中 DNA 序列产生误差，从而导致编码蛋白质能力的丧失。因此，假基因是进化的残遗。若干球蛋白假基因存在于球蛋白基因簇中。

九、自在基因

自在基因（selfish gene）是在细胞中繁殖的基因，尽管这些细胞所在的有机体受到损害。自然选择似乎对它们有利，果蝇中偏分离基因（segregation distorter gene，SD）已经证明，能使有些基因的期望分离比例产生极端的变化（extreme modification）。这是因为有一组特殊的配子，没有参加根据期望的减数分裂模式进行受精。自在基因也含有植物中的复制转座子（replicative transposon），线粒体雄性不育基因。自在 DNA（selfish DNA）这一词语被 Orgel 和 Crick 应用于重复序列，这由于它们在细胞中有复制能力而存在。已经表明没有进化功能。

■ 小结

基因，作为遗传物质，有某种基本的特性——自催化、异催化及突变（mutation）。性状的遗传控制通过特殊的酶而调解。基因和酶之间的关系是 1：1，像根据脉孢菌属的氨基酸生化合成途径，以及人类代谢病害所考虑的生化突变所证明的。由研究人类患镰刀形细胞贫血的血红蛋白多肽而提出一个基因一个多肽的概念。

基因是遗传的最后单位，根据 Benzer 在噬菌体上的工作而进行修饰。根据互补作用测验和重组测验（recombination test），他创造了顺反子这一名词——功能单位（基因的亚门，subdivision of gene），重组子（recon）——重组单位（顺反子的亚门），突变子（muton）——突变单位（重组子的亚门）。经典基因在结构上可以和顺反子（cistron）相比拟。

较高等有机体的基因是不连续的（断裂基因），由外显子（主要的可以翻译的序列）

和内含子（不能翻译的插入序列）所组成，如小鸡的卵清蛋白基因。一个基因可能在性质上是重叠的或包含的，一个特殊的核苷酸序列正在被两个不同的编码不同蛋白质的顺反子所利用着，如 ΦX174 的基因组。

　　一个基因具有从染色体上的一个区域移动到另一区域的能量，称为活动基因或转座子（Tn），细菌中的插入序列以及复合转座子有助于人类病原种的抗生抗性的发展。玉米中的 Ac/Ds 体系，金鱼草中的 En/I、stowaway，矮牵牛和水稻是真核生物中转座子的实例。转座子和插入序列在进化中起重要的作用，特别是在豌豆皱缩种子性状的隐性的表现得到证明，这一性状较早地被孟德尔应用于经典试验中。转座子被广泛地应用于基因位点的标记、作图以及诱致突变。

　　紧密连锁的基因，具有相类似的表现型效应，通常行为像等位基因，但是可以被交换而分离，被称为拟等位基因，如果蝇中的菱形位点。有些基因类似别的基因，但在它们的碱基序列上显示错误，而使它们失去功能，称为假基因，如球蛋白假基因。自在基因，尽管对有机体有损害，例如果蝇的分离异常基因在系统中复制、存在。

第十五章　蛋白质合成及其调控

蛋白质构成细胞的主要部分，蛋白质是由约 20 种氨基酸形成基本构架而组成的。在蛋白质分子中，氨基酸通过肽键连接起来形成长链称为多肽。多核苷酸特定片段的碱基序列决定特定的多肽氨基酸序列。

一、中心法则

DNA 分子中的生物信息蕴藏在它的碱基序列之中，基因表达就是将这样的信息释放到细胞中去的过程。遗传信息的使用描述称为中心法则，最初由 Crick 提出遗传信息从 DNA 传递给 RNA 再到蛋白质（图 15-1）。基因表达过程中，DNA 分子通过指导互补 RNA 系列的合成拷贝其遗

图 15-1　中心法则

传信息，这就是转录。然后 RNA 指导多肽的合成，多肽的氨基酸序列由 RNA 的碱基序列决定，这个过程就是翻译。蛋白质的氨基酸序列决定其三维结构，反过来它又决定蛋白质的功能。

细胞的功能，乃至生物体的功能依赖于很多不同蛋白质的协同作用，基因内包含的生物信息起着指导在正确的时间和正确的地点合成蛋白质的作用。

二、转　　录

在这个过程中，某个基因 DNA 序列的 RNA 拷贝的产生是基因表达的第一阶段。RNA 是由 RNA 聚合酶以 DNA 为模板合成的。

（一）原核生物的转录

在原核生物中，转录作用在单个 RNA 聚合酶的帮助下，分起始、伸长和终止 3 个阶段。

RNA 聚合酶：RNA 的合成是由单个具有多肽亚基的 RNA 聚合酶完成的。在大肠杆菌中，RNA 聚合酶有 5 个亚基：2 个 α、1 个 β、1 个 β' 和 1 个 σ 亚基（$\alpha_2\beta\beta'\sigma$），这种形式被称为全酶。σ 亚基可以从其他亚基解离下来而形成核心酶。这两种形式的 RNA 聚合酶在转录中起不同的作用。β 亚基是与 σ 亚基相互作用所必需的。σ 亚基识别 DNA 的起始信号指导 RNA 聚合酶结合到 DNA 模板的起始位置。β' 亚基参与 RNA 聚合酶与 DNA 分子的结合。

1. 起始　起始 RNA 聚合酶结合到启动子座位。

（1）起始的启动子座位　转录不能随机起始，必须从基因的特异性起始位点开始。转录起始信号出现在位于被转录基因序列的上游的启动子序列中。启动子含有特异的 DNA 序列作为 RNA 聚合酶的附着点。不同启动子的确切序列可能不同，但是所有的启动子序列符合一个总的模式，即所谓的契合序列（consensus sequence）。在大肠杆菌中，两个序列

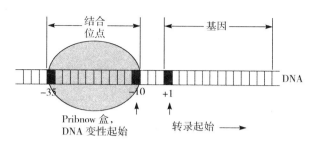

图 15 - 2　大肠杆菌 RNA 聚合酶与启动子序列结合准备从 +1 开始启动 RNA 转录

（依 Russel）

元件：−10 和 −35 序列被 RNA 聚合酶识别，−10 契合序列又称为"Pribnow 盒"，为 TATAAT；−35 序列又称为"识别序列"，为 TTGACA（图 15 - 2）。RNA 聚合酶 σ 亚基负责识别启动子并可能在 −35 盒结合启动子。

（2）RNA 合成起始　当酶结合到启动子上，它最初形成一个闭合的启动子蛋白质，其内部的 DNA 保持双螺旋。酶覆盖约 60bp 的包括 −10 和 −35 盒在内的启动子。为了便于转录起始，双螺旋在富含弱 A - T 键的 −10 盒处部分解离，形成一个开放的启动子复合物。随后 σ 亚基脱离开放的启动子复合物剩下核心酶。同时最早的两个核糖核苷酸结合到 DNA 上，第一个磷酸二酯键形成，转录起始（图 15 - 3）。

2. 延长　在延长过程中，RNA 聚合酶沿着 DNA 分子移动，随着延长的进行，双螺旋不断熔解和解旋。RNA 聚合酶根据模板链的碱基序列向不断成长的 RNA 分子的 3′ 末端添加核糖核苷酸。多数情况下，在达到基因的编码序列之前要合成一段长度不等的领头序列。类似地，在编码序列的末端要合成一段非编码的拖拽序列之后才结束转录。在转录过程中，任何时候只有很小的一部分双螺旋被解旋。解旋的区域还有新合成的 RNA 碱基，它们与模板 DNA 链配对并延伸 12～17 个碱基。解旋区需保持在小范围内，因为一个区域解旋迫使相邻区域超螺旋而拉紧 DNA 分子。为了解决这个问题，RNA 合成之后就从模板 DNA 上释放下来以便 DNA 双螺旋重新形成（图 15 - 4）。

通过添加激活的三磷酸核糖核苷（ATP、UTP、GTP、CTP）使 RNA 链延长。每添加一个核苷三磷酸核糖到成长的 RNA 链就释放一个焦磷酸（PPi）。焦磷酸迅速水解成为无机磷酸盐，焦磷酸水解提供 RNA 链合成所需的能量。每加一个三磷酸核糖核苷单体，需要消耗两个高能磷酸键。整个反应可以总结如下：

DNA 模板 + 活化的三磷酸核苷酸（ATP、GTP、CTP、UTP）$\xrightarrow{\text{RNA 聚合酶}}$ DNA 模板 + RNA 聚合体（AMP、GMP、CMP、UMP）+ P～P

RNA 链的延长是通过核心酶沿着 DNA 模板而进行的。在转录过程中，RNA 的合成是将三磷酸核苷亚基（ATP、GTP、CTP、UTP）多聚化的过程。一个核苷酸的 3′- OH 与另一个核苷酸的 5′ 磷酸反应形成一个磷酸二酯键。转录本合成的方向是 5′→3′，由于碱基配对需要两条链反向平行，所以模板链的运动方向是 3′→5′。

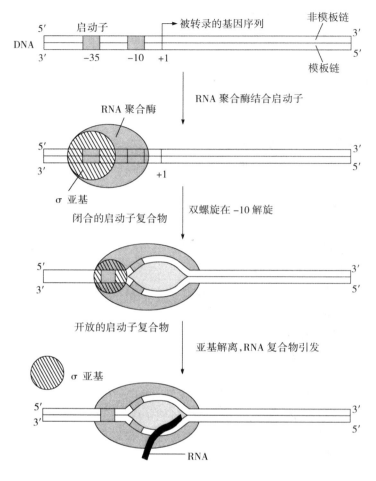

图 15 - 3　原核生物转录起始
（依 Winter、Hichey 和 Fletcher）

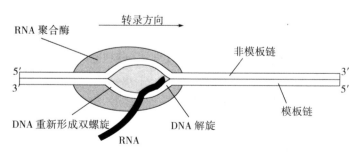

图 15 - 4　转录延长
（依 Winter、Hichey 和 Fletcher）

　　RNA 链延伸方向是 $5'→3'$：如果 RNA 链的合成方向是 $5'→3'$，那么第一个核苷酸必须要有三磷酸基团（P～P～P）。相反如果 RNA 链的合成方向是 $3'→5'$，则三磷酸基团将在延长的末端。已经发现三磷酸基团是附着在 $5'$ 端的第一个核苷酸上，而游离的羟基团在 3′ 末端。这表明合成的方向是 5′→3′。

仅有基因的一条 DNA 链转录 mRNA：在双链 DNA 中，某一个基因只转录其中的一条链。转录的 RNA 只与 DNA 的一条链互补。然而，未必所有的基因位于 DNA 双螺旋的一条链上。一个基因可能是从一条链上转录 RNA，而另一个基因则可能从另一条链上转录。这两条链或者说是双螺旋称为模板链和非模板链。RNA 的合成是以模板链为模板拷贝非模板链（图 15-5），非模板链也称为有意义链（＋）或者编码链。合成的 RNA 分子称为转录本。

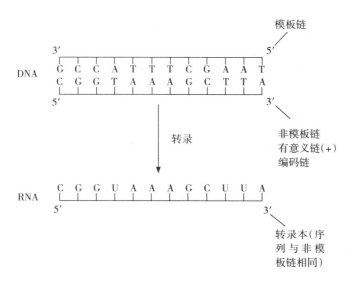

图 15-5 DNA 模板链的转录产生一个与 DNA 非模板链序列相同的 RNA 转录本

3. 终止 转录的终止不是随机而是在编码序列之后的特定位点发生的。已知大肠杆菌中的终止发生在回文序列。回文系列约以中间对称序列的第一部分与其紧接着的第二部分完全互补。在单链 RNA 分子中，这种特征使第一部分序列与第二部分序列配对形成茎—环结构（图 15-6）。它们作为转录终止的信号。有些茎—环结构后面其 DNA 链上有 5～10 个 A 串，它们与新合成的 RNA 形成脆弱的 A-U 碱基对。人们认为 RNA 聚合酶刚过茎—环就暂停活动，脆弱的 A-U 碱基对断裂导致转录本脱离模板 DNA。另一种情况是没有 A 串，而是不同的基于 *Rho*（ρ）蛋白质结合破坏 DNA 模板和转录本之间的碱基配对机制使 RNA 聚合

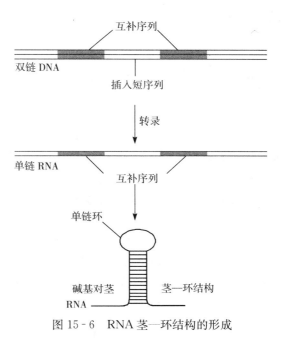

图 15-6 RNA 茎—环结构的形成

酶在茎—环之后中止活动。转录终止包括转录本的释放，核心酶与σ亚基重新结合进入下一轮转录。

（二）真核生物的转录

真核生物的转录方式与原核生物相似，不过启动更为复杂，终止没有茎—环结构，而且转录有3种酶执行（RNA聚合酶Ⅰ、Ⅱ、Ⅲ），每种酶转录特定的一组基因，它们作用的方式也有细微的差异。

RNA聚合酶Ⅱ：这个酶转录编码蛋白质的基因。RNA聚合酶Ⅱ与其启动子的结合涉及几种不同的DNA序列元件以及很多称为转录因子的蛋白质。启动子通常包含一个称为TATA盒的DNA序列元件，它是RNA聚合酶Ⅱ的附着位点。它有一个共有序列5′TA-TA（A/T）A（A/T）3′出现在转录起始点上游25bp处。它的功能是把RNA聚合酶Ⅱ定位到基因起始点正确的位置上从而启动转录。RNA聚合酶附着在TATA盒是在一系列的RNA聚合酶Ⅱ专化的转录因子如TFⅡA、TFⅡB等的帮助下完成的。这些转录因子结合到TATA盒附近的DNA形成一个RNA聚合酶Ⅱ结合的平台。转录因子的结合是有特定的顺序的，TFⅡD首先结合，然后结合TFⅡA和TFⅡB，然后再结合RNA聚合酶Ⅱ，最后再结合TFⅡF、TFⅡE、TFⅡH、TFⅡJ形成一个可以启动转录的复合体（图15-7）。

缺少TATA盒的基因可以在转录起始点附近含有其他启动元件。很多其他启动子元件包含了影响转录的特征性共有序列，如某些基因TATA盒的上游发现了CCAAAT盒。很多基因还含有称为增强子的序列，它们可以极大地激发转录。类似的序列还有抑制转录作用的沉默子。

RNA聚合酶Ⅱ进行转录作用的终止发生在蛋白质编码序列后面的某一点，其机制尚未明确。终止的信号难以鉴定，因为mRNA的3′端在转录之后立刻被剔除。可能是在某一点转录因子的解离使转录复合体不稳定导致后来RNA聚合酶从模板上脱落下来。

RNA聚合酶Ⅰ：该酶转录编码4种核糖体RNA中的18S、28S和5.8S 3种rRNA的基因。被RNA聚合酶Ⅰ识别的启动子有两个高效转录所必需的重要序列元件：核心元件涵盖转录起始位点和转录起始点上游约100bp的控制序列。这些序列结合RNA聚合酶Ⅰ及其转录因子。核心控制序列与提高转录起始速率有关。终止信号由18bp共有序列组成，出现在基因下游约600bp处。

1. RNA的加工　真核生物中，mRNA是由编码蛋白质的基因经RNA聚合酶Ⅱ转录产生的，以它为模板在翻译过程中合成蛋白质。真核生物基因中的编码信息是不连续的，外显子与不编码的内含子相间排列。外显子和内含子转录成为mRNA前体，在作为蛋白质合成模板之前，mRNA前体经过一系列加工过程（剪切、加帽、多聚腺苷酸化）成为成熟的mRNA。RNA聚合酶Ⅱ转录的RNA以长度不等的一群分子存在于细胞核内，反映基因的大小不同或者处在不同加工阶段，称为核不均一核糖核酸（hnRNA）。

原核生物的基因一般没有内含子，mRNA不需要加工，mRNA的翻译甚至在转录完

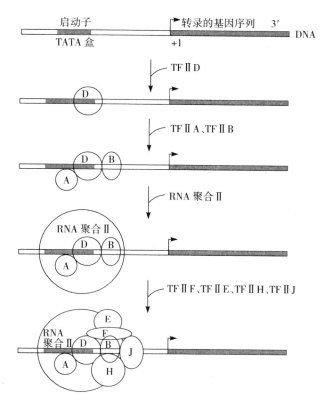

图 15-7　RNA 聚合酶Ⅱ与转录因子结合到真核生物基因启动子的过程
（依 Winter、Hickey 和 Fletcher）

成之前就开始了。

（1）剪切　这个过程发生在核内，将内含子从前体 mRNA 剔除产生成熟 mRNA，使对应于外显子的编码序列连续起来。作为蛋白质合成的精确模板的成熟的剪切 mRNA 被运输到细胞质中作为模板供蛋白质合成。

剪切依赖于 mRNA 前体中的信号序列。几乎所有基因的内含子的 5′端的前两个核苷酸都是 GT，3′端的最后两个核苷酸都是 AG。这些是出现在内含子 5′端 和 3′端更大的信号序列的一部分，完整的 5′端信号序列是 5′ AGGTAAGT 3′，3′端的序列是 5′ YYYYYYNCAG 3′（Y=嘧啶，N=任何核酸）。脊椎动物内含子 3′信号序列上游 10～40 碱基有一种分支点序列。酵母中内含子中有更专化的 5′ UACUAAC 3′。剪切分两步进行（图 15-8）。第一步分支点腺嘌呤的 2′羟基攻击 GT（5′剪切位点）中 G 的 5′磷酸二酯键，键断裂之后释放内含子的 5′端并使其连接到分支系列，于是内含子形成带尾的环状结构，称为一个套索，内含子释放下来，两个外显子序列被整合在一起。

剪切是由一组名为核小核糖核蛋白（snRNP）的分子 U_1、U_2、U_4、U_5、U_6 催化的。这些分子组成一个富含尿嘧啶的小 RNA 分子——U RNA 或者核小 RNA（snRNA），它们与蛋白质一起构成复合体。U1 snRNA 结合到 5′剪切位点，U2 snRNA 结合到分支点序列。然后其余的 snRNP、U5、U4/U6，与 U1 和 U2 形成复合体使内含子环出而外

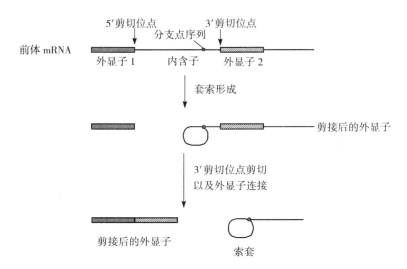

图 15-8　真核生物前体 mRNA 的剪切

显子聚集。前体 mRNA 与 snRNP 的组合称为剪切体，剪切体还负责将前体 mRNA 折叠成合适的结构便于剪切（图 15-9）。剪切体也催化切除内含子连接外显子的切割和连接反应。一旦剪切完成剪切体就解体。

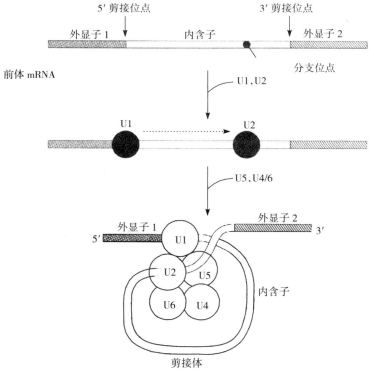

图 15-9　剪切体的形成
（依 Winter、Hickey 和 Fletcher）

（2）加帽　真核生物 mRNA 前体的 5′ 端要被所谓的加帽修饰，即添加修饰的 7 - 甲基鸟嘌呤。这个帽子是被鸟苷酰转移酶通过不寻常的 5′→5′ 三磷酸键将 GTP 加入到 mRNA 的第一个碱基上的。然后甲基转移酶在鸟嘌呤 N7 位置上加一个甲基，并且通常也在下面的两个核苷酸的核糖的 2′ 羟基上加上甲基。加帽保护了 mRNA 不被胞浆中的外切核酸酶从 5′ 末端降解，同时也作为允许核糖体识别 mRNA 分子的起始位点的信号。

（3）多聚腺苷酸化　多数真核生物的 mRNA 前体在它们的 3′ 端要添加多达 250 个腺嘌呤即一个 polyA 尾巴来修饰，这种修饰称为多聚腺苷酸化，需要在 mRNA 前体中有信号序列。它们由出现在 mRNA 前体末端的多聚腺苷酸化信号序列 5′AAUAAA3′ 和出现在 11～20 碱基之后的 YA 序列（Y＝嘧啶）以及通常再往下游的 GU 富集序列组成。很多蛋白质特异性识别和结合这些序列形成一个复合体，在 5′AAUAAA3′ 下游约 20 核苷酸处剪切 mRNA。然后 poly（A）聚合酶在 3′ 端添加腺嘌呤。添加 poly 尾巴的目的可能是保护 mRNA 编码区不被外切核酸酶降解。

2. RNA 的编辑　mRNA 前体也可能经过 RNA 的编辑，即通过碱基插入、删除或者替换改变前体 mRNA 序列。RNA 编辑首先在线粒体中基因中得到鉴定，在其转录本中发现有大量的尿嘧啶插入。

三、翻　　译

翻译是细胞合成蛋白质的过程，在翻译过程中，mRNA 分子中的编码信息被用来规定蛋白质的序列。翻译分三阶段进行：起始、延长和终止。起始时核糖体结合到 mRNA 上，延长阶段不断添加氨基酸，终止时释放新的肽链。3 个阶段都有很多辅助蛋白质协助核糖体。翻译需要消耗的细胞能量是由三磷酸鸟苷（GTP）和三磷酸腺苷（ATP）水解提供的。

1. 转移核糖核酸的作用　转移核糖核酸分子在翻译过程中起着按照 mRNA 规定的序列传送氨基酸到核糖体上的重要作用，确保氨基酸以正确的顺序连接。通常细胞含有很多种 tRNA，每一种 tRNA 特异性地结合 20 种氨基酸中的一种。所以，每一种氨基酸可以不止一种 tRNA。结合同一种氨基酸的转移核糖核酸称为同工 tRNA。在翻译开始之前，氨基酸与其 tRNA 共价结合，然后 tRNA 再识别 mRNA 上特定氨基酸的密码子。某个氨基酸与其 tRNA 的结合称为氨酰化或装料。氨基酸是共价结合到 tRNA 的受体臂末端（碱基序列总是 5′ CCA 3′）的。在氨基酸的氨基和受体臂末端腺嘌呤的 3′ 羟基之间形成化学键。装料由氨酰 tRNA 合成酶催化，需要水解 ATP 来完成。每种氨基酸都有不同氨酰 tRNA 合成酶存在，而每种酶都可以装载该氨基酸的所有同工受体 tRNA。氨酰 tRNA 合成酶同时识别合适的氨基酸和相应的 tRNA。

当正确的氨基酸结合到 tRNA 之后，它识别 mRNA 上编码该氨基酸的密码子，从而按照 mRNA 序列的规定把氨基酸放置在正确的位置上。这样确保 mRNA 编码的氨基酸序列被忠实翻译。密码子的识别是通过 tRNA 上的反密码子环，环上被称为反密码子的 3 个核苷酸按照碱基配对原则与密码子特异性结合。整个密码子、反密码子的结合类似于三脚插头与插座的识别，脚和插座都是高度特异性的。DNA 的 4 种碱基可以组合成 64 种密码子，3 种密码子作为翻译终止的信号，剩下的 61 种密码子编码 20 种合成蛋白质的氨基酸。因此大多数氨基酸有一种以上的密码子编码。

2. 氨基酸的激活及其与 tRNA 的结合　细胞质中的氨基酸处于无活性状态，只有获取由 ATP 产生的能量之后才被激活，氨基酸与 ATP 结合。这步反应由氨酰 RNA 合成酶特异性催化，在 ATP 的 α 磷酸与氨基酸的羧基之间形成高能的氨酰基键，生产氨酰基腺苷酸。ATP 的 β 和 γ 磷酸断裂下来形成无机焦磷酸。

$$aa_1 + ATP \xrightarrow{aa_1 - 激活酶} (aa_1 \sim AMP)\ Enz_1 + PP$$
$$（aa＝氨基酸）$$

激活的氨基酸被转移到对应的 tRNA 上去。在氨基酸的羧基与 tRNA 的 3′ 末端的腺嘌呤羟基形成一个高能酯键。氨酰基 AMP-酶复合体与特异的 tRNA 反应形成氨基酸酰-tRNA 复合体。

$$（AMP \sim aa_1）Enz_1 + tRNA_1 \longrightarrow aa_1 - tRNA + AMP + Enz_1$$
$$（aa＝氨基酸）$$

3. 多肽合成的启动　核糖体以大小亚基分离的方式存在，翻译的第一步是小亚基结合到 mRNA 上去。翻译一般始于 AUG 序列，这就是编码蛋氨酸的密码子，被称为翻译起始密码子，有时候是 GUG。核糖体结合到 mRNA 上位于 AUG 上游的特异性位点（Shine-Dalgarno 序列）。真核生物中，核糖体小亚基识别 mRNA 的 5′ 末端的帽子结构，然后向下游移动，直到遇到第一个 AUG，一个载有蛋氨酸的 tRNA 结合到位于小亚基的 AUG 上去。

（1）原核生物　多肽链启动的发生涉及启动因子、核糖体亚基和氨基酸酰基-tRNA 复合体。

①启动因子。很多称为启动因子的附属蛋白质是启动所必需的。细菌有 3 种因子，即 IF1、IF2 和 IF3。启动开始与 IF1 和 IF3 结合到核糖体小亚基上，这样有利于防止大亚基在 mRNA 结合之前与小亚基结合。接着，IF2-GTP 与小亚基结合，它的作用是协助启动 tRNA 的结合。小亚基再与 mRNA 结合并定位到 AUG 起始密码子。起始蛋氨酸-tRNA 结合到复合体上去，同时释放 IF3。然后核糖体大亚基结合到起始复合体形成完整功能的核糖体，同时伴随着 IF1、IF2 的启动和 GTP 的水解（图 15-10）。

②甲酰甲硫氨酸 tRNA 的形成。原核生物中，甲硫氨酸携带一个甲酰基（—CHO），因此称之为 N-甲酰甲硫氨酸，它的合成通过起始 tRNA 进行，它可以缩写为 tRNAfMet。起始 tRNA 或者 tRNAfMet 与甲硫氨酸形成一个复合体成为甲硫氨酰 tRNA fMet。甲硫氨酸的氨基被甲酰基阻断，形成 N-甲酰甲硫氨酰 tRNAfMet，这个反应是由转甲酰酶催化的。

$$Met - tRNA\ fMet + 甲酸 \xrightarrow{转甲酰酶} fMet - tRNA\ fMet$$

③启动因子与 30S 的结合。核糖体小亚基与 IF1、IF3 结合之后，IF2-ATP 结合到小亚基上。

④30S 小亚基与 mRNA 结合。核糖体是蛋白质合成的场所，而且可以解体成亚基

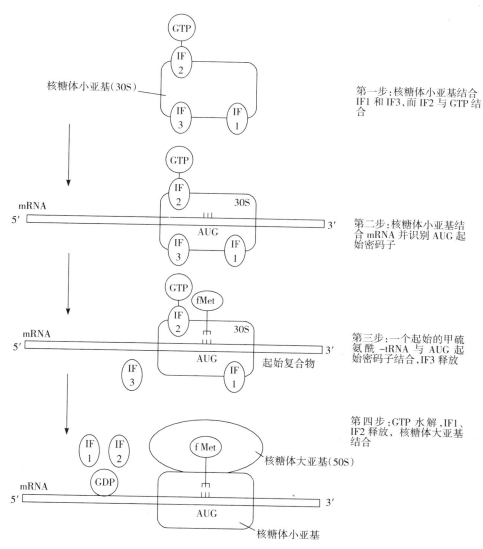

第一步:核糖体小亚基结合 IF1 和 IF3,而 IF2 与 GTP 结合

第二步:核糖体小亚基结合 mRNA 并识别 AUG 起始密码子

第三步:一个起始的甲硫氨酰-tRNA 与 AUG 起始密码子结合,IF3 释放

第四步:GTP 水解,IF1、IF2 释放,核糖体大亚基结合

图 15-10　大肠杆菌翻译的启动

（依 Winter、Hichey 和 Fletcher）

（50S 和 30S）。30S 的亚基与 mRNA 的 AUG 密码子接触形成 mRNA-30S 复合体。这个过程需要启动因子 IF3。

⑤fMet-tRNA fMet 与 30S-mRNA 复合体的结合。fMet-tRNA fMet 与 30S-mRNA 复合体接触形成 30S-mRNA-fMet-tRNAfMet 启动复合体。这个反应是由启动因子 IF2 促成的,在此过程中释放 IF3。

$$30S\text{-}mRNA\ 复合体+fMet\text{-}tRNA\ fMet \longrightarrow 30S\text{-}mRNA\text{-}fMet\text{-}tRNA\ fMet$$

⑥核糖体亚基的联合。起始复合体形成之后与 50S 亚基联合重组 70S 核糖体。在此过程中,GTP 被转化成 GDP,同时 IF1、IF2 释放出来。

$$30S\text{-}mRNA\text{-}fMet\text{-}tRNA\ fMet+50S \longrightarrow 70S+mRNA\text{-}fMet\text{-}tRNA\ fMet$$

（2）真核生物　在多肽链合成的启动方面原核生物与真核生物之间有微小的差异（表15-1）。

表 15-1　原核生物与真核生物在翻译启动上的差异

原核生物	真核生物
1. 起始氨基酸（甲硫氨酸）甲酰化	1. 起始氨基酸（甲硫氨酸）不发生甲酰化
2. 核糖体在 AUG 密码子或 Shine-Dalgarno 位点进入 mRNA	2. 核糖体 mRNA 的 5′末端进入，然后通过线性扫描向 AUG 密码子前进
3. 只需要 3 个起始因子	3. 需要更多的起始因子
4. 核糖体小亚基（30S）可以在结合起始因子 Met-tRNAfMet 之前与 mRNA 结合	4. 核糖体小亚基（40S）只有在结合了起始因子 Met-tRNA 之后才能与 mRNA 稳定结合

①启动因子。在真核生物中有更多的起始因子。它们是 eIF1、eIF2、eIF3、eIF4A、eIF4B、eIF4C、eIF4D、eIF4F、eIF5、eIF6。eIF2、eIF3、eIF4F 含有多个肽链，其他的只有简单的多肽。eIF2 和 eIF3 与原核生物的 IF2 和 IF3 同源。

②三重复合体的形成。GTP 结合到 eIF2 而提高其与 Met-tRNAMet 的亲和力。Met-tRNAMet 与 eIF2-GTP 复合体结合形成三重复合体，即 Met-tRNAMet-eIF2-GTP。在真核生物中，这个起始 tRNA 没有甲酰化。

③三重复合体与 40S 亚基结合。三重复合体与 40S 亚基连接形成 43S 的起始复合体。eIF2 因子有 α、β、γ3 个亚基。eIF2α 结合到 GTP 上去，eIF2γ 与 Met-tRNA 结合，eIF2β 则可能是一个循环因子。

④mRNA 与 43S 起始复合体结合。mRNA 以其 5′末端与 43S 起始复合体结合。这个反应依赖于 eIF3，mRNA 与 43S 的结合是在 eIF4F、eIF4B 的协助下进行的，同时形成一个 ATP 高能键。

⑤与 60S 亚基的结合。结合了 mRNA 的 5′端之后，起始复合体向 3′端移动寻找起始密码子 AUG，然后也要与 60S 亚基结合。60S 亚基与起始复合体的结合需要 eIF5，因为 eIF5 协助 eIF2 和 eIF3 的释放。eIF2 是以 eIF2-GDP 双复合体形式释放的。40S～60S 的结合依赖于 eIF4C，起始复合体中的 GTP 水解，80S 核糖体重新建成。

4. 多肽的延长　多肽的延长过程如图 15-11 所示。

（1）延长因子　许多附属蛋白质是延长所必需的。原核生物中涉及 EF-Tu 和 EF-Ts 有两种延长因子。EF-Tu 与 tRNA 进入到 A 位有关。在 GTP 作用下，EF-Tu 结合装载氨基酸的 tRNA，进入 A 位以后 GTP 水解，释放的 EF-Tu 与 GDP 结合。在另一个 tRNA 能结合之前，EF-Tu 必须在 EF-Ts 的帮助下再生。首先 EF-Ts 取代 GDP 结合到 EF-Tu 上，然后一个新的 GTP 分子取代 EF-Ts（图 15-12）。在真核生物中，一个称为 eEF-1 的复杂蛋白质把 tRNA 带到 A 位，同样这个反应与 GTP 水解相连。

（2）核糖体大亚基 A 位上氨基酸-tRNA 的结合　核糖体大亚基有两个位置可以使两个 tRNA 相互接触，分别是 P 位（肽位）和 A 位（氨酰位）。fMet-tRNA fMet 首先进入 A 位，然后进入 P 位，使 A 位空出给下一个氨酰 tRNA。氨基酸-tRNA 结合到 A 位

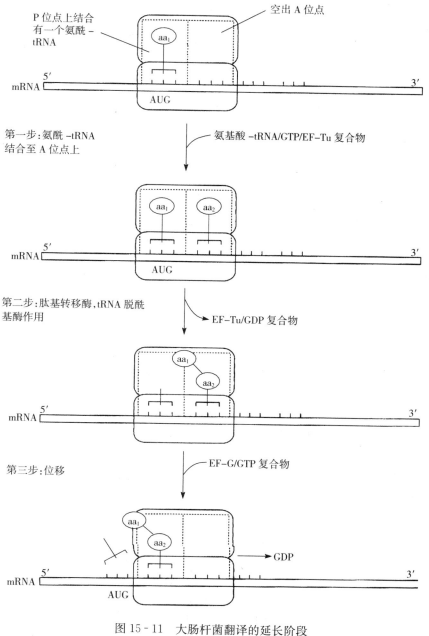

图 15 - 11　大肠杆菌翻译的延长阶段

aa＝氨基酸

（依 Winter、Hickey 和 Fletcher）

时，需要一个分子的 GTP 以及 EF-Tu 和 EF-Ts。EF-Tu 与氨基酸-tRNA 和 GTP 形成三元复合体（氨基酸-tRNA-GTP-EF-Tu）。这个复合体的形成是在 EF-Ts 催化下完成的，这个复合体在 A 位放下氨基酸-tRNA，释放出 EF-Tu-GDP 以及一个磷酸。

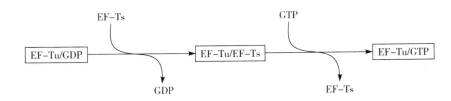

图 15 - 12　EF-Tu/GTP 复合体的再生

$$（\text{aa-tRNA}）＋GTP＋EF\text{-}Tu \xrightarrow{\text{EF-Ts}}（\text{aa-tRNA-GTP-EF-Tu}）三元复合体$$

（aa＝氨基酸，下同）

（3）肽键的形成　这是一个酶促反应，在此过程中 P 位的肽基-tRNA 上的游离羧基（—COOH）与 A 位上的氨酰 tRNA 上的游离氨基（—NH$_2$）之间形成一个肽键。参与此反应的酶称为肽基转移酶，它是核糖体 50S 亚基的一部分。肽键合成以后，P 位点 tRNA 脱酰基，A 位上的 tRNA 携带多肽。

$$（\text{aa - tRNA - GTP - EF - Tu}）＋核糖体 \xrightarrow{\text{EF - Ts}}（\text{aa - tRNA -核糖体}）＋（\text{EF -Tu-GDP}）＋Pi$$

（4）肽基 RNA 从 A 位向 P 位的转移　肽基 tRNA 需从 A 位转移到 P 位，关于这个转移过程，有两个模型：

①两位点（A、P）模型。脱酰基的 tRNA 从 P 位释放下来在一个 GTP 分子和一个延长因子 EF-G 的作用下，肽基 tRNA 从 A 位移到 P 位。结合到核糖体上的延长因子 EF-G 在 GTP 水解的作用下释放下来。

②三位点（A、P、E）模型。在肽转移的时候，结合到 A 位点的 tRNA 的氨酰基末端首先移动到 50S 亚基的 P 位上，紧接着，这个 tRNA 的反密码子末端从 30S 亚基的 A 位移到 P 位。后面这个步骤需要延长因子 EF-G 的作用。因此在这个模型中，有一个中间状态，即 tRNA 的反密码子末端仍然在 A 位上（30S 亚基上），而氨酰基末端占领着 P 位（50S 亚基上），tRNA 的第三个结合位点 E 也位于 50S 亚基，tRNA 从此处离开核糖体。

5. 多肽的终止　多肽的终止是由 UAA、UAG、UGA 3 个终止密码子中的任何一个的出现而引起。在原核生物中，这些终止密码子被两个释放因子 RF1 和 RF2 中的一个识别。两个释放因子中的 RF1 识别 UAA 和 UAG，RF2 识别 UGA，它们帮助核糖体识别这些三联体密码。第三个释放因子 RF3 似乎有促进 RF1 和 RF2 的作用。释放作用中，多肽 tRNA 必须在 P 位，释放因子帮助裂解多肽与最后一个 tRNA 之间的羧基（图 15 - 13）。多肽由此释放下来，核糖体在 RF3 的作用下解体成为两个亚基。在真核生物中，只有一个释放因子 eRF，GTP 对于把这个释放因子结合到核糖体上去是必需的。终止之后 GTP 水解，这可能是 RF1 从核糖体上释放出来的前提条件。

6. 多肽释放后的修饰　释放出来的多肽以各种方式被修饰。去甲基酶去掉第一个氨基酸——甲硫氨酸的甲基。在其他某些酶的作用下，如外氨肽酶，氨基酸可以从 N 末端或/和 C 末端去除。还有些修饰包括磷酸化、甲基化、乙酰化、羟基化、糖基化等。单个

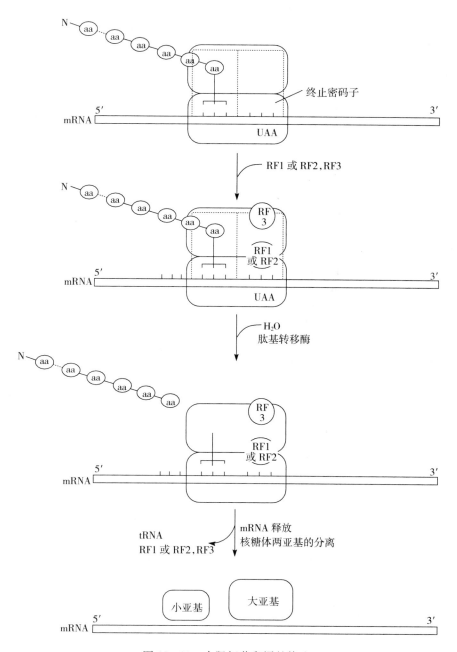

图 15-13 大肠杆菌翻译的终止

aa＝氨基酸

（依 Winter、Hickey 和 Fletcher）

多肽链或者与其他肽链也可以折叠形成三级结构，通过这样的方式，这些蛋白质最终成为有功能的酶。

翻译作用的整个过程见图 15-14。

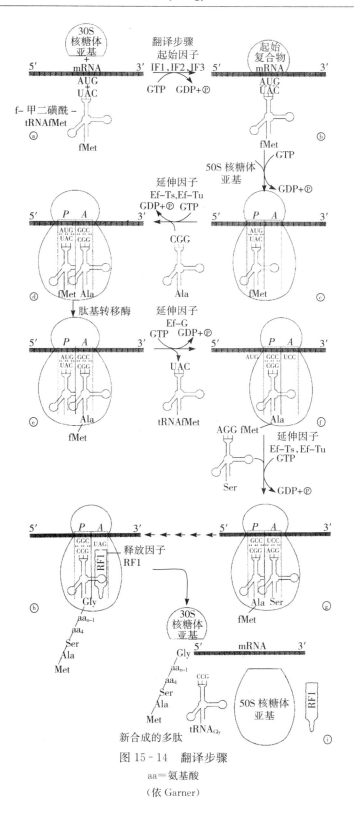

图 15-14　翻译步骤

aa＝氨基酸

（依 Garner）

四、蛋白质合成的调控

在某一生物中，不同的基因意味着合成不同的蛋白质。不是所有的蛋白质在某一时间都是必需的。所以所有的功能基因并不是一直合成多肽。随着发育的进行，一些基因上调，另外一些基因下调或者停止，也就是基因在不同时间有开有关。这个过程称为差异基因作用。虽然细胞含有同样一套合成很多酶的基因，但是必须有一种使细胞在某个特定的时间只允许必需的基因发挥功能而其他的基因必须受到控制的机制。

合成的速率可以通过若干因子进行改变：①改变基因转录的速率；②改变 mRNA 的降解速率；③改变翻译速率。

（一）原核生物的调控

细菌基因转录的调控是通过称为操纵子的几个基因的联合体来调控的。它们是转录的基本单位，其中的基因在功能上有关联，一起调控。也有其他一些编码控制操纵子基因表达的调控蛋白基因。操纵子分为诱导型和阻遏型。

1. 诱导和阻遏系统 大肠杆菌 β-半乳糖苷酶负责将乳糖水解成为葡萄糖和半乳糖。

$$乳糖 \xrightarrow{\beta\text{-半乳糖苷酶}} 葡萄糖 + 半乳糖$$

如果不供应乳糖给大肠杆菌，β-半乳糖苷酶几乎检测不到。一旦添加乳糖，β-半乳糖苷酶的合成增加。随着底物（乳糖）的减少，β-半乳糖苷酶迅速降低。这种通过添加底物可以诱导酶蛋白合成的酶称为诱导酶，控制这种酶合成的遗传系统称为诱导系统。添加的底物可以诱导酶的合成，称为诱导物。

还有一种相反的情况，如当外界不供应氨基酸的时候，大肠杆菌可以合成所有氨基酸合成所需的酶。然而，如果添加某一种氨基酸，如组氨酸，那么组氨酸合成酶降低。在这个系统里，添加生物合成的终产物阻遏生物合成所需的酶的合成。这种添加反应的终产物可以阻遏合成的酶称为可阻遏酶，其遗传系统称为可阻遏系统。添加可以阻遏酶的合成的终产物称为阻遏因子。

细胞中发现了一类称为阻遏物的分子，它们抑制基因的活性。有活性的阻遏物可以通过添加诱导物使其失活，而无活性的阻遏物可以通过添加辅阻遏物激活。

2. 操纵子模型 是由 Jacob 和 Monad 首先提出来的解释酶合成的诱导或阻遏的假说。他们提出的图式称为操纵子模型。这个模型中有以下几个成分，结构基因、启动子基因、操作基因、调节基因、效应物或诱导物基因。

结构基因：它们是直接涉及细胞蛋白质合成的基因，通过转录产生 mRNA 并决定合成蛋白质的氨基酸序列。一个操纵子下面的结构基因可以形成一条长的多顺反子或多基因的 mRNA 分子。

操纵基因：它紧邻结构基因，决定结构基因是否被阻遏物蛋白质（调节基因的产物）所阻遏。操纵基因是阻遏物蛋白质的结合位点，阻遏物结合到操纵基因上，形成一个操纵基因-阻遏物复合体，阻遏物结合上去之后，结构基因的转录不能进行。

调节基因：这些基因产生阻遏物。阻遏物可能是活性的或者无活性的。阻遏物蛋白质有一个与操纵基因识别的活性位点，还有一个与诱导物识别的活性位点。没有诱导物蛋白质的时候，阻遏物与操纵基因结合，阻断 RNA 聚合酶的通道。因此结构基因不能转录 mRNA，而蛋白质的合成也无法进行。在有诱导物的时候，阻遏物蛋白质结合的诱导物上，形成一个诱导物-阻遏物复合体。与诱导物结合的阻遏物失去活性，结果其不能结合到操纵子基因上，蛋白质合成得以进行。

启动子基因：转录实际的起始位点是位于操纵基因左侧的启动子基因，有学者认为 RNA 聚合酶与启动子结合并从此开始移动。

效应物或诱导物基因：效应物是可以连接到调节蛋白质上去决定阻遏物释放与操纵基因结合的小分子（糖或者氨基酸）。在诱导操纵子中，效应物称为诱导物，在阻遏操纵子中，这些效应物分子称为辅阻遏物。

（1）乳糖操纵子　乳糖操纵子（lac 操纵子）是了解得最清楚的操纵子。lac 操纵子可以进行正调控和负调控。负调控是指操纵子的正常状态是"开"（ON），调节基因使其保持"关"（OFF），也就是说，只有需要才允许基因表达。lac 阻遏物实施负调控。正调控是调控基因诱导酶的产生，降解物基因活化蛋白（CAP）促进转录作用，因此它实施正调控。有两种独特的蛋白质参与 lac 操纵子的调控，lac 阻遏物和降解物基因活化蛋白。

乳糖是一种二糖，为了利用乳糖作为碳源和能源，乳糖分子必须从胞外运输到细胞之中，然后水解为葡萄糖和半乳糖。这个反应是由 3 种酶催化的。lac 操纵子含有 3 个编码 3 种酶的结构基因（*lac Z*、*lac Y*、*lac A*）（图 15 - 15）。

lac Z 基因：编码 β-半乳糖苷酶，β-半乳糖苷酶将乳糖降解为葡萄糖和半乳糖。

lac Y 基因：编码透过酶，透过酶将乳糖运输到细胞内。

lac A 基因：编码转乙酰酶，转乙酰酶将乙酰基从乙酰辅酶 A 转移到半乳糖上去。

①lac 操纵子的负调控。lac 阻遏物通过称为调控基因的 *lacI* 基因的作用来合成。这个阻遏物是一种变构蛋白质，它可以在 lac DNA 的操纵基因位点结合，可以结合到诱导物上。没有诱导物时，阻遏物的 DNA 结合位点是有功能的，阻遏物蛋白结合到 lac 基因的操纵基因位点，阻断 RNA 聚合酶对 lac 基因的转录，所以 lac 酶的合成被抑制（图 15 - 16）。

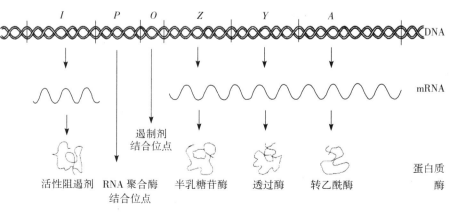

图 15 - 15　Jacob 和 Monod 的基因调控模型应用于大肠杆菌 lac 操纵子

（自 Stent G S）

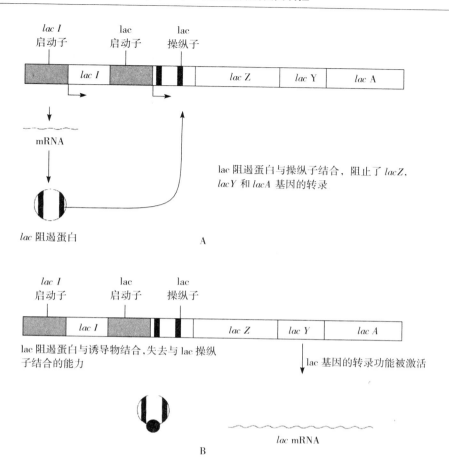

图 15 - 16 lac 操纵子的调控

A. 没有诱导物 B. 有诱导物

（依 Winter、Hickey 和 Fleteher）

乳糖并不是 lac 操纵子的真正诱导物，它与阻遏物结合增加了其对操纵基因的亲和力，另一方面，被结合到阻遏物蛋白质的是异乳糖。当 β-半乳糖苷酶将乳糖降解为葡萄糖和半乳糖时，会发生将半乳糖转变为异乳糖和半乳二糖的副反应。这个异乳糖防止半乳糖的抗诱导效应。当异半乳糖（诱导物）与阻遏物结合，它改变了 DNA 结合位点的结构使得阻遏物失活并从操纵基因上释放下来，因此 lac 基因可以转录。

②lac 操纵子的正调控。这是另一种允许 lac 操纵子感知葡萄糖这种比乳糖更佳的能源的调控机制。如果葡萄糖和乳糖同时出现，细胞将首先利用葡萄糖而不会利用降解乳糖所获得的能量。细胞中的葡萄糖通过一种称为降解物基因活化蛋白（CAP）参与的降解物阻遏机制关闭 lac 操纵子。CAP 与 lac 启动子上游的 DNA 序列结合，促进 RNA 聚合酶的结合和操纵子的转录（图 15 - 17）。

只有 ATP 的衍生物环腺苷酸（cAMP）存在时 CAP 才能结合，cAMP 的水平受葡萄糖的影响。腺苷酸环化酶催化 cAMP 的形成，葡萄糖有抑制作用。当细胞可以获得葡萄糖时，腺苷酸环化酶受到抑制，cAMP 含量低。在这种情况下，CAP 不能结合到启动子的上游序列中，lac 操纵子转录水平非常低。相反，当葡萄糖浓度低的时候，腺苷酸环化酶不被抑制，cAMP 浓度提高，CAP 结合，操纵子的转录水平提高。如果葡萄糖和乳糖同时存在，lac 操纵子的转录水平低。一旦葡萄糖被用完，降解物阻遏终止，lac 操纵子的转录提高，使乳糖可以被利用。

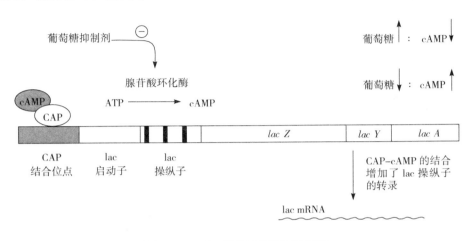

图 15-17 lac 操纵子的降解物阻遏

（2）色氨酸操纵子 这个操纵子含有 5 个编码色氨酸生物合成的基因。基因从一个上游启动子开始转录单个的 mRNA 而表达。这个操纵子的表达受细胞的色氨酸水平调控（图 15-18）。Trp 操纵子的上游调控基因编码一个称为色氨酸阻遏物的蛋白质，这个蛋白质结合一段称为色氨酸启动子的 DNA 序列，这个序列正好位于色氨酸启动子的下游并与启动子有部分重叠。如果细胞中有色氨酸时，色氨酸与阻遏物结合使它能够与色氨酸操纵序列结合，阻碍 RNA 聚合酶与色氨酸启动子的结合，阻止操纵子的转录。当没有色氨酸的时候，色氨酸则不能与色氨酸操纵基因结合，操纵子转录继续进行。色氨酸操纵子编码的酶的终产物——色氨酸，作为一个色氨酸阻遏蛋白的辅助阻遏物通过终产物抑制自身的合成。

弱化作用：这种调控机制允许对色氨酸操纵子或其他操纵子的表达进行微调。色氨酸

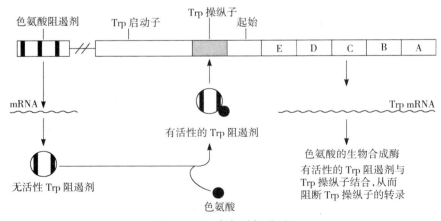

图 15-18 色氨酸操纵子

启动子与第一个色氨酸操纵基因之间的 DNA 序列可以形成一个大的茎—环结构不影响转录作用，也可以形成一个终止子小环。上游短编码区含有色氨酸密码子。色氨酸水平充足时，RNA 聚合酶转录区域后面紧接着一个核糖体防止形成大的茎—环，使终止子环终止转录。如果缺乏色氨酸，核糖体停滞，RNA 聚合酶向前移动，大的茎—环形成，终止子环的形成受阻，转录继续进行。

（二）真核生物

真核生物的基因表达调控机制复杂。细胞仅表达一部分基因，而且不同的细胞表达不同的基因。基因的表达决定细胞的特性，基因表达的变化导致细胞的分化。基因表达调控的异常导致肿瘤的形成。

1. 转录的调控 转录速率的变化常常调控基因的表达。RNA 聚合酶Ⅱ与基础转录因子的相互作用导致在 TATA 盒处形成转录起始复合体（TIC）。其他转录因子通过与启动子序列的结合改变转录起始点速率。转录速率也受增强子和沉默子的影响。

转录因子：启动子有多个与转录因子结合的位点，每个位点都能影响转录。转录因子是一种含有 DNA 结合结构域、二聚体化结构域和转录激活结构域的模块结构。DNA 结合结构域含有 3 个基序：螺旋-转角-螺旋、锌指以及与二聚体化结构域一起出现的碱性结构域。二聚体化结构域含有两种基序：亮氨酸拉链和螺旋-环-螺旋。二聚体化允许形成同型二聚体和异型二聚体，产生各种功能的转录因子。转录激活结构域没有基序，不过常常富含酸性氨基酸，如谷氨酸或脯氨酸。转录过程的不同阶段中它们与各种蛋白质相互作用。转录因子也可以直接或者间接抑制转录作用。

2. 激素调控基因的表达 激素通过激活基因的转录而影响目标细胞。类固醇激素进入细胞时，与类固醇激素受体结合，使受体从抑制蛋白上释放下来。受体二聚体化并转移到细胞核中，在细胞核中受体与目标基因的启动子结合激活转录。多肽激素与目标细胞表面的受体蛋白结合，信号转导启动基因的激活，在此过程中，若干蛋白质通过磷酸化依次激活。

■ 小结

中心法则阐述了生物信息从 DNA 通过转录转移到 RNA，再由翻译转移给蛋白质。

在有 5 个亚基（$\alpha_2\beta\beta'\delta$）的 RNA 聚合酶的作用下，原核生物的转录分启动、延长和终止 3 个阶段。RNA 合成的启动在 RNA 聚合酶的 δ 亚基作用下，发生在启动子序列（Pribnow 盒和识别序列）。RNA 的延长随着 RNA 聚合酶沿着 DNA 分子（模板链 $3'\rightarrow 5'$）移动而进行。RNA 转录本顺着 $5'\rightarrow3'$ 的方向延长。通过形成茎—环结构以及在 *Rho*（ρ）蛋白质的参与下，转录的终止发生在回文序列。

真核生物的转录与原核生物相似，但是，启动更为复杂，终止不形成茎—环结构，转录由 RNA 聚合酶Ⅰ、RNA 聚合酶Ⅱ、RNA 聚合酶Ⅲ承担。真核生物中，转录产生的 RNA（前体 RNA）经过加工后才能成为蛋白质合成的模板（mRNA），加工过程包括剪切、加帽和多聚腺苷酸化。

翻译分为 3 个阶段：启动、延长和终止。tRNA 按照 mRNA 的密码子顺序把氨基酸传递到核糖体上，在翻译中起关键作用。翻译开始之前，氨基酸附着到 tRNA 上去的过程成为 tRNA 的氨酰基化。

翻译起始于 AUG 或者 GUG，真核生物的 IF1、IF2、IF3 是起始因子。步骤包括：甲氨酰甲硫氨酸 tRNA 的形成，mRNA 与核糖体 30S 亚基结合，fMet-tRNA 与 30S - mRNA 复合体的结合，与核糖体大亚基的结合等。真核生物中则涉及更多的起始因子，其过程包括：三重复合体的形成，三重复合体与核糖体 40S 小亚基的结合，mRNA 与起始复合体的结合，与 60S 大亚基的结合。

原核生物多肽的延长涉及两个延长因子：EF - Tu 和偶联 GTP 的 EF - Ts。步骤包括氨基酸- tRNA 与核糖体 A 位点结合、肽键的形成、tRNA 脱乙酰化、肽基 tRNA 从 A 位向 P 位转移。

多肽的终止发生在 UAA、UAG、UGA 中任何一个终止密码子，终止密码子由释放因子（RF1、RF2、RF3）识别，释放的蛋白质经过修饰成为功能蛋白质。

原核生物基因转录的调控由操纵子决定，操纵子分为诱导型和阻遏型。在诱导系统中，底物作为诱导物，而在阻遏系统中终产物作为辅阻遏物。Jacob 和 Monod 提出大肠杆菌基因表达调控的操纵子模型。操纵子的一套成分包括：结构基因（合成细胞蛋白质）、启动子基因（RNA 聚合酶结合位点）、操纵子基因（阻遏物结合位点）、调节基因（产生阻遏物的基因）、效应物（诱导物或辅助阻遏物）。

负调控和正调控在 lac 操纵子中都起作用。负调控中，lac 阻遏物结合到操纵基因位点并阻止结构基因的转录。但是一旦 lac 阻遏物与诱导物结合，就会失去结合操纵基因的能力，lac 基因激活。在正调控中，结合受 cAMP 影响的降解物基因活化蛋白（CAP）增强操纵子的转录。由于 cAMP 的水平与葡萄糖呈负相关，因此葡萄糖抑制 lac 操纵子的转录。

色氨酸合成的操纵子（色氨酸操纵子）是由细胞的色氨酸水平调控的。无活性的色氨酸阻遏物与色氨酸结合后变成为活性色氨酸阻遏物，它与色氨酸操纵基因结合，抑制色氨酸操纵子的转录。弱化作用可以对色氨酸操纵子的表达进行微调。

真核生物的基因表达非常复杂。基因的转录受 TATA 盒位点转录起始复合体的形成所调控。基因启动子有多个转录因子的结合位点。激素通过激活基因的转录影响目标细胞。

第十六章　生物技术与遗传工程

生物技术的范围相当广泛，包括生物界（biosphere）的所有类型。人类致力于从所有方面应用生物有机体的技术，来自生物技术的范畴。食物和饮料中微生物发酵特性（fermentation property）的应用至少可以追溯到到人类文化开始的时期，尽管应用的人并没有注意到这一现象后面的原则。植物和植物产品的霉烂、长毛、熏烤和加工的应用都通过天然的微生物发酵和正常的酶功能。在进化的不同时期，都是这样实施的。

在 21 世纪，特别在农业、园艺、生物工业和医药的不同方面应用特殊的微生物性状已经有了显著的发展。通过 Alexander Flemming 从点青霉（*Penicillium notatum*）开拓性地发现了青霉素（penicillin），抗生素的生产在医药及工业上又开阔了一条应用生物技术的宽广大道。从此以后，许多这方面的进展和产品，所有都来自广义的生物技术（biotechnology）。

因为一个有机体的所有性状都由基因控制，一个有机体中期望出现任何永久性的改变也必需基因水平的改变。基因物质的微小莫测的修补（tinkering）足以形成生物技术遗传基础，可以追溯到 1927 年，当 Muller 继之以 Stadler 在植物中首先通过 X 射线处理发现，辐射可以导致基因的改变——突变。Muller 的发现被认可，1947 年 Hiroshima 及 Nagasaki 原子弹爆炸后获得诺贝尔奖。这一发现随后导致 X 射线在诱致植物突变上的应用，通过高产突变品种改善农业生产。突变诱发导致担负绿色革命任务的高产、矮生小麦品种的发展。这样的方法与常规育种方法和选择相结合，最终导致一系列小麦、水稻和其他作物品种的产生。

以后，生物技术成为科学学科的前沿，这完全由于遗传工程（genetic engineering）技术的重大发展。控制所有性状的基因现在可以化学地加以分解、分离、合成，并受制于形成一种主要的生物技术或者称为重组 DNA 技术（recombinant DNA technology）的操纵（manipulation），这一方法结合植物离体人工培养的进展已经开辟了借水平转移（horizontal transfer）法从一个有机体转移基因到另一有机体的宽广大道。因此，生物技术中遗传工程目前的发展一方面应归功于重组 DNA 技术的进展，另一方面应归功于细胞、组织和器官培养，通常称为组织培养（tissue culture）或离体技术（in vitro technique）（图 16 - 1、图 16 - 2）。

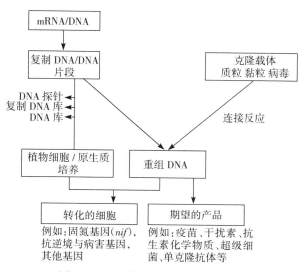

图 16 - 1　遗传工程技术应用的范围

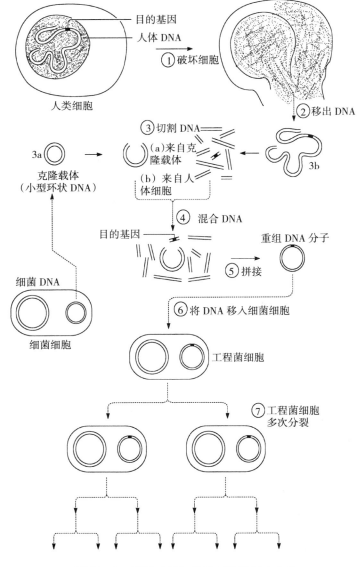

图 16-2　基因工程与基因克隆的基本方法

一、遗传工程（重组 DNA 技术）

　　遗传工程，涉及遗传材料的控制与操纵，直到一个理想的，以及有一个定向并能预测的途径。这一方法的目标是分离 DNA 片段并加以重组。也就是分离 2 个 DNA 分子，用一个或多个特定的酶将其切成片段，而后这些片断再按照理想组合联结在一起，并恢复于一个细胞中，以便复制和繁殖。当该接受的有机体是一个微生物，它繁殖时，有可能获得一个 DNA 特定区域的数百万个复制品，只要此细胞进行繁殖（增殖）时。

　　遗传工程的重要性主要是由于它有不同的应用，例如：

①产生具有特殊理想性状的植物品种（如对病害、干旱的抗耐性，细胞质雄性不育系等）。

②生物化合物以及重要的有机化合物的改进。

③高级有机体遗传失调（紊乱）的校正。

④基因序列是基因组制图以及和提高转基因有机体有关的水平转移基因的应用所必需的。

原则上，重组 DNA 的基本步骤包括：

①准备进行克隆的基因（或 DNA 片段）的分离。

②基因被插入另一片段称为载体（vector）的 DNA，该载体 DNA 将基因带给受体细胞，并进行复制（replication）。

③重组载体转移给受体有机体，既可以通过转化作用（transformation）也可以通过病毒感染。

④含有期望的重组载体的细胞的选择。

⑤转化有机体的生长。

⑥基因的表达以便获得期望的产物。

1. 相关的酶　随着两类酶的发现，使遗传工程成为可能，即限制性核酸内切酶和连接酶。限制性核酸内切酶，正如称谓的限制性酶一样能识别 DNA 链中独特碱基的序列基元（基序，sequence motif），并在识别位点或有一定间隔的位点切割该分子的主链（大分子）。而连接酶是联结同一 DNA 或另一 DNA 链的 $5'$ 端与 $3'$ 端的酶。

（1）**限制性核酸内切酶**　一般核酸酶有内切酶（endonuclease）和外切酶（exonuclease）。内切酶切割两个核苷酸之间的 DNA 主链，也就是，它切割 DNA 双链除端点以外的任何点，但只涉及两链中的一链。外切酶从 DNA 链的 $5'$ 端或 $3'$ 端开始，一次切除或者消化一个核苷酸。限制性内切酶只在特定 DNA 的特殊区域进行切割，因此在总的酶切末端获得互不相连的（discrete）和一定的片段。限制性内切酶是在大肠杆菌寄主细胞的特殊品系中的人字形噬菌体生长的限制体系中观察到的（McSelson et al，1968）。大多数限制性酶只识别一个 DNA 分子中一个短碱基的序列，并使两个单链断裂，每一链断一次，形成在每一位点的 $3'$—OH 和 $5'$—P。限制性酶所识别的序列经常是回文序列（palindrome），也就是，颠倒的重复序列，对称的。已经鉴定了大量的限制性酶，并根据它们切割的位点，分为三类（Ⅰ、Ⅱ、Ⅲ类）。

限制性酶具有 3 个重要的特征：

①限制性酶在回文序列上进行切割。

②断裂通常不是彼此直接相反。

③酶经常产生具有互补端末端的 DNA 片段。

通常应用的限制性酶列于表 16 - 1。

表 16 - 1　限制性酶的来源、剪切位点和剪切产物

微生物	限制性酶	割切地点	割切产物
芽孢杆菌 *Bacillus* *amyloliquefaciens H*	*Bam H* Ⅰ	↓ 5 - GGATCC - 3 3 - CCTAGG - 5 ↑	5 - G　　GATCC - 3 3 - CCTAG　　G - 5

（续）

微生物	限制性酶	割切地点	割切产物
芽孢杆菌 *Bacillus globigii*	*Bgl* Ⅱ	5 - AGATCT - 3 3 - TCTAGA - 5	5 - A GATCT - 3 3 - TCTAG A - 5
大肠杆菌 *Escherichia coli* RY13	*Eco R* Ⅰ	5 - GAATTC - 3 3 - CTTAAG - 5	5 - G AATTC - 3 3 - CTTAA G - A
嗜血流行性感冒菌 *Haemoplilus influenzae* Rd	*Hind* Ⅲ	5 - AAGCTT - 3 3 - TTCGAA - 5	5 - A AGCTT - 3 3 - TTCGA A - 5
Haemoplilus parainfluenzae	*Hpa* Ⅰ	5 - GTTAAC - 3 3 - CAATTG - 5	5 - GTT AAC - 3 3 - CAA TTG - 3
克雷白氏杆菌 *Pneumoniae* OK 8	*Kpn* Ⅰ	5 - GGTACC - 3 3 - CCATGG - 5	5 - GGTAC C - 3 3 - C CATGG - 5
白链霉菌 *Streptomyces*	*Sal* Ⅰ	5 - GTCGAC - 3 3 - CAGCTG - 5	5 - G TCGAC - 3 3 - CAGCT G - 5
黄葡萄球菌 *Staphylococcus aureus* 3AI	*Sau 3A* Ⅰ	5 - GATC - 3 3 - CTAG - 5	5 - GATC - 3 3 CTAG - 5

（2）DNA 连接酶　DNA 链的末端可由多核苷酸连接酶（polynucleotide ligase）连接起来。该酶催发两核苷酸间 3′—OH 和 5′—P 末端之间的磷酸二酯键（phosphodiester bond）的形成。因此，此酶能够将互不相关的 DNA 连接在一起，修补 DNA 单链上的缺刻，连接新修复 DNA 的糖磷酸骨架以及 DNA 链的残基区。

有两种类型的酶，广泛应用于共价连接限制性片段：来自大肠杆菌的以及从 T4 噬菌体编码的连接酶。由于 DNA 连接酶的主要来源是 T4 噬菌体，因此，此酶称为 T4 DNA 连接酶。

连接反应由若干因素所控制，如 pH、温度、浓度以及黏性末端的种类等。因为连接酶应用 DNA 分子末端作为底物，而不是整个 DNA，因此连接的动力决定于可用于连接的末端的数目（浓度）。

（3）碱性磷酸酶　质粒的断裂片段并非和外来的 DNA 连接，而是和同一 DNA 分子的黏性末端（cohesive end）相连接。用碱性磷酸酶处理，防止质粒载体的再环化，并增加重组 DNA 分子的生产频率。

（4）DNA 聚合酶及 Klenow 片段　经常应用的 DNA 聚合酶不是来自大肠杆菌 Pol

Ⅰ，就是噬菌体基因编码 T4 - DNA 多聚酶。该大肠杆菌酶基本上是校正读码以及修补酶。它由 3 个亚基组成，每一亚基具有一特异的活性。它们是：$5' \rightarrow 3'$ 聚合酶，$3' \rightarrow 5'$ 核酸外切酶以及 $5' \rightarrow 3'$ 核酸外切酶。这种酶对合成短的 DNA 链的是有用的，尤其是应用缺刻翻译的方法（nick translation method）。其 $5' \rightarrow 3'$ 核酸外切酶的活性可以删除（deleted），这种被编辑过的酶被称为 Klenow 片段。该 T4 DNA 多聚酶，类似 Klenow 片段，只有多聚酶及校正读码（$3' \rightarrow 5'$ 核酸外切酶）的功能。

（5）反向转录酶 此酶以 RNA（mRNA）作为模板合成拷贝 DNA 或互补 DNA（cDNA）。该酶对合成互补 cDNA、构建 cDNA 克隆文库和制备短标记探针是非常有用的。反转录病毒（逆转录病毒，具有 RNA），含有依赖 RNA 的 DNA 聚合酶，它也被称为逆转录酶（Mizutani Temin et al，1970）。这种酶产生单链 DNA，单链 DNA 反过来可以作为模板，合成互补的长链 DNA。

2. 克隆载体 通过克隆（cloning），人们能够生产数量没有限制的 DNA 的任何片段。基本原理是：分离以后，并且被切割成片段的 DNA，被引入合适的寄主细胞，通常是一种细菌，如大肠杆菌（*Escherichia coli*），当细菌细胞生长及分裂时，被引入的 DNA 片段得到复制。然而，复制只有在这样的情况下才能开始，即如果 DNA 包含一种基因序列，它能被细胞辨认作为复制的起始，因为这种序列是不常见的。因此，必须将要被克隆的 DNA 附加到含有复制起始点的 DNA 载体上。

载体是可以携带插入其中的外源 DNA 片段的 DNA 分子。载体必须具备一些基本的条件才能成为转移、保持和扩增外来 DNA 片段的有效工具。载体可以分为细菌质粒、噬菌体、黏粒（cosmid）、噬粒（phasmid）。

（1）质粒 这是存在于细菌细胞中的，染色体外的，自体复制的，而且是双链闭合的环形的 DNA 分子。质粒表现特异的是许多寄主性状，如抗生性（antibiotic）、抗重金属、固氮、降解污染物、生产细菌素（bacteriocin）及霉素、大肠杆菌素因子及噬菌体。

作为克隆载体质粒具有下列优点（Cohen et al，1973）。

①它确实可以从细胞中分离出来。

②为了一个或更多个限制性酶，它具有一个单独的限制性位点。

③插入外来 DNA 并不改变复制性质。

④它可以再次导入细胞中。

⑤转化体（transformant）可以容易地应用选择介质加以选择。

质粒载体有 pBR322、pBR327、pUC 载体、酵母质粒载体和 T_i、R_i 质粒。T_i、R_i 质粒广泛应用于植物体系以便进行遗传转化。在较高等的植物中，根瘤土壤杆菌 T_i 质粒或发根土壤杆菌的 R_i 质粒被认为是高等植物克隆试验的最有潜力的载体。

（2）细菌噬菌体 细菌噬菌体（bacteriophage）具有直线 DNA 分子，一个单独的断裂能产生两个片段，外来 DNA 能够插入以便产生嵌合噬菌体颗粒。但是由于噬菌体头的容量有限，没有主要基因噬菌体 DNA 的有些片段可能被除掉。在 λ 噬菌体载体克隆大的外来颗粒时已遵循这一技术。质粒能够克隆达到真核生物基因组的 $20 \sim 25kb$ 长的片段。不同的 λ 噬菌体载体的实例是 λgt10、λgt11、EMBL3 等。M - 13 是大肠杆菌的有弹性的细菌噬菌体，它的单链圆形 DNA 可以进行不同的修饰，从而产生 M-3 系列的克隆载体。

（3）黏粒 黏粒是插入了 CSO 座位而使 DNA 可以包装到噬菌体中去的质粒。与质粒相似，黏粒可以在细菌中永久存在而不发生溶菌作用。黏粒可以高效率构建全基因组文库。

（4）噬粒 噬粒是人工组合噬菌体与质粒的特性（feature）而制备的。一个常用的噬粒是由 pUC-19 衍生的 pBlueScript Ⅱ Ks。

（5）植物与动物病毒 大量的植物和动物病毒已经被用引进外来基因进入细胞或者用于基因扩增（amplification）的载体。花椰菜花叶病毒（CaMV）、烟草花叶病毒（TMV）以及 Gemini 病毒是已经应用于作为克隆植物体系中 DNA 片段的载体的一组病毒。SV40（Simian Virus 40，猿猴病毒）、人类腺病毒以及反转录病毒（逆转录病毒，retro virus）是潜在的可将基因转移进入动物细胞的载体。

（6）人工染色体 酵母人工染色体（YAC）载体可以克隆几十万碱基对以使整个染色体可以在酵母中克隆，将它们连接于载体序列，并允许它们像直线人工染色体那样繁殖。

3. 克隆技术 基因克隆是将外来 DNA 的特殊片段通过适当载体插入一个细胞，插入的 DNA 应该能够独立地复制，并通过细胞分裂转移到下一代。

该技术包括通过消化而获得的片段的收集，利用限制性酶，可以与切割载体分子退火，产生许多包含不同外来 DNA 片段的杂种载体，为了一个有意义的特殊的 DNA 片段，它必须从含有外来 DNA 的所有整套载体中分离出来。现在具有载体的重组 DNA 分子通过转导技术被转导到一个微生物中，通过转导的微生物细胞系而后加以繁殖并选择成为特殊的克隆（图 16-3）。

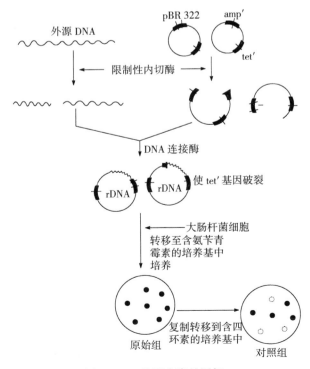

图 16-3 基因克隆的图解

（1）DNA 的分离以便进行克隆　重要的 DNA 如果含有特殊的限制性片段，可以通过电泳（electrophoresis）从凝胶中分离出来。否则，应用 mRNA 作为模板可以直接制备cDNA 片段。多聚腺苷酸 mRNA 是通过亲和性柱层析法从其他 RNA 类型中分离出来，这些 mRNA 而后借助于逆转录酶被复制为 cDNA。在这些情况下，因为 cDNA 是从 mR-NA 获得，因此它必须含有基因的不间断的编码序列，而重组 DNA 分子将在原核细胞中合成真核生物基因的产物。

（2）插入外来 DNA 片段到载体中　这样像上述分离而得的 cDNA 或从基因库获得的cDNA 用特殊限制性酶分割成片段，以便培育成特殊的内聚酶末端。正在克隆的载体也用同样的限制性酶加以处理，因此便产生了内聚酶末端（图 16-4）。为了从双链 cDNA 插入一个正在克隆的载体，必须插入基因序列到两个 DNA 端点单链，该基因序列必须是对在直线化载体的端点的 DNA 链有补充的作用。

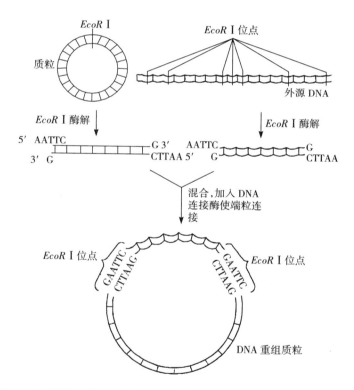

图 16-4　应用限制性内切酶 *EcoR* I 构建重组 DNA 质粒，用 *EcoR* I 切
割质粒和外源 DNA，混合后得到重组 DNA 质粒

（根据 Russel，1987）

为了得到重组 DNA 分子的有效成分，对两个端点增加黏性末端是必需的。
在双链 cDNA 上产生连合（黏合）末端有两种方法：
①应用接头（衔接物）（linker）。
②同聚物原（homopolymer）。
接头是化学合成的双链 DNA 寡核苷酸（oligonucleotide），寡核苷酸上含有一个或多

个由限制性酶切割的限制性位点（图 16 - 5）。
接头靠T4 -DNA 连接酶连接于钝端。应用末端
转移酶，双链 DNA 两个 3′端以及载体上的一
定长度的同聚物尾的合成是可能的（图 16 - 6）。
如果多聚 T 尾被加到外来 DNA 的末端，而后
多聚 A 尾被加于载体的限制性位点，因此互补
黏性尾端便形成，并且它们靠 T4 - DNA 连接
酶形成双链结构。

（3）重组 DNA 转移入细菌细胞　重组
DNA 通过克隆混合成功以前，它必须被一个合
适的寄主细胞带走，而后寄主细胞经过转化
（transformed），也就是，一个寄主细菌细胞必
须接受具有外来基因的质粒（plasmid），使其
结合到它的基因组中并开始转化那个基因。这
样使具有外来 DNA 的质粒进入细胞的过程称为
转化（transformation）。对混合物进行温和热
度的冲击，将导致以较高的频率吸收（摄取）
DNA。将微生物生长在含有抗菌选择性培养基
中选择转化的细胞。

（4）在真核生物中的克隆　在真核生物中，
细胞核通过核膜和细胞的其他部分分离。许多
基因是具有外显子和内含子的断裂基因。因为
这样的具有真核生物的遗传工程需要特殊的方
法，当真核生物基因在原核生物中进行克隆时，
断裂基因不可能确切（正确）地表现出来，因

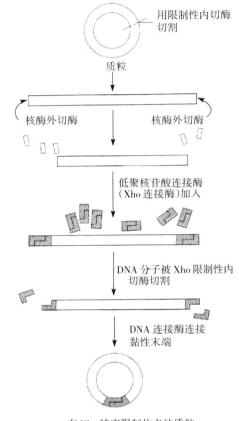

图 16 - 5　加一个接头（带有一个限制性位点）
到载体分子

为原核生物不具有将从一个基因的内含子转录的 RNA 剪接出来的机制。因此需要真核细
胞将已克隆的真核生物基因的克隆和表达。

在真核生物中，DNA 克隆已经在酵母（yeast）、老鼠（mouse）以及高等植物种中实
现。在酵母菌中，2u 质核 DNA 是一个合适的克隆载体，它可以通过包括在产生原生质体
之后再用 PEG 直接将 DNA 导入的有效方法进行转移。

（5）重组克隆的检测　从大量由转化法产生的菌落（集群）中，选择或筛选（甄别）
出含有特殊克隆或 DNA 片段极少数菌落（集群），菌落（集群）杂交（colony hybridiza-
tion）是为了达到这一目的的最容易并且有用的技术。转化细胞可以放在含有抗生素选择
培养基平板上，称为主宰板，并重复进行将转化细胞放在平板上，在重复接种的平板上生
长的菌落，可以称它具有插入 DNA 的质粒，因为质粒的抗生素抗性基因能够使细菌
生长。

4. 菌落杂交技术　菌落杂交技术（colony hybridization technique）由 Ganstein 和
Hagness（1975）所发展。它需要具有至少与目标 DNA 部分互补的放射性标记 DNA

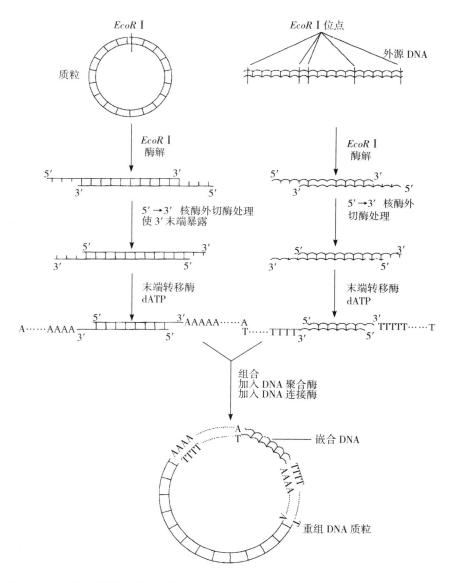

图 16-6 应用末端转移酶在线性化质粒上合成互补的末端和由限制性内切酶产生的
外源 DNA 来构建一个重组 DNA 质粒

(根据 Russel，1987)

探针。

该探针可以是部分纯化的 mRNA，一个化学合成的寡核苷酸或者一个有关的基因，它能够检定相应的重组 DNA。

将要检测的菌落从一个固体培养基到一张硝化纤维滤纸上进行复制。每一菌落的一部分留在培养基上，这称为主板。硝化纤维滤纸用 NaOH 进行处理，同时将细胞裂开并使 DNA 变性。而后硝化纤维滤纸用[32]P 标记的 mRNA 饱和，与正在发掘的基因互补，而 DNA - RNA 的变性出现。经过洗涤除去未结合的（[32]P）mRNA，结合的放射性磷，经常由放射自显影检测，理想的菌落已经定位（图 16-7）。如果一个重要基因的蛋白质产物合成了，免疫技术（immunological techniques）可以应用放射法（radioactive method）对产生菌落的蛋白质加以鉴定。

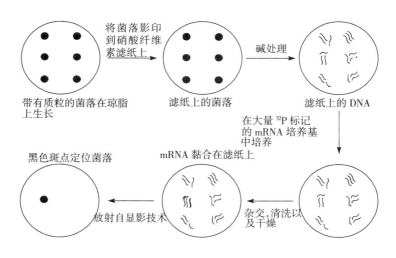

将菌落影印到硝酸纤维素滤纸上

碱处理

带有质粒的菌落在琼脂上生长

滤纸上的菌落

滤纸上的 DNA

在大量 ^{32}P 标记的 mRNA 培养基中培养

mRNA 黏合在滤纸上

黑色斑点定位菌落

放射自显影技术

杂交，清洗以及干燥

图 16-7　菌落杂交

（根据 Hartl Freifelder Snyder，1988）

5. 印迹杂交　　不同分子质量的 DNA、RNA 或蛋白质片段，可以用凝胶电泳（gel electrophoresis）加以分离，因为它们的流动性（mobility）不同，并且可以在凝胶中直接目测，但是为了用一已知的有用的分子探针肯定这些带的同一性（identity），有可能用一个标记的探针与这些带杂交。当 DNA 带是通过印迹法鉴定的称为 DNA 印迹法（Southern blotting），当 RNA 带进行鉴定时称为 RNA 印迹法（Northern blotting），而当蛋白质带进行鉴定时称为蛋白质印迹法（Western blotting）。

（1）DNA 印迹技术　　这一方法是 Southern（1975）在 DNA 限制片段中分析有关基因而发展的。这一技术有助于提供在染色体上正常定位的基因内的限制性位点的物理图谱。揭示在基因组内基因模板的数目及当和其他的互补基因相比较时基因相似性的程度。

在这一方法中，基因组 DNA 用一个或许多个限制性酶进行消化，消化过的样品进行凝胶电泳处理，因此 DNA 片段随后受碱处理而变性，而后凝胶落在缓冲饱和滤纸上，放在固体支持体上，凝胶的上表面用硝化纤维素膜覆盖，后者又用干滤纸叠盖，而后又用厚纸巾叠盖。该干滤纸通过凝胶拉缓冲物时，单链 DNA 分子附着于硝化纤维素膜上，经过 80℃ 的烘烤后，DNA 片段永久固定在膜上，而后和已知序列的放射性标记探针（DNA/RNA）相杂交，它和印迹转移 DNA 是互补的。经过杂交以后，该膜在缓冲剂中彻底清洗，杂交带区用放射自显影进行检测，将硝化纤维素膜与照相显影片相接触，该影像显示杂交的 DNA 分子（图 16-8）。

（2）RNA 印迹技术　　Alwine 等（1979）发明一种技术，其中 RNA 带可以从凝胶印迹转移到化学反应的纸（氨基苯甲酸氧甲基纤维素）上。按照像 DNA 印迹（Southern

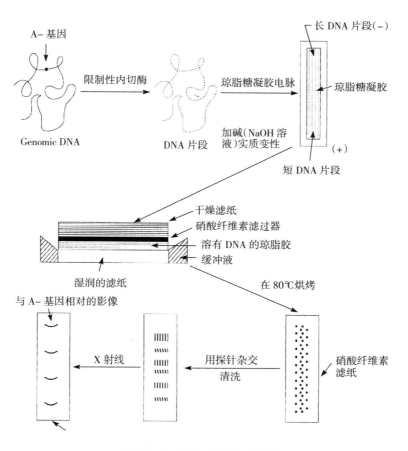

图 16-8　DNA 印迹技术程序

blotting) 的相同的方法，杂交带可以通过放射自显影发现。但是出现了 RNA 印迹的名词（Northern blotting），因为这是 DNA 印迹法衍生的方法。在这一技术中，印迹转移者是可以重复使用的。由于 RNA 与反应纸的坚固的共价键（covalent banding），Thomas 发明了一种技术，在合适的条件下，mRNA 也可以印迹转移到硝化纤维纸（nitrocellulose paper）上，而后和 RNA 或 DNA 的单链探针杂交，它有助于 mRNA 的数量估测。

（3）蛋白质印迹技术　Towbin 等（1979）发展了一种检测具有特殊专一性蛋白质的技术，当一个转导基因表现外来细胞的蛋白质时，它就通过这一技术加以检测。这一技术按照下列步骤：细胞提取物（蛋白质）通过聚丙烯酰胺凝胶电泳（电离透入法），蛋白质印迹转移到硝酸纤维素滤纸，蛋白质与已知结构的放射性标记抗体（^{125}I 抗体）进行杂交，并用放射自显影法检测杂交的结果。如果不用放射性标记，束缚抗体可以用酶标记的第二种抗体进行检测。

（4）斑点印迹或狭槽印迹技术　此技术测试纯净提取的基因组 DNA，在硝酸纤维素膜上进行斑点试验，应用一种设备将斑点通过狭槽放在膜上，而后使斑点形成椭圆形斑点而不是圆形斑点。没有涉及用酶进行消化的步骤，没有必要进行凝胶电泳，或将凝胶转移到膜上，这一技术被认为更加便捷，因为不需要研究限制性位点。

二、基因组与 cDNA 文库

1. 基因组 DNA 文库 一个基因组文库是由一单独有机体衍生的独立分离载体所连接的 DNA 片段。它含有基因组中每一 DNA 序列的至少一个拷贝，也就是，一个理想的基因文库能显示所有的基因序列，而可能的克隆数最小。

基因组 DNA 文库是可以制备的。总基因组 DNA 利用限制性酶完全消化，而片段插入合适的载体（图 16 - 9）。这一方法的缺点是有的时候重要的序列可能含有多数的限制位点，因此用 RE 消化将形成 2 片或更多片。在这一方法中，真核生物 DNA 被破裂而成小的片段，因而整个文库将必须包含大量的噬菌体，而噬菌体的审查是十分费劲的。这一方法的问题可以借随机剪切总 DNA 并克隆大片段而避免。由于限制位点的分布，此方法保证序列不会简单地从克隆库中排除。在该方法过程中，随机分段 DNA 用 RE 进行部分地消化，RE 具有短的识别位点。大小理想的片段通过琼脂糖凝胶电泳加以收集，因此接近随机的重叠片段的群体可以直接进行克隆。

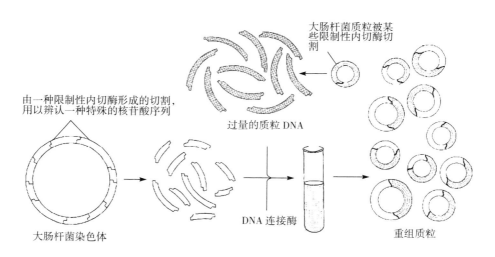

图 16 - 9　应用重组 DNA 技术构建基因组文库

2. 从 mRNA 构建互补 DNA（cDNA）文库 互补 DNA（cDNA）文库可以从活跃合成蛋白质的组织中分离 mRNA 而制备，如植物的根叶、哺乳动物子宫或网状细胞等组织。通过反转录酶，应用 mRNA 将它拷贝进入互补 RNA。而后互补 DNA 分子可以成为双链结构并进行克隆（图 16 - 10）。

然而，互补 DNA 克隆和染色体组克隆不同，缺乏断裂基因中存在的内含子，但可能具有能够在细菌中表达的优点，它没有在真核生物中表达的部分。在基因库中比在基因组文库中互补 DNA 克隆的数目要少得多，这使寻找一个理想的基因容易得多。cDNA 库的检测也提供很好的清晰的结果。

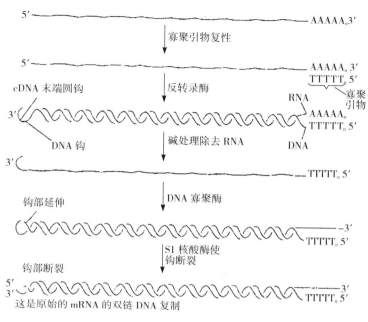

图 16-10　应用反转录酶从 mRNA 合成 cDNA

三、DNA 限制性片段长度多态性

当遗传上相互有关的若干个体的染色体组（基因组）DNA 用相同的限制性酶进行消化时，并通过电泳分离于凝胶上，与已知序列的标记 DNA 克隆杂交及印迹转移，杂交模式中的多态性显示不同个体间的关系，而且这种变异称为限制性片段长度多态性（restriction fragment length polymorphism，RFLP）。

RFLP 用以指示植物和动物的系统发育的关系，这一技术也应用于制备人类、鼠、果蝇或植物如玉米、番茄、莴苣和水稻的染色体图谱。通过各种技术也能研究遗传或连锁关系，分析亲本、F_1 及 F_2 群体。

四、聚合酶链式反应

聚合酶链式反应（polymerase chain reaction，PCR）提供了一个简单而精巧的方法，特殊 DNA 序列借离体 DNA 合成进行指数扩增，这一技术有可能使大量 DNA 片段没有经过克隆而合成。Kary Mulis 于 1985 年发展了这一技术，根据一种称为 *Taq* DNA 聚合酶的酶，PCR 技术现在已经实现自动化并且可以用特殊设计的机器执行。

该技术包括下列 3 个步骤（图 16-11）：

（1）DNA 片段的变性　含有待扩增的序列的目标 DNA 加热变性（约 94℃ 15s）以分离其互补链，这一过程称为目标（标的）DNA 的熔化。

（2）引物的退火　引物应该过量的增加，温度则降低到 68℃ 持续 60s，因此，引物形

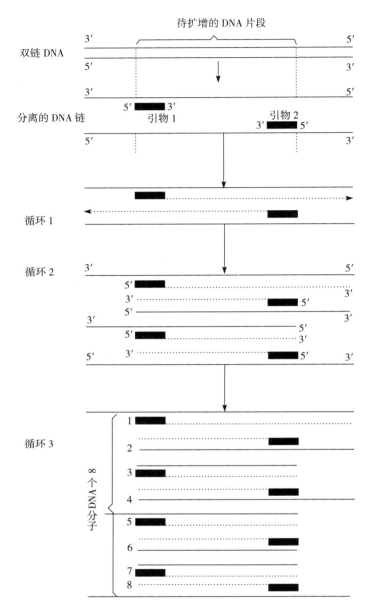

图 16-11　聚合酶链式反应（PCR）的基本反应（如图所示，在每一个周期中引物用实心盒表示，模板链用连续线条表示，而新合成的链用断线表示）

（根据 Oharmalingam，1990）

成氢键（hydrogen bond）并退火为 DNA 序列两边的 DNA。

（3）引物的延长　最后，不同的三磷酸核苷（dATP、dGTP、dCTP、dTTP）和热稳定的 DNA 聚合酶［来自栖热水生菌（*Thermus aquaticus*）的 *Taq* 聚合酶和来自 *Thermococcus litoralis* 的 Vent 聚合酶］加入到反应混合物中，DNA 聚合酶有助于引物的聚合作用并因此延长引物（达 68℃）导致目标 DNA 序列的多拷贝的合成。

所有这些步骤在一个周期中完成以后，接着又重复进行第二个周期，如果产生了 20

个这样的周期，而后约 100 万个目标 DNA 序列的拷贝就产生了。现在这一技术已经有了许多改进，取代了 *Taq* 聚合酶，应用 rTth 聚合酶，它转录 RNA 为 DNA，因而扩大了 DNA。

五、DNA 测序

当一个主要的特殊基因或一个染色体组（基因组）片段被分离时，那一 DNA 片段的序列变成主要的。DNA 碱基指核苷酸碱基次序，沿着它的糖磷酸主链。没有技术能够在单次试验中测定一个完整的基因的碱基序列，因此必须将整个基因切成可以处理的片段（几百个碱基对）并纯化每一片段。现在有两个不同的方法通常可用以决定 DNA 的序列。

（1）Maxam 和 Gilbert 的化学降解法　这一方法包括下列步骤（图 16-12）。

①DNA 断片的 3′ 端进行标记。

②标记的链分开，分开的两条链都在 3′ 端进行标记。

③该混合物分为 4 个样品，每一样品用不同的试剂进行处理，试剂只能破坏 G 或只能破坏 C，或者只能破坏 A 和 G，T 和 C，浓度按照 50％ 目标碱基被破坏进行调节。

④产生不同大小具有 32bp 的断片。

⑤凝胶的 4 个不同电泳泳道中的每一个样品用来进行电泳。

⑥凝胶的放射自显影有助于根据 4 个电泳道中带的位置，决定基因序列。

（2）Sanger 和 Coulson 氏双脱氧核苷酸合成法　这一方法根据 DNA 聚合酶、2′、3′-双脱氧核苷酸（2′，3′- dideoxy nucleotide）及不同的脱氧核苷三磷酸（dNTP）的利用。在此，双脱氧核苷酸成为 DNA 合成的链反应的端点，DNA 合成的链反应产生了链的不同的长度。这一方法包括如下的步骤：

①设立 4 个反应管，每一管包含待测序的单链 DNA 样品、所有 4 个脱氧核苷三磷酸（经过放射性标记）和 1 个 DNA 合成酶（DNA 聚合酶）。

②每一管也含有少量的（相对地比 dNTP 要少得多）dd NTP 中的一个，因此 4 个管各具有不同的 dd NTP，导致每一特殊碱基的端点，如腺嘌呤、胞嘧啶、胸腺嘧啶及鸟嘌呤。

③由 dd NTP 随机掺和而产生的片段导致反应的端点，因而产生不同的片段，这些片段可以用高度分解的聚丙烯酰胺凝胶加以分开，4 个相连的泳道载有 4 个不同的样品。

④凝胶后进行放射自显影，每一泳道中的不同带的位置可以目测，根据带的位置，DNA 序列可以很容易地读出。

（3）应用聚合酶链式反应（PCR）诱导 DNA 序列　PCR 也用于扩增 DNA 产物的基因测序。这一方法更加可靠，花费时间少，并且为了测定特殊 DNA 片段的基因序列，可以用整个染色体组 DNA 或者用克隆的片段。用这一方法测序只包括 2 个步骤：

①产生序列模板（应用聚合酶链式反应的双链或单链）。

②聚合酶链式反应产物的测序，既可以用不耐热 DNA 聚合酶，也可以用耐热的 DNA 聚合酶。

因此，此处的 DNA 测序不需要任何接近的媒介。在两种情况下，Sanger 的双脱氧法

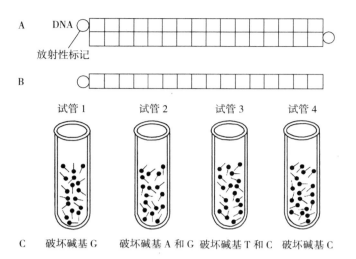

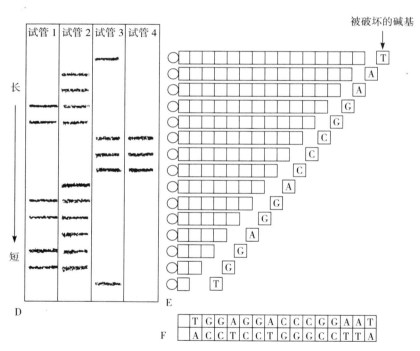

图 16 - 12　Maxam 和 Gilbert DNA 测序法的不同步骤

或 Maxam-Gilbest 的化学方法都可以使用。定序的引物用 ^{32}P 以及与扩增的 DNA 混合物进行标记，*Taq* 聚合酶以及合适的缓冲剂在 70℃ 下培育 5min，该反应通过加入甲酰胺以及混合物转成聚丙烯酰胺测序凝胶后结束，该反应可以通过电脑或人工读数。

六、DNA 指纹图谱

　　每一个体具有独特的 DNA 模式，没有两个个体的 DNA 模式是绝对相似的，除非是单卵双胞胎儿。这种 DNA 序列差异的独特性是 DNA 指纹技术的基础（Jeffeys，1986）。DNA 用特殊的酶如上述限制性酶进行消化、电解。

（1）DNA 印迹法　通过杂交用特殊核苷酸探针进行探测，已经使 DNA 指纹法成为研究生物异质性（biodiversity）及革新的法医科学很有力的工具。

（2）应用小式微卫星 DNA　两个不同个体间或染色体组（基因组）多态性间 DNA 的差异可以用微卫星（micro satellite）或小卫星（minisatellite）进行控制。有不同的短重复序列（10～16bp）串联排列。这种微卫星的 DNA 多核心探针可以同时检测大量含有串联的 DNA 重复序列。这样复杂的指纹模式对每一个体都是很突出的。

为了分析这一短的顺序排列的复制品（STR），微卫星使指纹印迹测试非常灵敏，也能使 DNA 模拟退化植株有机体，也能使 DNA 模拟降解植株的器官。

目前一个短的单链寡核苷酸可以合成。它们的应用便利了 DNA 指纹研究，因为它们能够生产高度多态性的信息。一般在植物中，短的首尾相连的重复是常见的。短的首尾相连的重复的数目（STR）是特殊的种。在矮牵牛（*Petunia*）植物每 110kb 中有 1 个。在芸薹属（*Brassica*）植物每 25.4kb 中有一个，在拟南芥、玉米及大麦中分别每 42kb、58kb 和 156kb 中有一个。在水稻中有 STR 品系，但在大麦中只有 STR 的 AT 类型。

（3）自身抗体指纹（autoantibody finger printing）　在正常人类中现在已经鉴定了一种新的自身抗体，它能和细胞成分反应。这种在一个个体中存在的自身抗体的染色体组成是独特的，并且它们被定名为个体所特有的（individual specific，IS）自身抗体。这些自身抗体（IS）分离以后包括一个抗体指纹，它将可以用做检定人类类似 DNA 指纹（Francoeur，1988）。

七、组织培养技术

1. 全能性　组织培养是植物体系中的有力工具。鉴于植物细胞的全能性（totipotency），它从理论上能够使任何细胞在适当的培养基中再生成为一个完整的植株。然而，有某些组织或种子仍然难以培养或再生。因此，它们被称为顽固性种子或组织。然而，在若干情况下，顽固的种子或组织可以通过培养基或培养条件的设置加以克服。组织培养的重要性原则上在于它具有从少量组织迅速繁殖成大量植株的能力。除确保大量繁殖以外，人工组织培养有多种多样的好处。

2. 胚培养　在培养条件下，人工培养基中供应的适当营养可以促进杂种细胞和突变体的生长，开始时是不稳定的，需要人工培养基中的适当营养。实际上，培养中的胚被利用来克服亲和性的障碍。

3. 单倍体培养　除了二倍体组织以外，花粉也可以培养产生单倍体植物，像开始时 Nitsch 在法国，Maheswari 和 Mukherjee 在印度所做的那样。这样的单倍体植株在转导外来基因进入细胞时是非常有用的。这是因为单倍体组织的一套基因不会引起外源基因表现的任何复杂的问题。如果该组织是二倍体，基因互作的问题以及显性和隐性的表现可能会削弱外源基因的功能。更有进者，通过秋水仙素处理，单倍体植株也可能培养成为纯合二倍体。在所有情况下，植物细胞的全能性，即从单一植物细胞再生为完整植株的能力是任何组织培养方案的基本原则。

4. 体细胞克隆变异 除了这些好处以外，人工培养基培养偶尔也可能导致称为体细胞变异（somatic variant）的不正常细胞的产生。这样的体细胞变异如果成功地培养和再生，可能产生体细胞突变体。因此，组织培养可以设计用于大量繁殖理想的个体，也可以用于繁殖偶然产生的变异株。因此，变异体的产生可以丰富遗传多样性。

5. 悬浮液培养 正如组织碎片，不同器官的外植体（explant）可以培养、软化悬浮后的细胞悬浮液，再通过特殊的酶和基质，可以产生悬浮的单细胞，它便于培养及再生繁殖，次生代谢产物及生物转化是其重要的应用。

6. 原生质体培养 外来基因转移，一个主要的组织培养步骤是完全除掉细胞壁的原生质的应用。原生质培养技术，是指细胞壁通过酶、纤维素酶（cellulase）和浸软酶（macerozyme）的消化作用，只保留裸露的原生质和细胞核，作为细胞中和外来基因掺和（incorporation）的理想的基质（medium）。

7. 微繁殖 组织培养的重要用途之一是应用外植体的繁殖以保留面临危机的种，以及具有经济和医用价值的种。鉴于森林的迅速裸露以及其他人类有关工业、农业及过分用地的实施，若干有价值的种趋于消灭的边缘。只应用少量组织的外植体繁殖，已成为增加个体的有力工具。面临危机的种子，以及其他有经济价值的植株也可以通过超冷温度，或称为寒冷保藏法（cryopreservation）保藏以维持较长时间而不丧失其生活力。

8. 人工种子 体细胞胚状体可以通过胚胎发生技术在外植体情况下进行发育。这些可以通过人工种子的制备而保持。人工种子（artificial seed），其中培养的胚是靠涂褐藻酸钠得以保持。在它被企图再生（更新）之前，它在培养中保持生命力达一个很长的时期。

低温生物学（cryobiology）冷藏已经成为保持生命的一个极端重要的方法，培养中的种子以及植物器官的低温冷藏技术成为种质和种子库的重要成分。但是种质库包括在不同生物圈的保存（biosphere reserve）和国家公园（national park）的原来位置和外来位置的保存。

八、细胞融合技术

应用生物技术进行原生质体培养形成分株（offshoot）是细胞融合。这一方法可以使不同种的细胞进行融合。这是用某种试剂作为媒介的方法，如利用聚乙二醇（polyethylene glycol，PEG），通过两个核的融合导致杂种细胞的产生，这样的细胞也称为体细胞杂种细胞，因为它们含有两个不同的二倍体体细胞核。在这种情况下，由于两个二倍体融合，染色体数目也变为加倍的二倍体（doubly diploid）。然而，如果两个单倍体植物的原生质体进行融合，再生的植株是二倍体。

现在广泛应用的细胞融合最初是 Cocking 在矮牵牛植物、Carlson 在烟草以及 Melchers 在茄属（*Solanum*）植物中完成的。番茄马铃薯的杂种再生物（hybrid regenerants）被称为德国的 Melchers 培育的马铃薯。

九、转基因技术

植物遗传工程的目的是转移一个外来基因进入一个受体种（recipient species），改变受体的染色体组（基因组），并产生外来基因的新的特征。具有引入外来基因的植株称为转基因植株，而这一过程称为基因转移。在遗传上这种改变的作物称为 GM（遗传上改变的）作物。

如果是高等植物，原生质体可以加以培养，并用以再生整个植株。重要的外来基因可以在不同体系中转移，以便获得转基因植物。除了培养的细胞以外，原生质体、分生组织细胞、花粉或合子都可以应用。因此，要使植物中的基因转移，应该首先确定基因转移试验的目标细胞或组织。

1. 载体　用于转移真核生物细胞的载体的通常特点包括：①多数克隆位点（独特的限制位点），②复制的细菌起源，③可供选择的标记基因，它将允许选择正常的转移细胞。

（1）Ti 质粒（Ti-plasmid）　根癌农杆菌 Ti 质粒作为一个载体的潜在用途，来自细菌的某种方式，转移并稳定地合成质粒 DNA 进入植物核染色体组。转移的 DNA 称为 T-DNA 并携带在植物体内表达的几个基因，结合进入植株染色体 DNA。这一合成似乎决定于存在 25bp 的重复序列，这些碱基对位于 T-DNA 的任何一端。在 Ti 质粒上的其他基因包括那些附着细菌到植物细胞壁上，转移 T-DNA 进入植物细胞以及合适的冠瘿碱（opine）吸收或分解代谢（catabolism）。Ti 质粒唯一没有合成的区域，这在转移及合成 T-DNA 上是最重要的，位于 T-DNA 附近的 Vir 区域。

（2）作为载体的植物病毒　有两类含有 DNA 的植物病毒——含有双链 DNA 的花椰菜花叶病毒，以及具有 DNA 单链的双生病毒群（Gemini viruses）。

花椰菜花叶病毒（CaMV）经常被描述为可能是最有潜力的转移外来基因进入植物的载体。花椰菜花叶病毒有一个有用的特征是，裸露的 DNA 由于感染，能够进入植物细胞，在细胞内，DNA 进行复制，并在病毒颗粒内进行包壳作用，而后侵入植株的其他部位。因为花椰菜花叶病毒并没有和染色体 DNA 整合，因此不能肯定它进入植株细胞。

2. 方法　用于基因转移的几种方法如下。

（1）通过土壤农杆菌种的转移（图 16-13）　植物的转移作用可以通过直接应用土壤农杆菌种而进行，土壤农杆菌是一种普通的导致豆科植物冠状肿瘤的细菌。这种细菌携带着具有 T-DNA 的质粒，它能够整合进入寄主染色体，如果一个外来基因被引入细菌的质粒，而一个植物组织或细胞悬浮液在培养剂中与细菌一起生长，最后，外来基因转导进入植物的细胞核，或者精确地说，进入寄主染色体组的有功能的位置。两种酶——限制性酶和连接酶在转基因过程中起最显著的作用。

（2）电穿孔转移　电场媒介膜渗透是基于电脉冲能打开细胞膜并允许外源 DNA 的穿入这样的事实热休克（heat shock）与电穿孔相结合能提高转化效率。这种方法需要原生质体，因为电穿孔只对细胞膜有效。这些含有外源 DNA 的原生质体需要发育为愈伤组织（胼胝体）然后再生为植株。

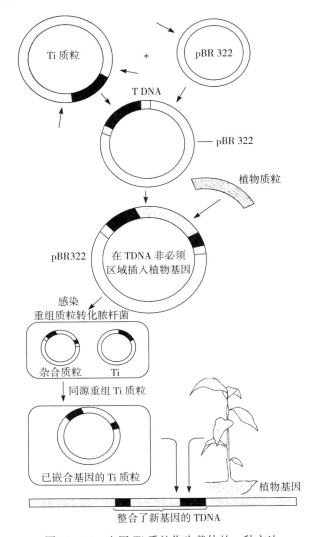

图 16-13　应用 Ti 质粒作为载体的一种方法

首先 Ti 质粒的转移 DNA（T-DNA）用限制性酶切出，并克隆于 pBR322（大肠杆菌质粒克隆载体）。其次，一个外来植物基因插入到 pBR322 载体中 T-DNA 克隆区域。所形成的杂种质粒与包含正常 Ti 质粒农杆菌克隆相混合；它们的 T-DNA 与杂种质粒的 T-DNA 相组合，以便形成带有外来基因的 Ti 质粒，它使修改后的 DNA 与它们的染色体相结合

（根据 Watson、Tooz 和 Kurgg，1983）

　　（3）通过聚乙二醇进行转移　化合物聚乙二醇改变细胞膜的孔的大小，这增大了外来 DNA 分子渗透入细胞的可能性，热休克可能加强 DNA 的吸收。这一方面主要应用于原生质体。通过聚乙二醇的转移已经应用于转移 DNA 到单子叶及双子叶植物中。

　　（4）通过基因枪法的转移　通过微粒轰击转移基因的原理是，用基因枪（particle gun）将用 DNA 包裹的颗粒射击到当选的组织或细胞中。这种枪可能用气压或枪弹力量来启动。这种颗粒可能是包含 DNA 的钨或金，任何生长中的植物组织都可以用这种方

法，但是该植物材料必须通过愈伤组织转移而再生。

（5）通过微量注射（microinjection）转移 这一方法是用毛细管或微量移液管将少量 DNA 转移到当选的细胞中去。这一方法必须在显微镜下完成。通常应用一种特殊设计的微量操作器（micromanipulator）进行 DNA 的微量注射。

（6）脂质体（liposome）媒介基因转移 脂质体是小的脂类袋，其中可以包裹大量的质粒。应用聚乙二醇，这些脂质体的质粒可以和原生质体融合。这一技术具有许多优点：

①保护 DNA/RNA 不受核酸酶的影响。

②细胞毒性低。

③由于脂质体的胶囊化实现核酸的保存与稳定性。

④高度的可再生性。

⑤广泛的细胞类型的应用。

（7）应用花粉或花粉管进行转化作用 有一种应用花粉管发芽方法转化 DNA 物质的可能性，也就是，具有外来 DNA 的花粉管，与卵细胞受精，能够产生转基因植株，但是没有获得成功的实例。

（8）干种子、胚、组织或细胞在 DNA 中培养 通过不同植物部分与 DNA 培养以便转移基因的试验，已经显示 DNA 物质转移进入细胞中，但是还没有整合转化（integrative transformation）的报告。

（9）靠超声处理转移基因 有这样的现有的报告，栽培植物组织当用外来 DNA 进行超声处理时达到了基因转移。该标记 DNA 已经被报道获得转移。

3. 转基因的验证 然而，基因已经转化以后，为使转基因成功，仍有必要进行基因整合的确证。基因的整合可以通过标记的应用、DNA 印迹法、RNA 印迹法加以确证。

两个最为广泛应用的标记是产生 NPT II（新霉素磷酸转移酶，neomycin phosphor transferase）以及 β-葡糖苷酸酶（glucuronidase）而导致的卡那霉素抗性，后者当其组织与 X 胶反应时产生蓝色。

DNA 印迹法（Southern blotting）或 DNA 杂交（Southern hybridization）是分子技术，是 DNA 片段的电泳分离和核酸杂交相结合。在这一方法中，要检测的理想的 DNA 用限制性酶进行割切，经凝胶电泳，变性的凝胶片段被转变为硝酸纤维素片。该变性的 DNA 探针——外来的 DNA，是用放射性同位素标记，而在复活情况下（低温）加入到含有滤片的标记 DNA 中。该杂交的标记 DNA 探针序列可以用放射性点或放射自显影进行检测。

和 DNA 印迹法相类似的方法是 RNA 印迹法。其中受体或目标序列是信息 RNA，而不是 DNA。RNA 印迹法成为必需以便检测引入到染色体的 DNA 能够有功能或表达，并且通过转录可以产生理想的信息。RNA 印迹法可以肯定存在理想的 mRNA——对外来的 DNA 互补，可以作为探针。

4. 转基因作物 在植物体系中，应用重组 DNA 技术进行基因的水平转移有若干限制。植物基因组是非常复杂的，包括大量的 DNA，它能调节相当于一般作物中 600 万～700 万基因的序列。若干基因位于核外的叶绿体及线粒体中。尤其是，在任何体系中，每一基因有它的启动子、结构序列以及终止子。在基因引入之处，所有这一切都需要进行鉴定。如根瘤菌属（*Rhizobium*）细菌的氮固定基因具有 17 个 24kb 的基因，分布在 8 个操纵子上。所有这些单位都连同它们引进的启动子和终止子都需要鉴定和分离。植物体系中的另一限制是缺乏大量携带理想基因进入受体的载体。最常用的载体是根瘤农杆菌种。然而，尽管有这些限制，到目前为止，用现有的技术已完成的进展可以认为是适合的（表16 - 2）。

表 16 - 2　插入转基因植物的性状

作　物	性　状	基因产物
棉花、烟草	耐虫性	Bt 毒素
豌豆		蛋白酶抑制剂
烟草、番茄	耐病毒	外壳蛋白（病毒）、反义核酶
马铃薯	耐真菌	几丁质酶、植物抗毒素
芥菜	耐细菌	溶菌酶
	雄性不育	核糖核酸酶、葡聚糖酶
	抗旱	脯氨酸、甜菜碱
小麦、烟草	耐草害	超氧化物歧化酶
	耐氧化胁迫	谷胱甘肽还原酶
烟草	耐寒	甘油磷酸、酰基转移酶
	耐盐	甘露（糖）醇磷酸脱氢酶

（1）抗除草剂、抗虫、抗病原体　最为广泛转移的性状是抗除草剂、抗虫及抗病原体（pathogen）。除草剂如草甘膦由于能阻碍主要的氨基酸的生物合成而抑制植物生长。抗草甘膦的烟草和小麦已经通过从鼠伤寒（沙门氏）杆菌分离并引入抗性基因培育而成，在控制病害和虫害方面的进展是十分有希望的。在有些植物中，苏云金芽孢杆菌的毒素基因的转基因的应用已取得成功，特别在烟草和棉花中，应用抗虫蛋白酶——消化昆虫蛋白质，以及抗真菌的几丁质酶（chitinase），如 *Rhizoctonia solani*，也获得成功。在应用抗病原物——病毒、细菌、真菌有效的内源抗体上也证明是成功的。相似的，在烟草中，抗病毒通过病毒的外壳蛋白基因的转基因的发展而得到抵制。

（2）抗逆境　许多基因负责提供对不同类型逆境的抗性，如对高温、寒冷、盐碱、重金属等的抗性已经有了鉴定。一个产生甘油磷酸酰基转移酶的基因已经从拟南芥中分离出来，并转入烟草，该基因能提供对寒冷的抗性。

（3）发展雄性不育系　雄性不育性已广泛应用于种间杂交，并获得可育性杂种（fertile hybrid）。这一性状现在已经广泛地应用于基因转移，以便获得雄性不育转基因植株。这一方法包括雄性不育性及育性恢复的引入。核糖核酸酶的细菌编码序列与另一个能在花药中产生细胞毒素而杀死花粉粒的特殊启动子相结合。另一基因核糖核酸抑制基因也从同一细菌中分离出来，并产生转基因植株，它能消除核糖核酸基因的效应。具有核糖核酸基因的转基因植株已经培育出来，它和雄性不育转基因植株（具有核糖核酸基因）杂交。F_1 后代是恢复的，这是由于花药的细胞毒性使得核糖核酸活性被抑制。细胞质雄性不育的研究工作已由印度在芸薹属植物种中开展。

（4）其他　苋属（*Amaranthus*）植物的 *Ama* 基因也已经克隆并已进行测序，转基因马铃薯的生产已成为可能，具有高的营养价值。Gene Silencer 或 Code blocker 的应用，仅目标基因不可能是有功用的反义 RNA（antisense RNA），通过延缓成熟甚或反衰老的基因作用，使水果的货架寿命延长的可能性增大。带有前维生素（维生素原，provitamin）A 及 β 胡萝卜素的黄金水稻（Golden rice）的合成是一显著成就。

十、在农业、卫生和工业上的生物技术

生物技术研究对于改良植物新品种生产与繁殖的贡献越来越大，植物新品种的改良在与营养品质，食物产出以及其他物质的生产有关的农业实践有直接意义。生物技术的主要方面可以划分为以下几类。

1. 生物能量生产的微繁殖　作物和森林植物的集群繁殖（mass propagation）是微繁殖技术的一个重要的应用，它包括培养中的体细胞的胚的发育。这一技术包括 3 个阶段：

①确立培养。

②植株再生。

③将植物从试管转移到土壤中。

在培养的细胞和组织中再生小植物（胚），在许多有高度经济价值的树木中得到成功。许多研究的目标在于大规模产生燃料、纸浆、木料、油料和水果等重要树木的微繁殖。因此，无性系的（clonal）森林和园艺得到越来越多的认识。这是树木改进的交替的方法。近年来，人们的兴趣已经上升到森林树木的离体商业化繁殖。这将导致现存方法的精炼，使微繁殖方法更有最佳利润。为了具有高价值的树木植物的改进与改良，遗传转化及离体再生已在许多被子植物和裸子植物中进行。

2. 生产无病、抗病、抗虫、抗除草剂的植物　为了使植物抗病，必须鉴定抗病基因。假如抗病是由单基因所控制，基因可以克隆在一个适当的载体中，并转移到感病的植株上。抗烟草花叶病毒（TMV）的烟草和番茄植株已经通过根癌农杆菌媒介转移技术，进行了培育。抗虫转基因植物已经通过植物中苏云金芽孢杆菌（*Bacillus thuringiensis*）昆虫毒性基因的表达而获得。

除草剂借阻碍主要氨基酸的生物合成而阻碍植物的生长，例如草甘膦阻止芳香族氨基酸的合成。抗草甘膦烟草及小麦植株已经通过分离并引入来自鼠伤寒（沙门氏）杆菌（*Salmonella typhimurium*）的基因而培育成功。

3. 突变体的引导和选择　不同的化学和物理诱变剂用于不同种的植物外植体以便产生突变。现在突变体可以用于选择出变异的细胞系，可以抵抗抗生素、氨基酸类似物、氯酸离子、核酸基类似物、真菌毒素、逆境（盐碱、寒冷、高温、铝毒）以及除草剂等。单细胞及原生质体培养体系也已证明有突变发生是有价值的，因为在其里面出现个别互不相连的细胞，可避免化学混合物的发展。

4. 体细胞杂种的产生　原生质体可以在某种有利条件下凝合，凝合的产物能够产生体细胞杂种植物，它能提供：

①关系广为疏远的类型的杂种形成的可能性。

②无性方法转移基因，或整个染色体组，或者部分染色体组，成功地产生四倍体和六倍体杂种植株，既有种内又有种间的融合，性别不相容的野生种的性状转移到栽培品种，遗传处理的其他途径包括具有有益性状的供体原生质体的辐射，分碎其染色体组（基因组），继之以与四倍体受体原生质体的融合（fusion）。原生质体融合（并合）也提供了转移细胞质性状进入另一染色体组背景的方法。

5. 转基因植物的产生　遗传工程可以用于将基因引入某一植物，该基因并不存在于同一植物家系的任何成员中，甚至任何植株中。如果遗传工程营造的植物在生产上加以应用，必须满足下列标准：

①有价值的基因引入所有的植物细胞。

②新的遗传信息的稳定和保持。

③新的基因传递到相继的世代。

④克隆的基因在正确的细胞中在正确的时间得以表达。

有用性状的数目，大多数是单基因，被构建在作物中生长缓慢。直到现在，许多植物基因已经被克隆，表现一定特性，并已转移到植物细胞中。例如，异戊烯基转移酶、真菌保护（fungal protection）、抗线虫、菜豆（云扁豆）蛋白基因、鸟氨酸脱羧酶（ornithine decarboxylase）、苯基苯乙烯酮合酶（chalcone synthase）、雄性不育性、抗寒性、抗病毒性、草甘膦耐性以及抗体的产生。还有许多性状需要鉴定，像食用作物的不同的农艺性状，如产量、分蘖性、开花性状、不育性（sterility）、不亲和性（incompatibility）及形态学。转基因植物可以用于生物反应器（bioreactors），为了获得商用蛋白质，生物活性肽的真正无限制的量以及大规模生产的抗体。

6. 工业生物技术和微生物、植物、动物及人类有关的一类过程和技术在商业上的应用　人工培养动物的细胞产生广泛的有商用价值的生物学产物，包括免疫调节剂（immunoregulator）、抗体（antibody）、多肽生长因子、酶和激素。在许多情况下，能获得高水平产物，可以用重组 DNA 技术。

有许多人体蛋白质，早已被证实或认识到具有治疗的潜力，应用重组 DNA 技术，已获得较多的人体蛋白质（图 16-14）。

编码胰岛素（insulin）多肽的基因已经合成。每一个合成基因与大肠杆菌半乳糖苷酶基因末端附近的质粒相连接。基因表达而且 mRNA 翻译为蛋白质以后，两个多肽从酶分裂，并连接形成完全的胰岛素分子。有学者也通过反转录酶的作用，从老鼠胰腺合成互补 DNA，它插位于青霉素酶中间的 pBR322 质粒。该质粒也包含胰岛素原的结构基因，细菌细胞中合成的杂种蛋白质是青霉素酶（penicillinase）胰岛素原，从它们可以借胰蛋白酶分离出胰岛素。

当人类白细胞干扰素被酵母细胞建成时，干扰素的生产处于极其重要的地位。人类白细胞干扰素一个 DNA 序列编码与一个质粒中的酒精脱氢酶基因相接触，并引入酿酒酵母细胞中。

第一从细菌细胞中合成的人类的多肽激素（peptide hormone）是抑生长激素（somatostatin），这是从下丘脑（hypothalamus）所分泌的一群激素中的一个，控制来自垂体（pituitary）若干激素的释放，合成基因插入质粒；表现载体是从质粒 pBR322 所构建的，

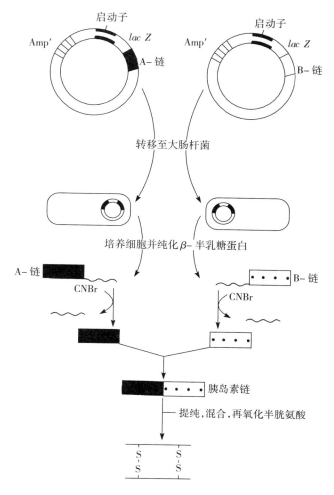

图 16 - 14　大肠杆菌重组胰岛素的产生

对它加入了控制区域以及大多数来自细菌乳糖操纵子（bacteria lac operon）、β-半乳糖苷酶（β- galactosidase）基因。下一步该基因被插入 β-半乳糖操纵子，质粒被引入大肠杆菌以后，该激素便在酶的末端合成一个短的多肽尾巴（图 16 - 15）。

随着重组 DNA 技术及基因克隆技术的进展，通过分离克隆那些蛋白质/激素的特殊的 DNA 序列，若干其他人类激素正在商业规模上进行着生产。这似乎可以在临床上应用，以及改进经济设备由于其应用上的若干缺陷。

十一、未来的发展

迄今，人类的抗体生产可以通过植物种子而达成。这一方法包括将免疫球蛋白基因的重链及轻链引入微生物载体。下一步，这些载体引入 2 个植株的叶细胞，并进行离体培养以便再生植株。一个带有轻链的植株和另一个带有重链的植株进行杂交。杂种植株既带有

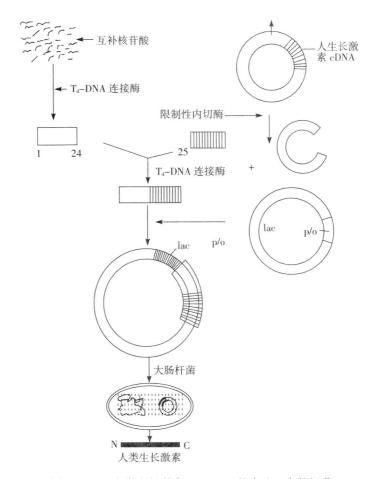

图 16-15　人类生长激素（HGH）的表达：大肠杆菌
lac p/o 为乳糖启动子/操纵子

重链，又带有轻链，形成种子中完全免疫球蛋白（complete immunoglobin，IgA＋IgB）。这一杂种植株可用以大规模地生产含有抗体蛋白的种子。甚至推论其抗癌有效已经在烟草种子获得证实。这一方法是离法培养技术重组 DNA 和常规杂交的综合。

　　相似地，在植物生物技术领域中，一项新的发现是应用植物系统中的口服疫苗（oral vaccine）的发展。这一原则包括含有毒性真菌序列或像大肠杆菌或霍乱弧菌的细菌的肠毒素基因的亚基（亚单位）的转基因植物的发展。马铃薯或烟草转基因组织的引入导致免疫球蛋白 G 和 A 抗体的发展。严格来说，在体系中抗体产生植物组织的引入实际上是接种疫苗——一种引入疫苗的应用。根据生产或引用，这种重组疫苗可能证明是昂贵的接种疫苗的较为便宜的替代品。

　　生物技术及遗传操作另一最重要的进展是不同有机体中基因及其功能的完全 DNA 序列的研究。基因的核苷酸序列来自结构染色体组的定义。用发展的方法研究每一基因的功能来自功能染色体组。转基因的产生，将外来基因序列引入到另一植物，通过水平基因转移，来自一类应用染色体组。

基因序列的起始是在十字花科拟南芥（*Arabidopsis thaliana*，2*n*＝10）以及人类（*Homo sapiens*，2*n*＝46）的染色体中研究的。这一工作的研究是世界性的，基因序列最近已经完成，其间有某些空白。选择了拟南芥，因为它的生长周期短而且染色体数目少，其染色体组是由 12 500 万 bp 和 50 000 个基因组成，编码成蛋白质。然而，有许多重复的序列。人类的染色体组合有差不多 32 亿核苷酸和 35 000～40 000 个基因，约 30 核苷酸是由重复的非主要的序列所组成。

一个最重要的植物，其基因序列几乎已完成的是水稻（*Oryza sativa*），它可以期望有 40 000 万 bp，以及多于 40 000 个基因。目前，基因序列数目最少的已在酵母菌中发现，约有 5 000 个基因。

全世界对于基因序列研究的意义在于基因编码是普遍的，也就是，控制酶蛋白的核苷酸序列在微生物、植物和动物中是一致的。换言之，缬氨酸的编码在微生物和男性中是相同的。就这一点而论，根据拟南芥编码和在高等植物中应用是相等的，这就是为什么拟南芥控制开花的基因已经转移到柑橘属（*Citrus*）和杨属（*Populus*）植物以加速开花。在转基因树木中，达到成熟的时期已经缩短，并且可以在很短的时期内开始开花，而不必等待好几年。在森林的树木再生方案中，这样的转基因是非常重要的。

■ 小结

人类从不同方面努力从事应用生物有机体的技术，来自生物技术范围。生物技术的进展，从植物体系考虑，一方面主要是遗传工程，另一方面则是细胞、组织器官的培养。

遗传工程主要和 2 个不同的酶及其他的有关，限制性内切酶和连接酶，前者为了识别切断独特碱基对的 DNA 片段，而后者则进行连接。然而，DNA 复制（replication）所需的 DNA 聚合酶（polymerase）和从 RNA 模板合成 DNA 的反转录酶也有关。

将要加以克隆的 DNA 必须附加在携带者 DNA 或载体 DNA 上，根据性质和来源，载体可以分为细菌质粒、Ti 和 Ri 质粒、细菌、噬菌体、黏粒、噬菌粒、酵母质粒等。

重组 DNA 技术包括从理想的有机体分离 DNA，将 DNA 切成片段，同时将 DNA 序列插入载体，它可能是通过细菌细胞中的重组 DNA 的切割、连接并转移。下一步是细菌细胞的繁殖以便进行复制。细菌细胞内质粒的同时复制也开始。

含有理想序列的细菌细胞称为无性繁殖系，而这一过程称为克隆。一个最有效的应用质粒载体克隆媒介是大肠杆菌。在某种情况下，如土壤农杆菌的 Ti 质粒，该理想的序列最后合并入寄主的染色体中。重组序列的检测一般通过菌落杂交技术或不同的印迹技术，如 DNA 印迹、RNA 印迹、蛋白质印迹和斑点印迹而实行。

聚合酶链式反应，允许特殊 DNA 序列大量的扩增，正如在离体 DNA 合成中所允许的那样。这一方法主要包括在高温下双螺旋变性作用，继之以在低温下复制及相继重退火。这一过程在 PCR 系统中重复几次，甚至可能在少数几小时内 DNA 增加了 10 亿倍，起作用的主要的酶是 *Taq* 聚合酶，这是从能抵抗极高温度的藻类获得的。为了获得大量的理想的基因序列，聚合酶链式反应中可以应用克隆的 DNA。

基因 DNA 文库是一套从单一有机体衍生的独立分离的载体连接 DNA 片段。cDNA 文库是从 m RNA 应用反转录酶而制备的。限制性片段长度多态性（RFLP）用以推论系统发育关系。DNA 序列是用 Maxam 和 Gilberl 的化学降级法、Sanger 和 Coulson 的双脱氧核苷酸合成法和应用 PCR 法而完成的。没有两个个体在基因组 DNA 上是绝对相似的。而这一独特性可以通过 DNA 指纹印迹法进行检测。DNA 指纹印迹法可以应用具有衔接重复特殊的小或微卫星探针进行。

生物技术的另一方面，特别是应用于植物系统，是由于它的全能性，导致个体再生的是组织培养，这一技术可以使植物的任何细胞都能再生完整的植株。组织培养技术的不同方面包括愈伤组织的产生（一群没有分化的细胞）、细胞悬浮原生质体以及体细胞胚的产生。个体的集体繁殖也能和体细胞变异体一样地获得。在培养中次生代谢物的加强是重要应用之一。通过花粉培养产生单体以及细胞融合成为远缘杂交的体细胞杂种已经建成。

人工种子的形成以及贮藏的冷冻法是组织培养的附加因子。

外源基因的转移或基因的水平转移，从一个有机体转移到另一个有机体，也可以称为转基因。具有外源基因的转基因植株，导致遗传改变。遗传改变作物是通过不同方法而获得的，主要包括农杆菌介导法转移、电穿孔、基因枪技术、微粒轰击技术及微注射法。通过转基因技术而转移的主要性状是对生物因子的抗性，如抗真菌、抗病毒、抗细菌性状。最普通的转基因是 Bt 棉，它含有来自抗虫的苏云金杆菌的毒素基因，同时，具有抗除草剂、抗非生物逆境的抗性，如抗干旱、抗盐碱及抗低温等也已达到。

生物技术的成功方面，对农业、卫生及工业方面有贡献的，是森林、农业及园艺的理想种的微繁殖，植物的抗虫、抗病性，增加营养的植物，二次代谢的生产以及体细胞杂种。种子抗体的产生，以及口服疫苗的产生和干扰素（interferon）。生长激素抑制素（somatostatin）、胰岛素（insulin）及许多其他药物产品都已通过基因处理技术而获得。

第十七章　进化及群体遗传

根据有机进化（organic evolution）的概念，设想今天所有的生活类型（living forms）都是从一共同祖先发展而来的。那就是说，不同的生命类型都有血缘关系，这足以说明它们之间的类似性。有机进化的概念没有广泛地被接受，直到 1859 年达尔文出版了他的经典著作《物种起源》。这一著作含有大量的证据，支持进化是连续不断的概念，并且提供了富有诱惑力的假设以阐明进化的方式。接着 Haldane、Fischer、Wright 及若干其他学者相继发展了关于生物进化机制的各种不同的概念。来自不同研究领域的信息，如地质学、古生物学、分类学、种群遗传学（群体遗传学）、生物化学、分子遗传学以及其他学科都用来加以核对和重新合成，以便理解进化。

一、进化的学说

不同学者发表了不同观点以解释生物进化的方式和原因。可以用下列学说作为典范：

①拉马克学说（Lamarckism）。

②达尔文学说（Darwinism）。

③de Vries 的突变学说（mutation theory of de Vries）。

1. 拉马克学说　这一学说是拉马克（Jean Batiste Lamark，1744—1829）提出的，他是法国生物学家，通过许多著作阐释了这一学说。这一学说包含 4 个假设：

①生物有机体及其器官在进化过程中有增加其体积的趋势。

②一个有机体中可能发育一个新的器官，假如这一器官发育是它生存所必需的。

③那些经常使用的器官将愈来愈发达，因为经常使用可以使它们更加发达；而那些不经常使用的器官，将有变得愈来愈弱的趋势。

④一个生物有机体的性状由于使用与不使用而产生的变异将会遗传，并会随着时间而积累。

简单说来，这一学说可以称为"用与不用学说"这一学说可以通过下列实例加以解释。长颈鹿吃树上的叶片作为食料。当在它们身体高度的范围内便于获得的树叶耗绝以后，它们不得不愈来愈高的伸展项颈，以便达到能获得叶片的水平。这样的伸展活动使它们项颈的长度有所增加，并且将会传递到下一世代。因此，每一世代，它们的项颈都会经受这样的伸展；其效应将会逐代累积，导致今天长颈鹿的长长的颈部。

拉马克的学说受到严格的批评，并且没有被接受，若干试验显示"获得性遗传的学说"是不正确的。许多拉马克的信奉者介绍了此学说的各种修饰，一个重要的改变是有机体性状的变异是由于环境而诱致的（以替代拉马克所假设的由于需要）。

2. 达尔文学说　通过自然选择的种的起源的学说，这是英国生物学家达尔文

（Charles Darwin，1809—1882）在 1859 年最初出版的《物种起源》一书中提出来的。达尔文探访了接近南美洲海岸的大西洋和南太平洋的若干岛屿。他收集了这些岛屿上关于生物学实体（biological entities）的大量的数据。他的学说的设想是：

①一个种的成员的正常繁殖，按几何比率增添其数目。然而，食物供应以及其他环境条件都是有限的。

②因此，同一种成员彼此为了生存而竞争，达尔文称之为生存竞争。

③一个物种的成员能表现各种性状的变异，达尔文假定这些变异能够遗传。他建议种内最适应的成员可以在生存竞争中"生存"（survive），他称这为"适者生存"，而和这一现象有关的因素称为自然选择。

达尔文和 A. R. Wallace 作出这样的结论，自然选择结合一个种所生活的环境的改变，诱致和亲本种不同的新种的进化。

因此，达尔文进化学说的 2 个主要特点是：①种内遗传变异的起源，②通过自然选择使物种更加适应于流行环境的那些变异的选择性增殖。根据这一体系，自然选择是决定一个种的进化方向的力量，而这种影响的方向决定于流行的环境。因此，自然选择对进化是至关重要的，并且构建了达尔文的进化学说，自然选择只有当群体（一个种的个体）中存在遗传变异时才能起作用。达尔文在生物体中认识到两类变异：连续变异（性质上是数量的）和不连续变异（性质上是质量的）。达尔文推论连续变异是生物进化的基础。若干科学家已经证明在一个物种内存在相当多的可遗传变异，并试图阐释变异起源的模式以及所产生的变异的选择。

3. 突变学说　突变学说（mutation theory）是荷兰植物学家 Hugo deVries（1840—1935）所创造的，他在月见草属种 *Oenothera lamarckiana* 中描述了大量不同的变异，他用突变描述可遗传的突然出现的变异现象；不同的突变被他称为新的不同的种，他认为新的种可以由于突变而一步就能产生。更进一步的，既然突变是随机的，可以推测进化也是随机的，并且不是按照一定的方向进行的。

自然选择学说推测生物群体可以期望其能愈来愈加适应它们的环境，而突变学家则认为生物群体是预先适应的，而且适应性并不一定需要通过自然选择而产生。

De Vries 的突变学说虽然假设认为月见草属种 *Oenothera lamarckiana* 的基因突变，但随后被证明是由于染色体片断的易位引起。

4. 合成学说　对细胞学、遗传学、细胞遗传学、群体遗传学和进化等方面的近代的理解开辟了一条制订相干学说的途径，相干学说在 20 世纪 30 年代前后被 Wright S、Muller H I、Dobzhansky Th、Goldschmidt R B、Huxley J S、Fischer R A、Haldane J B S、Ernst Mayr 和 Stebbins G L 等称为近代合成学。

随着对染色体行为和畸变及其相应效应的理解的进展，Stebbins 通过下列因素讨论了合成学说。

①基因突变。

②染色体数目和结构的改变。

③基因重组。

④自然选择。

⑤生殖隔离（reproductive isolation）。

前 3 个提供遗传变异，而后两个导致进化过程（evolutionary process）。还有更多的因素，如个体从一个群体到另一群体的迁移（migration），以及品种间、种间，甚至相关的属间的杂交，增加有利于群体进行进化过程的遗传变异。所以说，突变遗传重组（基因重组）和自然选择是至关重要的因素。基因重组是一个非常重要的因素，因为它也负责基因型对不同环境条件的适应。

二、物种的进化——目前情况

植物界物种的进化模式（modality of evolution）涉及自然界的进程和现象。这进程包含达尔文、De Vries 以及后来的 Stebbins 的概念中所有的固有的变异。

诱致一个群体中的个体的变异的基本物质是基因及其变异。事实上，基因的随机变异提供了进化过程中的基本原料。这种变异可能是主要的或轻微的，涉及基因以及染色体和染色体片断的结构及数量的变异。简言之，在个体或一个群体中随机出现的基因和染色体的变异，为进化提供了材料基础。

在群体水平上进化过程的下一步是基因的重组。含有不同遗传变异的不同个体间的随机杂交，导致具有较新的基因组合的新个体的起源，到了这一步，该群体可能代表一个含有不同基因组合的一群杂合的个体。

进化的下一步是异源重组群体间的生存斗争中的自然选择，以便在特殊环境中对它们资源加以最佳利用。最后，通过自然选择，某些具有改变了的基因组合占有环境佳境，而逐渐排斥其他的。通过它们间的杂交育种，这样的群体最后变成稳定的具有特殊改变了的基因组合，并成为一个稳定的基因型。

具有某种特定基因组合的稳定群体与该群体开始所属的亲本种区别开来。这个稳定的群体所含有的基因型决定的表现型不同于其祖先，它经常被认为达到了初期物种（incipient species）的水平。这样的初期物种甚至能够和亲本群体的个体互交而可能丧失自身特性。

严格说来，要在初期种的水平上达到一个种的状态，需要新老群体间的亲和性的障碍（compatibility barrier）。如果没有这种障碍，尽管有表现型差异，新群体的同一性难以保持。没有这种障碍，就有各种可能通过育种与亲本种相结合的现象，导致一系列不同等级的表现型的起源。达到种的状态所必需的亲和性的障碍可以通过不同方法而达成。导致亲和性障碍而和任何基因变异无关的方法是迁移（migration）。新群体迁移到远离原始的新环境中，导致地理隔离（geographical isolation）。这样的地理隔离，能使一个群体发展它自己的表现型，能适应远离它原始的而改变了的环境。这样的种称为异地（域）种（allopatric species）。除迁移和随之产生的地理隔离的普通方法外，是导致受精障碍（barrier to fertilization）的基因改变（genic change）或突变（mutation）。

这种占有相同的地理区域的种，或者被称为异地种的种间受精障碍可以通过季节隔离而形成，也就是由于基因变化而形成的不同季节开花。不一定和季节有关，甚至两个保持它们个性的、具有相同产地并在相同季节开花的种之间也会有种间亲和性的障碍。两个种，原始的或衍生的种之间亲和性障碍也可能是由于生殖系（germinal line）之间的不亲和性，如花粉和胚珠。这种不育性可以用没有受精或者受精后对胚发育的障碍加以证明，这种不育性障碍（sterility barrier）在基因水平上是种的稳定性的主要因素，严格说来是种的进化的因素。

三、群体遗传学

涉及研究群体中基因的相对基因的规律经常称之为同类群（demes），而负责保持或改变一群体中特殊相对基因和基因型的频率的力量则称为群体遗传学（population genetics）。群体的总的遗传类族（genetic stock）是它的基因库（gene pool）。基因频率（gene frequency）的定义是一个群体中一个基因的不同等位基因的群体。基因型频率（genotype frequency）是指一个群体中一个基因的不同基因型的比例。

1. 等位基因频率的测定　一个群体中一个相对基因的频率是一个相对基因出现的数目除以该基因位点相对基因的总数。在一个二倍体种内，从每一遗传位点的 2N 相对基因产生一个具有 N 个体的群体。如果在这一群体中，有一个特殊基因的 2 个等位基因 A 和 a，A 等位基因的数目是 AA 纯合体的 2 倍，加上 Aa 杂合体的数目。每一纯合体有 2 个 A 等位基因，而每一杂合体只有 1 个 A 等位基因。A 的频率是 A 等位基因的数目除以总数，2N。如果 n 表示数目，A 和 a 代表等位基因，AA 与 aa 代表基因型，因而方程式如下：

$$n_A = 2n_{AA} + n_{Aa}$$

如果 p 代表 A 等位基因的频率

$$p = \frac{n_A}{2N} = \frac{2n_{AA} + n_{Aa}}{2N}$$

相似地，a 等位基因的频率

$$q = \frac{n_a}{2N} = \frac{2n_{aa} + n_{Aa}}{2N}$$

注意，所有等位基因必须解释

$$n_a + n_A = 2N, \text{以及 } p + q = 1$$

2. Hardy‑Weinberg 平衡　平衡的基因型频率是在单一世代中通过随机交配和受精后达成的，带有等位基因 A（频率 p）的雄配子和带有等位基因 A（频率也是 p）的雌配子相结合的频率将是 $p \times p = p^2$。与此相类似，一个带有等位基因 a 的雄配子与一个带有 a 的雌配子相结合，其频率将是 $q \times q = q^2$。

杂合体是带有不同等位基因的配子结合而产生的，带有 A 等位基因的雄配子与带有 a 等位基因的雌配子相结合的频率将是 $p \times q = pq$，而一个带有等位基因 a 的雄配子和带有等位基因 A 的雌配子相结合的频率将是 $q \times p = qp = pq$。所以，Aa 杂合体的总的频率为 $2pq$。

所预期的基因型频率由 Hardy-Weinberg 方程式推测如下

$$(p+q)(p+q) = p^2 + 2pq + q^2$$

作为运算的验证　　$p^2 + 2pq + q^2 = 1$

当一个等位基因的频率（q）低时，出现结合体的频率 q^2 很低。反常的等位基因经常出现在杂合体中。这样的隐性等位基因不表现出来，而且它们不能被鉴定。

3. 影响基因频率的因素　若干自然因素能使基因型频率和 Hardy-Weinberg 定律所期望的频率相扭曲。

①选择可以减少某些基因型的生殖力和生存率。

②迁移改变频率，因为迁移者来自基因型频率不同的群体。

③无论相似的或不相似的选型交配（assortative mating）分别导致过多的纯合体或杂合体。

④亚种群的存在，这样的群体是一个较大的、可能是连续的群体的地域性的交配群体。这可能是像男人中的人种或组别那样。这也可能由于有些有机体中低的流动性（mobility），它最后增加了纯合体的频率，并可能导致近亲繁殖（inbreeding）。

⑤突变产生新的等位基因，但频率过低以致难以觉察。如果是有害的突变，选择能抵制其效应。

⑥遗传漂变（drift chance）导致对预期频率的微小偏离，尤其在小的群体中。然而这些偏离可以根据统计试验的基础加以推测。

4. 等位基因频率的估测　如果杂合体不能鉴定，隐性等位基因频率仍然可以从纯合型频率根据 Hardy - Weinberg 平衡假设估测：

纯合隐性的频率是 q^2，所以隐性等位基因的频率是 $\sqrt{q^2}=q$，显性等位基因的频率是 $p=(1-q)$。

有一重大的讹误与这一方法相联系，要准确地测量 q^2 是困难的，因为：①它常常非常小，必须大群体取样；②通常由于群体结构和地域性近交亚群体等原因，Hardy - Weinberg 平衡假设适用。

■ 小结

有机体进化的概念设想今天所有的生活类型都是从一个共同的祖先发展而来的，用进废退和获得性遗传是拉马克的主要推论。达尔文的自然选择学说基于繁殖过盛、生存竞争和适者生存。De Vries 的突变学说基于有机体中骤然出现的可遗传变异。合成学说考虑由基因突变而产生的可遗传变异，染色体及遗传组合的数量和结构的变异。进行这样变异的有机体，结合自然选择以及生殖隔离导致种的进化。

群体遗传学是群体中基因的等位基因的研究。群体中一等位基因（如 A）的频率是 A 等位基因的数目除以该基因位点中的等位基因的总数。在具有两个等位基因（如 A 和 a）的一个特殊基因位点 N 二倍体个体的群体中，等位基因 A 的频率 $=(n_{Aa}+2n_{AA})/2N$，其中 n 是具有相应基因型个体的数目。如果等位基因 A 的频率 A$=p$，等位基因 a 的频率 a$=q$，则 $p+q=1$。平衡的基因型频率将会在随机交配一世代达成。期望的基因型频率可以根据 Hardy - Weinberg 公式 $p^2+2pq+q^2$ 予以推测，但基因型频率由于选择、迁移、选型交配、突变、亚群体以及遗传漂变等而受到扭曲。

第十八章　染色体技术

本章将讨论有丝分裂和减数分裂中染色体研究的程序。在开展染色体研究的方法前，材料准备的基本步骤包括预处理、固定、处理、染色、制片。

一、预　处　理

通过研究染色体数目及其形态以建立物种核型，在植物组织准备过程中，一个重要环节是预处理，其目的是：

①通过破坏纺锤丝使有丝分裂中断以捕捉中期分裂相细胞。

②通过染色体区段不同的水合作用，使染色体分散，以识别染色体收缩区域。

③去除细胞内的大量内含物使细胞质背景清晰透明。

④通过去除组织表面沉淀物使固定液快速渗入细胞内。

⑤分离出中间薄层使组织软化。

预处理最重要的目的是首先满足上述的前两个要求，直接作用于染色体，其基本原理是改变细胞质的黏度。纺锤丝的形成取决于细胞质组分和纺锤丝组分间的黏度平衡。因此细胞质黏度发生变化引起纺锤丝破坏，从而导致染色体免受细胞内结合力的作用。细胞质黏度的改变也会影响到染色体，使染色体的水合作用发生改变，导致初级缢痕和次级缢痕更加明显，随体与染色体间的断裂处加大。纺锤丝的活动受抑制将提高中期分裂相的频率。

预处理试剂：可用于预处理的试剂较多，最常用的是秋水仙素。这些试剂并不是对所有植物材料通用的。通常，特定的植物对特定的化学试剂可以取得更好的效果。合适的试剂必须经过数次试验才能筛选获得（表 18-1）。

表 18-1　常用的预处理试剂

试　剂	有效浓度	处理时间	处理温度
七叶树素	半饱和至饱和	30min 至 24h	4～16℃
α-溴萘	饱和	15min 至 4h	10～16℃
秋水仙素	0.5%～1%	30min 至 1h	8～16℃
香豆素	饱和	3～6h	冷和室温
对二氯苯	饱和	3～5h	12～16℃
8-羟基奎啉	0.000 2mol/L	3～4h	12～16℃

清除细胞质内含物和软化组织可以采用酸处理（HCl）、碱处理（NaOH）以及酶处理（果胶酶、细胞酵素、clarase、纤维素酶）等。利用盐酸、氯仿和其他一些化学试剂处理去除组织表面或细胞壁的内外分泌物。

二、固　　定

固定是染色体研究中最关键的一步。正是通过固定，组织及其组分在某特定阶段被选择性地固定。固定的目的是杀死组织而不改变任何研究对象的组分。染色体研究中的固定使细胞分裂停止，保持染色体结构的完整性。

一个真正有效的固定剂应该满足以下条件：快速渗入组织迅速杀死细胞；蛋白质凝结沉淀使染色体的折射率发生明显变化；阻止因细胞死亡引起的蛋白质变性，因为细胞死亡后体内环境酸化，酶的作用方式将逆转使复杂的蛋白质分子降解成简单的氨基酸分子；阻止细菌降解组织；沉淀染色质使染色体着色可见；增强染色体的碱性，促进染料的胶着性。

固定液：由于很少有一种单独的化学试剂能满足上述所有要求，因此需要将几种试剂结合起来使用。即使使用最好的固定液，核体所经历的化学变化在整个处理过程中也不能忽视。这种化学变化可通过冷冻干燥的方法消除，这种方法包括组织在低温下快速冷却然后真空抽水的过程。一些常用的固定液见表18-2。

表 18-2　一些常用的固定液混合物

固定液混合物	组成成分	
1. 卡诺氏固定液-Ⅰ（醋酸∶酒精）	冰醋酸	1份
	酒精	3份
2. 卡诺氏固定液-Ⅱ	冰醋酸	1份
	氯仿	3份
	酒精	6份
3. 纳瓦兴固定液	溶液 A（1份）	
	醋酸铬	1.5g
	冰醋酸	10mL
	蒸馏水	90mL
	溶液 B（1份）	
	40%分析纯甲醛溶液	40mL
	蒸馏水	60mL
4. 纽卡姆氏溶液	异丙醇	6份
	丙酸	3份
	石油醚	1份
	丙酮	1份
	二氧杂环乙烷	1份

三、处　　理

经过适当的固定和染色后，为满足染色体研究的需要，还需要对组织加以处理。采取的方法有：

①包埋处理和超薄切片。

②压片。

③涂片。

1. 包埋处理和超薄切片 为了获得系列切面，需要将组织脱水后包埋在适宜的介质（石蜡）中以支撑材料防止材料在切片过程中变形。这对于观察不同发育阶段组织的连续变化、花药中减数分裂不同时期的花粉母细胞变异和体细胞中有丝分裂变化都是有用的。冲洗程序包括以下步骤：

（1）**冲洗** 固定后的组织在流水下完全冲洗 24h（如果固定在金属离子固定剂中）以洗去固定液中所有成分。

脱水：组织经过 30％、50％、70％、80％、90％、95％和 100％等不同梯度系列的酒精中，每种浓度处理 1h，最后在 70％或纯酒精中过夜。

（2）**透明** 由于石蜡不与脱水的酒精相混，需要使用另一个媒介。用酒精脱水后，将组织采用酒精：氯仿梯度为 3∶1、1∶1 和 1∶3 的混合液分别处理，每步 1h，最后保存在纯氯仿溶液中 10～30min。

（3）**渗透** 将低熔点的石蜡小片放入含有样品组织的容器内，盖好保持 37℃下 48h。然后打开保持 24h，放入 45℃水浴锅中过夜，最后转到 55～60℃的水浴锅中。当石蜡溶解时，样品组织随着石蜡的包埋而发生变化，最终将没有氯仿气味释放出来。

（4）**包埋** 随着石蜡渗透入组织，包埋就完成了，然后将包埋有样品组织的熔化石蜡倒入纸碟中，用热针将组织置于合适的位置。当纸碟中的石蜡部分固化后转入冰水中。

（5）**切片** 通常用旋转式显微切片机进行切片。首先对包埋有样品的石蜡块进行整理，使样品处于适宜大小的石蜡块中央，然后将其固定于切片机的支架，使石蜡块的表面与切片机的刀刃尽可能靠近。将石蜡块切成厚度为 14μm 的均匀薄片。然后将薄片放在纸上，切成等长的短片，将其置于干净无油脂的载玻片上，加一小滴 Mayer 黏合剂（组分为：清蛋白 50mL＋甘油 50mL＋水杨酸钠 1mL），用水冲洗。通常每张玻片上放 3～4 片石蜡切片，然后在热板上拉伸展开，使玻片倾斜去除多余的水分，置于热板上 3h 或过夜，使其干燥。

（6）**包埋物（石蜡）的去除** 切片采用二甲苯去除石蜡，然后转入染液中。为此，切片利用二甲苯Ⅰ、二甲苯Ⅱ和二甲苯Ⅲ各处理 1h；酒精：二甲苯（1∶1）1h；纯酒精 30min；90％、80％、70％、50％和 30％酒精各 30min；蒸馏水 10min。

（7）**染色** 切片用结晶紫染色（参见染色）。

2. 压片法 该方法较切片法具有可观察独立的单个细胞、整个过程快速等优点。因此，研究体细胞组织（根尖、叶尖）染色体，建议采用此方法。材料固定后，为了从致密的细胞堆中获得单独的细胞，需要对根尖（或叶尖）中间的薄层组织的果胶盐降解，在染色前或染色过程中对组织进行软化处理。染色后，材料在制片介质（45％醋酸）中用解剖针进行梳理。然后，用吸水纸包裹，用均匀一致的力压片，封片。压片时用力要尽可能大，使堆砌的细胞松开形成一层薄层，细胞平整，使染色体分散好。最好的方法是将载玻片放在一张吸水纸上，然后将吸水纸折起，将载玻片包在吸水纸内，用解剖针的钝头敲击，使多余的液体渗出。然后将载玻片移至吸水纸干燥处，再压片。如果封片较好，该临时片可保存1～2周。

3. 涂片法　对于减数分裂细胞（花粉母细胞）的染色体，建议采用该方法。在涂片法中，细胞在固定前直接分散在载玻片上，无需其他辅助措施。在这个程序中，将花药中的液体直接挤压到一干净无油脂的干载玻片上，用解剖刀使其迅速分散，然后倒置放入固定液中。也可直接将花药放入一滴醋酸洋红溶液中，将其内含物挤出，可达到固定和染色两个目的（见染色）。最后，用盖玻片盖上，轻轻压片使细胞分散（因为花粉母细胞较脆弱易碎）。多余的染料用吸水纸吸干，石蜡封片。临时片可在凉爽处保持1～2周。

四、染　　色

染色的目的是人们在显微镜下可以清晰看见细胞组分以利于研究细胞的结构和行为。染色体的颜色以及不同细胞组分的颜色通常采用不同的染料来解决。染色可以是活体也可以是非活体。如果是活体染色，对于活体组织，则采用水溶性的无毒的染料（甲基蓝），这样可使该组织在研究时保持活性。在非活体染色中，染色体和细胞其他组分的着色是由一些染料引起的，这些染料在染色体中不溶解。这些染料根据其化学性质或特性，通常为酸性或碱性或两性的。多数酸性染料是钾盐或钠盐，而碱性染料多数是氯化物或硫酸盐。染色的过程在原理上是由于物理吸附或化学反应。染料的颜色是由于某些化学结构本身引起的，称之为发色团，染料对细胞组分的黏着性是由于助色团，另外还有化学结构本身的作用。发生基团的最好例子就是醌环，助色团最常见的是氨基或羟基基团。利用碱与染料形成的化合物将染料与细胞组分结合的媒染过程，促进染料的黏着性。

1. 常用染色剂　在染色体研究上采用的所有不同染料中，一些重要的染料见表18-3。

表 18-3　一些常用染料

染　料	来源和组成
1. 品红 经标准的盐酸水解使 DNA 上的嘌呤从脱氧核糖的糖苷键上除去，产生游离的醛基基团，硫酸品红与活性的醛基结合产生品红色	商品碱性品红是由 p-氯化蔷薇苯胺、碱性品红和新品红 3 种染料组成的混合物
2. 地衣红 深红色，用时配制成醋酸地衣红溶液	来自地衣（*Rocella tinctoria* 和 *Lecanora parella*）的苔黑酚母物与过氧化氢和氢氧化铵作用而形成
3. 洋红 深红色，用时配制成醋酸洋红溶液	从干燥的胭脂虫的雌虫中提取出的洋红中加入铝或钙形成。洋红的活性原理是从胭脂虫中提取获得的洋红酸在沸水中用醋酸铅处理然后加入硫酸使洋红铅分解
4. 结晶紫 蓝紫色，用时其水溶液经碘媒染后成为蓝黑色	结晶紫是六甲基-p-氯化蔷薇苯胺，它与 9 分子的水形成了大结晶

2. 常用染料的准备和染色程序

（1）孚尔根染料（硫酸品红）

①原理。盐酸与偏亚硫酸氢钾作用，产生硫酸，在硫酸的作用下使 p-氯化蔷薇苯胺产生无色的磺酸，过量的 SO_2 释放出来，与无色磺酸反应生成双-N-氨基磺酸，这就是俗称的希夫试剂，或孚尔根染液。

②配方。碱性品红 0.5g，1mol/L HCl 10mL，偏亚硫酸氢钾 0.5g，活性炭 0.5g，蒸馏水 100mL。

③希夫试剂的配制方法。溶解 0.5g 碱性品红于 100mL 煮沸的重蒸水中，冷却至 58℃，过滤于深色瓶中，待冷却至 26℃再加入 10mL 1mol/L 盐酸和 0.5g 偏亚硫酸氢钾，使之溶解，密封瓶口，置于黑暗和低温处，24h 后检查溶液色泽，如果溶解变色，加入活性炭，充分摇匀，置于低温处过夜，过滤后备用。

注意：该染液应置于低温条件下，于密封的深色瓶中避光保存。

④染色方法。

A. 固定的组织在 56～60℃的 1mol/L HCl 溶液中水解 10～12min。

B. 蒸馏水中洗 3 次，洗去多余的 HCl。

C. 孚尔根染液（希夫试剂）中在 10～12℃的黑暗条件下染色 30～45min，染色体很快变成品红色，而细胞质背景清晰不着色。

⑤孚尔根反应的化学原理。经标准的盐酸水解使 DNA 上的嘌呤从脱氧核糖的糖苷键上除去，产生游离的醛基，硫酸品红与活性的醛基结合产生品红色。

（2）醋酸地衣红和醋酸洋红染料

①配方。地衣红 2g（终浓度 2%）或洋红 1g（终浓度 1%），冰醋酸 45mL，蒸馏水 55mL。

②配制方法。将蒸馏水加入冰醋酸中配制 45%冰醋酸溶液，倒入长颈三角瓶中，加热沸腾，将染料慢慢加入到沸腾的溶液中，用玻棒搅拌。溶液在沸腾下煮 1 分钟，冷却至室温，过滤，贮存于玻璃瓶中，盖上玻璃塞子。

③染色方法。

A. 压片法（体细胞组织）。

a. 固定的组织先在 45%冰醋酸溶液中浸泡 10min。

b. 然后转入 2%醋酸地衣红和 1mol/L 盐酸的混合液（9:1）中。

c. 将混合液在火焰上慢慢加热 5～10s，注意不要让液体沸腾。

d. 室温下放置 45min 到 1h，以获得较好的染色体颜色。

B. 涂片法（减数分裂组织）。组织放在玻片上用 1%醋酸洋红直接染色，玻片在火焰上稍微加热。在涂片中使用解剖刀可促使铁离子的加入，从而形成醋酸铁，对染色起到媒染的效果。

（3）结晶紫染料

①配方。结晶紫 1g，蒸馏水 100mL。

②配制方法。将 1g 结晶紫溶于 100mL 沸水中，立即搅拌使之溶解，冷却后过滤，成熟一周后使用。

③染色方法。

A. 固定好的组织（涂片或切片）置于1‰结晶紫溶液中30min。

B. 蒸馏水下冲洗，将多余的染料冲洗干净。

C. 玻片在1‰碘-碘化钾混合液（80％酒精溶液）中浸泡45s，获得适合的染色体色泽。

五、制　片

染色后，在适宜介质中（表18-4）的组织制片（切片、压片、涂片），必须避免组织干涸导致组织不透明而影响观察。制片的主要目的：一是使组织透明；二是增加显微镜下组织的可视性；三是使被观测物在盖玻片的保护下位置固定；四是使之保持较长的观测时间。

表18-4　一些常用的制片介质

介　质	反射率	优　点	缺　点
1. 加拿大树胶 来自冷杉（*Abies balsamia*）的松脂油	1.53	透明，浓稠，坚固，稳定，完美的制片介质	时间久后，因二甲苯氧化而酸化变黑至退色
2. 优派若 Camsal、山达脂、桉油精和三聚乙醛	1.48	溶于丁醇、乙醇、二甲苯，脱胎换骨水较快，干燥不是太快	易使材料暗化

1. 结晶紫染色后切片和涂片的制片法

①玻片经纯酒精Ⅰ、Ⅱ、Ⅲ处理，每步2s，进行脱水。

②将玻片在丁香油Ⅰ中处理2～5min进行分色，显微镜下观察染色情况，到合适为止，然后转到丁香油Ⅱ中，10～15min。

③在二甲苯Ⅰ、Ⅱ和Ⅲ中，洗涤脱色，每步1h。

④最后，加上加拿大树胶，盖上盖玻片，在35％～45％的热板上过夜干燥。

2. 醋酸地衣红、醋酸洋红和孚尔根染色的压片和涂片制片法

（1）醋酸—酒精法

①用刀片将临时制片的封口膜去掉，倒转后，放在盛有冰醋酸：酒精（1：1）的培养皿中，盖上盖子，直至盖玻片脱落。

②带有样品的载玻片和盖玻片转入酒精中处理10min。

③经乙醇：二甲苯（1：1）混合液、二甲苯Ⅰ和二甲苯Ⅱ，处理，每步10min。

④盖玻片和载玻片分别制片，加入加拿大树胶，热板上过夜干燥。

（2）叔丁醇法

①用刀片将临时制片的封口膜去掉，倒转后，放在盛有冰醋酸：酒精（1：1）的培养皿中，盖上盖子，直至盖玻片脱落。

②带有样品的载玻片和盖玻片转入酒精：n-丁基乙醇（1：1）混合液中处理5min。

③带有样品的载玻片和盖玻片转入酒精：n-丁基乙醇Ⅰ和酒精：n-丁基乙醇Ⅱ中，每步处理20～30min。

④盖玻片和载玻片分别制片，加优派若，热板上过夜干燥。

六、有丝分裂染色体研究

有丝分裂发生在所有的分生组织中，包括根尖、茎尖、嫩叶尖等及植物的其他器官。在上述所有的器官中，根尖是生长最活跃的部分。

1. 根尖压片技术

（1）醋酸地衣红染色

①预处理。取新鲜幼嫩的 1cm 长的根尖，用水清洗后转入秋水仙素溶液中，在 10～12℃下处理一个特定的时期。

②固定。预处理后的根尖再用适宜的固定液（醋酸∶乙醇为 1∶2 或 1∶3）固定 1～24h。

③软化染色。固定后的根尖用 45％醋酸处理 5～10min，然后转入 2％醋酸地衣红和 1mol/L HCl（9∶1）的混合液中染色，然后在火焰上温火烤 5～10s，放置 45min 至 1h。

④压片。滴一滴 45％醋酸于载玻片上，取一根尖，去除根尖的其他部分，盖上盖玻片，用一吸水纸包裹，用大拇指均匀地用力压片。

⑤封片。采用固体石蜡封片。

⑥制成永久片。采用叔丁醇法临时性片制成永久片（参见制片）。

（2）孚尔根染色

①预处理。取新鲜幼嫩的 1cm 长的根尖，用水清洗后转入秋水仙素溶液中，在 10～12℃下处理一个特定的时期。

②固定。预处理后的根尖再用适宜的固定液（醋酸∶乙醇为 1∶2 或 1∶3）固定 1～24h。然后经 90％、80％、70％、50％和 30％的酒精处理，最后转入蒸馏水中。

③水解。根尖在 56～58℃下处理 10～12min（通常 10min）。

④清洗。蒸馏水清洗根尖。

⑤染色。根尖置于无色的碱性品红溶液中，在 10～12℃下暗室中处理 30～45min，直至根尖变成品红色。

⑥和⑦压片和染色与醋酸地衣红染色方法相同。

⑧永久制片。采用醋酸-酒精法将临时片制成永久片。

2. 叶尖压片技术

（1）预处理　切取幼嫩叶尖，用水清洗后转入适宜的预处理试剂中（如对二氯苯）在适宜的温度下处理一定的时间。

（2）固定　经预处理的叶尖在适宜的固定液中（如醋酸与乙醇溶液中，其比例为 1∶2 或 1∶3）固定一定的时间。

（3）软化染色　采用醋酸地衣红和 1mol/L HCl 9∶1 的混合液染色。

（4）压片　滴一滴 45％醋酸于载玻片上，取一叶尖，去除叶尖的其他部分，盖上盖玻片，用一吸水纸包裹，用大拇指均匀地用力压片。

（5）封片　用固体蜡封片。

（6）永久制片　采用叔丁醇法。

3. 根尖切片技术

（1）固定　取新鲜幼嫩的 1cm 长的根尖，用水清洗后转入 1％铬酸和 10％甲醛混合液（1∶1）中，处理 12～24h。

（2）～（8）清洗、水解、透明、渗透、包埋、切片、脱蜡等按处理所描述的方法进行。

（9）媒染前处理　玻片在 1％铬酸水溶液中过夜，再在自来水下冲洗 3h。

（10）染色　玻片在 1％结晶紫水溶液染色 30min，然后再用蒸馏水冲洗，洗去剩余的染料。

（11）媒染　玻片在 1％的碘-碘化钾酒精混合液（酒精浓度为 80％）中染色 45s。

（12）脱水　玻片经纯酒精Ⅰ、Ⅱ、Ⅲ脱水 3 次，每次 2～3s。

（13）分色　玻片转入丁香油Ⅰ中 2～5min 进行分色，并镜检至适宜的色泽，然后在丁香油Ⅱ中处理 10～15min。

（14）透明　玻片分别经二甲苯Ⅰ、Ⅱ、Ⅲ处理，每步 1h。

（15）制片　最后，加 1 滴加拿大树胶，盖上盖玻片，在热板上过夜干燥。

七、有丝分裂指数和中期分裂相频率的确定

有丝分裂指数是指在某一时间植物组织中正在进行分裂的细胞频率，它可以反映植物的生长速率，可以根据某一组织中正在分裂的细胞占所有细胞的百分率来计算。对于染色体计数和染色体形态研究来说，必须找到分裂中期相的细胞，因为在这一时期染色体浓缩程度最高。

方法：根尖是比较理想的研究材料，它包括了所有不同时期的分裂细胞。可采用地衣红压片技术进行（不必进行预处理）。

$$有丝分裂指数 = \frac{分裂的细胞数}{总细胞数} \times 100$$

$$中期相频率 = \frac{中期相细胞数}{分裂的细胞数} \times 100$$

八、根尖细胞和叶尖细胞的核型分析

核型分析是研究某物种的全套染色体的形态特征，包括该物种在正常情况下，染色体的数目和每对同源染色体的形态（图 18-1）。核型分析的图示为染色体模式图。另外，染色体组型是核型分析显微照片的真实表示，也可以是人工绘制的真实表示。

核型分析的标准是：

①细胞中的染色体数目。

②每条染色体的长度，包括长臂和短臂长度。

③着丝粒（初级缢痕）的位置。

④次级缢痕的位置和数目。

1. 方法

①预处理，固定，染色。

②压片。

③在油镜下找出中期染色体分散较好且染色体缢痕明显的细胞拍摄照片。

④在油镜照相下注出放大倍数。

10 stage division＝10×10μm＝0.1mm

1 stage division＝0.01mm

0.01mm 被放大成 Xmm。

所以 1mm 被放大成 $X/0.01＝X×100$ 倍。因此，油镜下的物体是 $X×100$。

⑤所绘制的每条染色体短臂的长度（mm）和它的实际长度（μm）的关系如下

$$染色体短臂的实际长度（\mu m）＝绘制的染色体短臂长度（mm）×\frac{1000}{放大倍数}$$

⑥每条染色体长臂的长度计算方法同⑤。

⑦将染色体长臂和短臂长度相加，即为染色体的总长。

⑧着丝粒指数（i）计算公式如下

$$i＝\frac{短臂长度}{所在染色体的总长}×100$$

⑨根据缢痕所在的位置，将染色体分成以下若干组（表 18-5）。

表 18-5　根据缢痕所在位置的染色体分组

i 值	缢痕的位置	术语
47.5～50	中部	M
37.5～47.5	中部区	M
25.0～37.5	近中部区	Sm
12.5～25.0	近端部区	St
2.5～12.5	端部区	T
0.0～2.5	端部	T

⑩根据染色体长度和 i 值，将染色体分成 A、B、C、…组，在每组中染色体从大到小排列，建立染色体组型的模式图。

2. 一些常用的材料

①洋葱（*Allium cepa*，$2n＝16$）。

②大蒜（*Allium sativum*，$2n＝16$）。

③芦荟（*Aloe vera*，$2n＝14$）。

④兵豆（*Lens esculenta*，$2n＝14$）。

⑤黑种草（*Nigella sativa*，$2n＝12$）。

⑥豌豆（*Pisum sativum*，$2n＝14$）。

⑦欧洲慈姑（*Sagittaria sagittifolia*，$2n＝22$）。

⑧胡卢巴（*Trigonella foenum-graecum*，$2n＝16$）。

⑨蚕豆（*Vicia faba*，$2n＝12$）。

⑩大麦（*Hordeum vulgare*，$2n＝14$）。

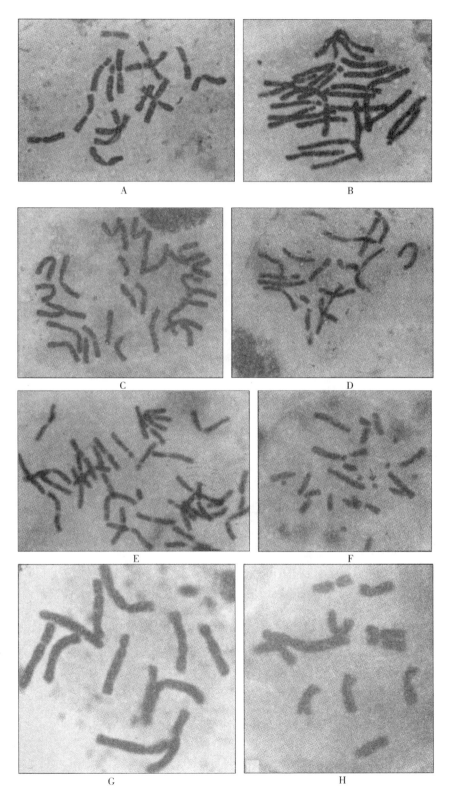

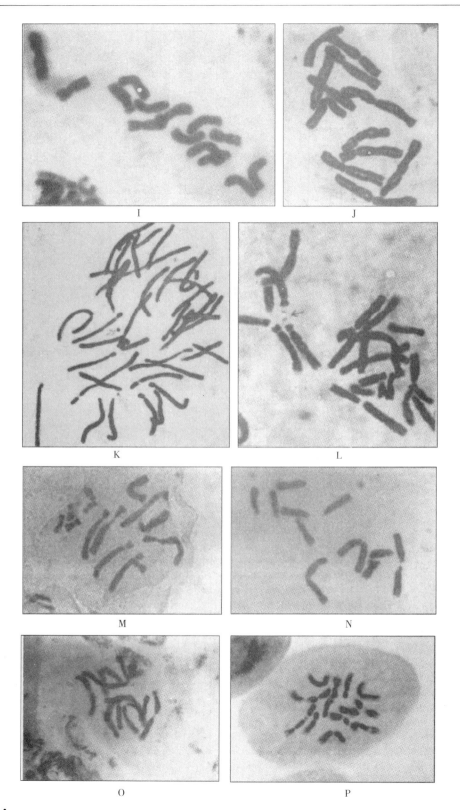

I

J

K

L

M

N

O

P

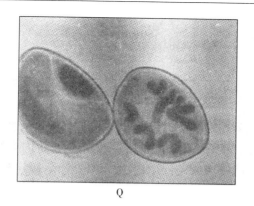

Q

图 18-1　植物有丝分裂中期照片

A. 洋葱（*Allium cepa*，2n＝16）　B. 麝香百合（*Lilium longiflorum*，2n＝24）

C. *Nothoscordum fragrans*（胚乳）　D. 大蒜（*Allium sativum*，2n＝16）

E. 韭（*Allium tuberosum*，2n＝4x＝32）　F. 印度海葱（*Urginea indica*，2n＝20＋Bs）

G. 纳塔尔火炬花（*Kniphofia natalensis*，2n＝12）　H. 紫万年青（*Rhoeo discolor*，2n＝12）

I. 山藜豆（*Lathyrus sativus*，2n＝14）　J. 西伯利亚风信子（*Scillia siberica*，2n＝12）

K. 虎皮百合（*Lilium tigrinum*，2n＝36）　L. 万寿竹属［*Disporum* sp.（见随体）］

M. 芦荟（*Aloe vera*，2n＝14）　N. 蚕豆（*Vicia faba*，2n＝12）

O. 黑种草（*Nigella sativa*，2n＝12）　P. 兵豆（*Lens esculenta*，2n＝14）

Q. 洋葱（*Allium cepa*）花粉粒（2n＝8）

九、减数分裂染色体的研究

　　高等植物的减数分裂发生在花药组织中，有花粉母细胞以及胚珠中的大孢子母细胞。胚珠由数层营养生长的细胞包围，一个胚珠里面只有一个大孢子母细胞，所以很难观察。另一方面，花药拥有大量的花粉母细胞，所以将花药挤破就很容易看到。因此，减数分裂研究所用的材料通常为花粉母细胞。为了研究某个物种减数分裂中的染色体行为，前期Ⅰ、中期Ⅰ和中期Ⅱ是较适宜的时期（图 18-2）。因此，需要选择适宜大小的花蕾来获得恰当的减数分裂的分裂相。研究减数分裂的方法有临时涂片法、永久涂片法和切片法等不同方法。

1. 临时涂片法（醋酸洋红染色）

　　（1）取蕾　从一个花序上取一系列的花蕾，包括从最小的到最大的花蕾，直到找到合适大小的分裂相的花蕾。取材的时间以晴朗的白天 8:00～14:00 都可。如果在田间采集花蕾，可置于醋酸与酒精之比为 1：2 的混合液中固定 1～2d。在这种情况下，在涂片前只需转入 45％醋酸溶液 5～10min，固定的花蕾可贮存在 70％酒精中。

　　（2）固定染色　加一滴 1％醋酸洋红于一干净无油脂的载玻片上，用解剖针从一适宜大小的花蕾上挑取 2～3 个花药，置于固定染色的混合液中。

　　（3）涂片　用铁解剖刀将花药中的内含物轻轻挤出，去除杂质，盖上盖玻片，玻片在酒精灯上稍微加热，轻压盖玻片，将多余的染液挤走。

　　（4）观察　玻片用石蜡封片，显微镜下观察。如果封片较好该玻片可在低温下保持

1～4 周。

（5）永久制片　采用叔丁醇法制成永久片。

2. 永久涂片法（结晶紫染色）

（1）取蕾　选取不同大小的花蕾，从每个花蕾中取一个花药，按醋酸洋红法压片直到看到减数分裂的细胞。

（2）涂片　所选花蕾的其他花药取出，转到一干净干燥无油脂的玻片上。用干净的解剖刀将花药中内含物取出，去除空花药。然后，用解剖刀将内含物快速地铺成一薄层。

（3）固定　将玻片迅速浸入固定液中处理 3h 到过夜，固定液为纳瓦兴 A 和 B 临时等量配制。

（4）冲洗　玻片在自来水下彻底冲洗 1～3h。

（5）染色　玻片在 1％结晶紫染液中染 30min，多余的染料用蒸馏水冲洗干净。

（6）媒染　在 1％碘-碘化钾的酒精混合液（80％酒精）中处理 45s。

（7）脱水　玻片经酒精Ⅰ、Ⅱ、Ⅲ处理，每步 2～3s。

（8）分色　玻片转入丁香油Ⅰ中 2～5min 进行分色，并镜检至适宜的色泽，然后在丁香油Ⅱ中处理 10～15min。

（9）透明　玻片分别经二甲苯Ⅰ、Ⅱ、Ⅲ处理，每步 1h。

（10）制片　最后，加加拿大树胶 1 滴，盖上盖玻片，在热板上过夜干燥。

3. 一些常用的材料

①洋葱（*Allium cepa*，$n=8$）。

②宿根福禄考（*Phlox drummondii*，$n=7$）。

③紫万年青（*Rhoeo discolor*，$2n=12$）。

④欧洲慈姑（*Sagittaria sagittifolia*，$n=11$）。

⑤短叶鸭跖草（*Setcreasea brevifolia*，$n=12$）。

⑥水茄/龙葵（*Solanum torvum/nigrum*，$n=12$）。

⑦曼陀罗（*Datura stramonium*，$n=12$）。

⑧大麦（*Hordeum vulgare*，$n=7$）。

⑨无毛紫露草（*Tradescantia virginiana*，$n=12$）。

⑩韭（*Allium tuberosum*，$n=2x=16$）。

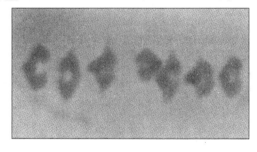

A

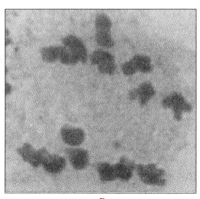

B

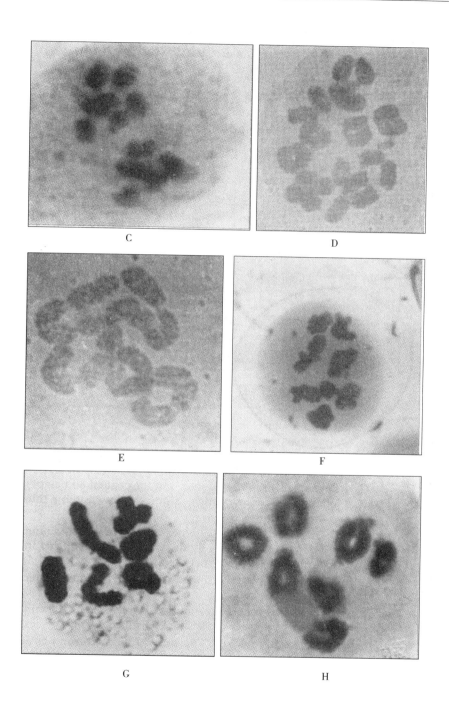

C

D

E

F

G

H

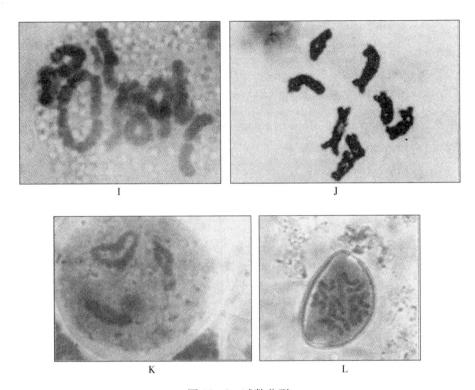

图 18 - 2　减数分裂

A. 大麦中期Ⅰ（侧面观）　B. 大麦后期Ⅰ　C. 大麦中期Ⅱ

D. 短叶鸭跖草（*Setcreasea brevifolia*）中期Ⅰ　E. 紫万年青（*Rhoeo discolor*）环状染色体

F. 洋葱（*Allium cepa*）中期Ⅰ　G. 蚌兰（*Rhoeo spathacea*）中期Ⅰ

H. 大麦中期Ⅰ（极面观）　I. 无毛紫露草（*Tradescantia virginiana*）早后期Ⅰ

J. *Dipcadi serotinum* 早中期Ⅰ　K. *Ornithogalum virens* 前期Ⅰ

L. 韭（*Allium tuberosum*）花粉有丝分裂

习　题

细胞：

　　1. 绘制并描述植物细胞的结构。植物细胞和动物细胞有何不同？

　　2. 写出细胞壁和细胞膜的结构和功能。区别两者间的差异。

　　3. 描述叶绿体和线粒体的超微结构和功能。为什么这些细胞器被称为半自主性结构？

　　4. 讨论下列细胞器的结构与功能：高尔基复合体、核糖体、内质网、溶酶体、中心体、微体及微管。

　　5. 描述细胞核的超微结构，特别是核膜和核仁。

　　6. 试举例阐明原核细胞和真核细胞间的区别。

染色体：

　　7. 试描述染色体形态，并根据着丝粒的位置加以分类。

　　8. 什么是核小体（核粒）？试述核小体怎样包装 DNA 分子以便组织中期染色体？

　　9. 试叙述染色体的化学性质，及其亚单位分子水平的结构，需有适当的证明。

　　10. 区分彼此间的差异：定位着丝粒和漫散着丝粒，初级和次级缢痕，着丝粒、染色粒和端粒，常染色体和异染色体，核仁、随体和核仁组织（区）带，染色体、染色单体、染色线和染色质。

　　11. 什么是异染色质？它和常染色质有何区别？说明异染色质的特性。试举例说明组成型异染色质和功能型异染色质之间的区别。

　　12. 对下列名词加以简短批注：B 染色体（异染色质染色体）、多线染色体、灯刷形染色体、性染色体。

核酸：

　　13. 像 Watson 和 Crick 所提出的那样，描述 DNA 的结构。试指出其成分的结构，试指出 B - DNA 和 Z - DNA 之间的差异。

　　14. "DNA 是遗传物质"——试提出证据加以讨论。

　　15. 试对原核生物和真核生物的 DNA 复制的半保守方法提供证据。试描述 DNA 复制的机制。什么是冈崎片段？

　　16. 试描述 RNA 及其核苷的结构。RNA 和 DNA 有何差异？试写出不同类型的 RNA 的结构和功能。

　　17. 试区别核苷酸和核苷，左手螺旋 DNA 及右手螺旋 DNA，信使 RNA（mRNA）、核蛋白体 RNA（rRNA）以及转移 RNA（tRNA），单一 DNA 和重复 DNA。

细胞周期：

18. 什么是细胞周期？指出细胞周期的不同期。试叙述细胞周期的规律。试阐明关卡的意义。

19. 绘图并描述有丝分裂的不同期。它和减数分裂有什么不同？

20. 绘图并描述减数分裂 I 和减数分裂 II 的不同期。提出它们的意义。

21. 试根据染色体数目的减少，以及遗传重组、等位基因分离和等位基因独立分配讨论减数分裂的意义。

22. 什么是联会（丝）复合体？试描述它的超微结构和功能。

孟德尔遗传：

23. 试述孟德尔为了他的试验所选择的豌豆植株的性状。为什么孟德尔选择豌豆植株作为试验材料？

24. 试描述孟德尔的单基因杂种试验，并提出从中衍生的结论。

25. 试描述孟德尔的双基因杂种试验，并提出从中衍生的结论。

26. 试写出孟德尔的定律并讨论它们的染色体基础。试讨论减数分裂时，孟德尔因子和染色体的行为之间的平行性。

27. 分别提出下列两者间的区别：表现型和基因型，回交和测交，纯种和杂种，纯合基因型和杂合基因型，显性等位基因和隐性等位基因。

基因表达及互作：

28. 试给基因互作下定义。试阐述偏离孟德尔比例的基础。

29. 试解释下列遗传学中的表现型比例——1：2：1，3：1，9：7，9：3：4，12：3：1，13：3，7：6：3，9：6：1，15：1，11：5，1：4：6：4：1。

30. 试阐释复等位基因和多（对）因子的意义。复等位基因和多（对）因子概念怎样进一步修饰孟德尔概念？

31. 什么是上位性？试区别隐性上位性和显性上位性，举例说明。

32. 分别区分下列词语：显性、不完全显性和共显性，隐性致死和显性致死，上位性和下位性，复等位基因和同等位基因，修饰基因和抑制基因，外显率和表现度，互补因子和补加因子，多基因和多效基因。

连锁、 交换和基因定位：

33. 什么是基因连锁？连锁基因怎样和独立分配基因相区分？区别完全连锁和不完全连锁，试解释连锁群的含义。

34. 试解释相引和相斥的含义。描述 Bateson 和 Punnate 的试验。试讨论 Morgan 的解释。

35. 什么是交换？交换在何时何处发生？指出影响交换的因素。提出交换的意义。

36. 说明交换的细胞学基础。证明细胞学交换和遗传性状的互换是联系的。

37. 试讨论交换和交叉形成间的关系。试描述交换的分子机制。

38. 解释基因图谱这一词语的含义。什么叫三点测验杂交？试描述基因作图所应用的三点测验杂交法。

39. 区别下列词语间的差异：细胞学图谱和遗传图谱，干扰现象（interference）和交叉并发（染色体）。

40. 在玉米中，下列基因的等位基因对位于同一染色体上：有色糊粉、饱满胚乳、淀粉质胚乳对白色、皱缩、蜡质胚乳是显性。3对等位基因都是杂合的 F_1 植株进行测交并获得下列表现型：白色、皱缩、淀粉：113；有色、饱满、淀粉：4；有色、皱缩、淀粉：2358；有色、皱缩蜡质：601；白色、饱满、淀粉：626；白色、饱满、蜡质：2708；白色、皱缩、蜡质：2；有色、饱满、蜡质：116。试测定：

　①基因在染色体上的次序。

　②图谱距离。

　③染色体交叉并发系数。

41. 番茄第 V 连锁群的 3 个隐性基因是：a：缺乏花青素色素，hi：产生无茸毛植株，j：产生无节果枝。在一个 3 对基因杂种的 3 000 个后代植株中可以看到下列的表现型：无茸毛：259；无节、无茸毛：40；无节：931；正常型：260；无花青素、无节、无茸毛：268；无花青素、无茸毛：941；无花青素：32；无花青素、无节：269。

　①亲本原来有哪些基因？

　②试估计基因间的距离。

42. 我们有一个染色体图的一部分，读数为 a - 10 - b - 2n - d，从后代的 1 000 个体中，经过测交以后可期望的表现型的比例如何？（染色体交叉并发，系数＝0.5）。

43. 紫叶（pl）、光彩幼苗（gl）和矮生（t）品种与野生类型的杂交，F_1 植株进行测交，当 1 000 株的样本进行计数时，获得下列比例，野生型（＋＋＋）：475，plglt 469，pl ＋＋：8；＋ gl t：7，pl ＋ t：18，＋gl ＋：23，＋ ＋ t：0，pl gl＋：0。绘出这 3 个基因的次序并绘染色体图。试推算染色体交叉并发系数。

性别决定及性连锁遗传：

44. 试述染色体决定性别的不同类型。

45. 试讨论基因、激素及环境对性别的决定。

46. 试评述性决定的平衡说和剂量补偿作用。

47. 什么是性连锁遗传？试描述 X 和 Y 染色体的连锁遗传。

48. 以实例区别性连锁性状、从性性状和限性性状之间的差异。

细胞质遗传：

49. 试阐明细胞质遗传/染色体外遗传。它和孟德尔遗传/核遗传有什么不同？

50. 试举例说明由细胞器所控制的细胞质遗传。

51. 讨论椎实螺外壳螺旋卷曲的遗传模式以及草履虫中卡巴粒的遗传模式。

染色体的数量变异和结构变异：

52. 什么是非整倍性？它和整倍性有什么不同？试举例讨论不同类型的非整倍性。写出它们的起源和减数分裂行为。

53. 什么是多倍性？在自然界多倍性是怎样产生的？在植物中怎样诱导多倍性？为什么多倍性在动物中是很少出现的？

54. 举例说明多倍体的不同类型。提出它们的减数分裂行为。

55. 试解释异源多倍体的含义。试叙述合成的异源多倍体。提出异源多倍体在种间杂交中的作用。为什么异源多倍性被认为比同源多倍性更有利？

56. 试解释双二倍性。双二倍性在自然界是怎样产生的？双二倍性在进化上有任何重要性吗？

57. 已经观察到的染色体变异有几种不同的类型？它们怎样在自然界产生的？试描述它们各自在减数分裂时的行为。为何结构杂合体是半不育的？试讨论它们在进化上的意义。

58. 试显示结构杂合体（$4\text{II}+1\text{IV}$，$2n=12$）的染色体配对行为以及染色体在后期 I 的分配，考虑在减数分裂时形成四价体。

59. 什么是戈登、范伦复合体（Gardens Velars complex，月见草中染色体组名）？它怎样在易位杂合体中保持平衡致死性。

60. 用简洁的草图表示一个倒位杂合体在后期 I 时，一个具有无着丝粒片段的双着丝粒染色单体桥的形成。

61. 试述下列不同组词语的区别：不完全和完全的基因组（染色体组）的增加，双单体和缺体，双三体和四体，三体和三倍体，初级、次级和三级三体，同源多倍体、异源多倍体和同源异源多倍体，真实异源多倍体和节段异源多倍体，四体和四倍体，同源联会和异源联会，一倍体和单倍体，四显性组合、三显性组合、二显性组合、单显性组合和无显性组合，同臂内和臂间的倒位，易位纯合体和杂合体，缺失和重复，交换和易位，易位和倒位，同臂和异臂重复，串联和易位重复。

62. 为下列词语写简短注释：基因组、基本染色体数、C 有丝分裂、姐妹染色单体交换、染色体分带、位置效应、等臂染色体、着丝粒融合和分裂、原位杂交、荧光原位杂交、假显性。

突变：

63. 给突变下定义。提出突变的类型，写出突变的应用。

64. 怎样以人工诱导突变？列举可以诱致突变的化学制剂或其他制剂。试评述关于 DNA 的修复。

65. 给点突变下定义。试解释点突变的分子基础/机制。

66. 试写出用以检测性连锁致死突变的方法。

67. 试区别下列每一组的词语：转换突变和颠换突变，染色体和基因突变，自发突变和诱致突变，诱变剂和突变体。

遗传密码：

68. 什么是遗传密码？写出遗传密码的不同性质，并提出支持的证据。

69. 描述用以破译遗传密码/遗传密码子排布的技术。

70. 对下列词语写出简短注释：密码子字典、反密码子、摆动假说（变位假说）、起始密码子和终止密码子。

基因的现代概念：

71. 试讨论现代基因概念在孟德尔因子概念上的发展。

72. 以证据描述一个基因一个酶假说。这一概念怎样修饰（发展）成为一个基因一个多肽概念。

73. 描述 Benzer 试验，以证明基因的精细结构——顺反子、重组子以及突变子。

74. 以实例解释下列词语：断裂基因（外显子和内含子）、重叠基因和内含基因、可移动基因/跳跃基因（插入序列和转座子）、拟等位基因、假基因、自在基因。

蛋白质合成及其规律：

75. 试报道从基因水平始发的蛋白质合成的机制。

76. 试描述真核生物和原核生物中转录的过程。说明 RNA 聚合酶在转录中的作用。

77. 试讨论在真核生物中 RNA 加工以便从异源核 RNA（hnRNA）产生 mRNA。

78. 什么是翻译？说明不同种类的核糖核酸在翻译过程中的作用。

79. 你知道转录核糖核酸的氨酰化作用吗？试描述这种转运核糖核酸怎样帮助多肽的合成，列举和这一过程有关的不同因子的作用。

80. 试讨论在原核生物中多肽合成的开始。它和真核生物有什么不同？

81. 简明描述原核生物中蛋白质合成的遗传规律。试讨论乳糖操纵子正向和负向的控制。

82. 对下列词语加以注释：中心法则、色氨酸操纵子及减毒作用、普里布诺框及 TATA 框、回文序列、剪接体、茎—环结构、真核生物转录规律。

生物技术及遗传工程：

83. 什么是遗传工程？简要叙述关于基因克隆和转移的遗传工程的方法。

84. 试阐明重组体 DNA 技术。指出在这一技术中有关的酶和所用的载体。

85. 写出遗传工程的范围、重要性和应用。

86. 写出下列词语的解释：菌落杂交技术、印迹技术、基因组及互补 DNA 文库、限制性片段长度多态性（RFLP）、聚合酶链式反应（PCR）、DNA 序列测定、DNA 指纹图谱、组织培养技术、细胞融合技术、基因组（染色体组）。

87. 什么是转基因植物？试描述转基因技术，写出它们的应用。

88. 试阐明生物技术的含义。讨论其在农业、保健和工业等方面的应用。

进化及群体遗传：

89. 试讨论解释生物进化的不同学说。试解释进化的合成学说。

90. 什么是哈迪-温伯格平衡学说？写出测量等位基因/基因型频率的方法。

词　汇

Ac/Ds 元素：玉米中的活化剂和解离因子基因，负责转座（转位）。

尿黑酸症（alkaptonuria）：先天性的遗传无序，表现为黑色尿，由于尿黑酸（homogen tisic acid）的分泌。

等位基因（allelomorph）：表现对比的（contrasting）性状对的基因。

异染周期性（异周性，allocycly）：染色体在间期（interphase）正向染色而在中期（metaphase）反向染色。

在各区发生的分布区不重叠的种（allopathic specie）：在不同地区分布的种。

异源多倍体（allopolyploid）：具有多于一个基本染色体组的多倍体，例如杂种。

异质结合（allosyndesis）：由不同亲本所衍生的染色体的配对。

双二倍体（amphidiploid）：具有两套且每套各有两个不同染色体组的异源多倍体。

人工种子（artificial seed）：［褐］藻酸盐包裹的体细胞胚，作为种子贮藏。

同源多倍体（autopolyploid）：由相同的基本染色体组倍增（multiplication）而产生的多倍体。

同源联会（同亲联会，autosyndesis）：由相同亲本所衍生的染色体的配对。

回交（backcross）：F_1 有机体和任一亲本的杂交。

噬菌体（bacteriophage）：攻击细菌的病毒。

着丝粒分裂（centric fission）：染色体通过着丝粒颠换破裂的现象。

着丝粒融合（centric fusion，Robertsonian 易位）：两个具近端着丝粒的染色体在着丝粒端融合的过程。

着丝粒（centromere，kinetochore）：负责附着纺锤丝和染色体移动的染色体的主要部分。

化学诱变剂（chemical mutagen）：能够诱致突变的化学试剂，如 EMS。

叶绿体（chloroplastid）：包裹细胞质细胞器（cytoplasmic organelle）的膜，含有 DNA，与光合作用有关。

染色单体（chromatid）：含有一条染色体线的纵长的半个染色体。

染色粒（chromomere）：染色体线（chromonema）的念珠状结构。

染色体线（chromonema）：染色体的基本的纤维状结构。

染色体（chromosome）：含有基因——遗传的物质基础的细胞核的最主要的成分。

染色体制图（chromosome painting）：应用多数序列特殊荧光探针进行染色体原位杂交。

顺反子（cistron）：基因功能单位。

克隆（cloning）：外来基因整合进入载体（vector）及其与寄主的 DNA 一起繁殖。

秋水仙素阻断有丝分裂（c-mitosis）：由于纺锤体被秋水仙素抑制，一个细胞中期分裂时染色体数目加倍。

黏粒（cosmid）：包含黏性序列的质粒载体。

胞质分裂（cytokinesis）：细胞质分裂。

细胞质基因（cytoplasmic gene，plasmagene）：位于细胞质中的基因。

内多倍性（endopolyploidy）：没有经过有丝分裂而细胞的倍性水平（ploidy level）增加。

基因型（genotype）：一个个体的遗传的（等位基因的）组成。

遗传修饰作物（GM crop）：通过水平基因转移（horizontal gene transfer）而操纵的遗传修饰作物。

高尔基体（Golgi body）：包裹与分泌有关的细胞质细胞器的膜。

杂合的（heterozygous）：在一个有机体中存在不相类似的等位基因对（dissimilar allelic pair）。

部分同源染色体（homeologous chromosome）：具有部分同源性的染色体的配对，如在部分异源多倍体中的染色体。

纯合的（homozygous）：有机体中相似的配对的等位基因对。

水平基因转移（horizontal gene transfer）：异源基因通过载体从一个有机体直接转移到另一有机体。

染色体组型（染色体模式图，idiogram）：染色体组型（核型）的图解表达根据染色体的大小形状以及数量，将某一物种、个体或细胞的染色体组进行排列，称为染色体组型（生物或细胞的染色体组的表现型）。

微管（microtubule）：细胞质中的纤维状结构，构成与染色体活动有联系的纺锤状纤维。

中胶层（胞间层，middle lamella）：两个细胞间的共同的分隔膜。当植物细胞分裂时优先形成的无定形片层结构，位于植物细胞初生细胞壁之间。

线粒体（mitochondria）：真核细胞中实现的氧呼吸的氧化代谢和磷酸化的亚细胞器。

单体性（monosomy）：缺乏一个染色体的二倍体（$2n-1$）。

突变子、突变单位（muton）：一个基因中的突变单位。DNA 分子中能造成基因突变的最小结构单位；即 DNA 中的一个碱基对，甚至单一的核苷酸。

核仁丝（nucleoloneme）：核仁中的丝状结构。

核仁（nucleolus）：负责核蛋白代谢的细胞核中的致密体。

核仁组织区（nucleolus organizing region，NOR）：核仁形成时染色体活跃的特殊区域。

核小体、核粒（nucleosome）：染色体线中念珠状的核蛋白结构，按超结构水平决定其大小。

细胞核（nucleus）：位于细胞质中，被一层核膜所包裹的细胞中富有活力的成分，包含有染色体、核仁和核质（核浆）。

缺体性（nullisomy）：二倍体缺失了一对同源染色体。

　　回文序列（palindrome）：倒位重复序列，DNA 构象改变的一种类型。其核苷酸排列序顺读和反读都是一样的。

　　聚合酶链式反应（polymerase chain reaction，PCR）：一种增加 DNA 上某一特定片段拷贝数的技术。

　　表现型（phenotype）：一个性状的外部表现。

　　物理诱变剂（physical mutagen）：能够诱导突变的物理性物质，如 X 射线。

　　质粒（plasmid）：在染色体外能自行复制的圆形 DNA 颗粒。

　　胞间连丝（plasmodesmata）：两个相邻细胞间的细胞质联结。

　　点突变（point mutation）：和核苷酸水平变异有关的单个基因的突变。

　　多基因（polygene）：控制数量性状的数量多的基因。

　　多线染色体（polytene）：染色体的多线结构的表现。

　　前染色体（prochromosome）：染色体的特殊片段，在细胞分裂间期（interphase）以染色深的凝集体出现，并与染色体的数目有关。

　　前期（prophase）：细胞分裂的第一期。

　　四价染色体（quadrivalent）：减数分裂时 4 个同源染色体配对，形成一群。

　　重复 DNA（repetitive DNA，又称 repetitious DNA）：DNA 的相似核苷酸序列的多次拷贝。也就是在染色体 DNA 中重复出现的核苷酸序列。

　　限制性片段长度多态性（RFLP）：限制性片段指限制性内切酶的酶切片段，是由限制性核酸酶内切酶的作用而产生的片段，其长度有多态性。

　　部分异源多倍体（segmental allopolyploid）：具有不同染色体组的部分同源染色体的多倍体杂种。

　　剪接、拼接（splicing）：从真核基因的主要转录本切除内含子（非主要序列），继之以连接外显子（主要序列）。

　　同地种（sympatric species）：分布区相同或重叠的物种。

　　端粒酶（telomerase）：负责端粒区合成的特殊类型的酶。

　　端粒（telomere）：染色体末端的特殊核蛋白结构。染色体弯转呈环状的染色体末端部分。

　　测交（test cross）：与双隐性亲本的回交。

　　四体性（tetrasomy）：具有超过二倍体染色体组的 2 个附加的同源染色体（$2n+2$）的超倍体（hyperploid）。

　　全能性（totipotency）：整个植株从任何细胞都发育的能力。

　　基因转移（transgenosis）：基因直接从一个有机体转移到另一个的过程，导致转基因（transgenic）有机体的产生。如用转导噬菌体人为地将遗传信息从细菌转移到真核细胞。

　　转基因的（transgenic）：通过直接的/水平的基因转导，将外源基因（foreign gene）导入的植物体。

　　转座子（transposon）：能够在染色体中不同座位移动的转座的遗传成分。

　　三倍性（trisomy）：超出二倍体染色体组一个额外染色体（$2n+1$）的超倍体。

　　三价染色体（Trivalent）：在减数分裂时，3 个同源染色体组合于一起。

单一序列（unique sequence）：为蛋白质编码的 DNA 序列。

单价染色体（univalent）：减数分裂时单独的不配对的染色体。

酵母人工染色体（yeast artificial chromosome，YAC）：含有着丝粒，自主复制顺序（ARS），一对端粒，选择性标志基因以及待克隆的 DNA 片段的一种特殊克隆载体，可以在携带有大小达 100～1 000kb 的外源 DNA 的情况下在酿酒酵母为宿主的细胞中稳定复制，因此 YAC 是人类基因组计划等大型基因图谱绘制的基础。

鸣　谢

　　南京农业大学生命科学学院生命科技基地81班冯健飞、张薇、王海、任中杰同学承担了全书插图的扫描和翻译工作，承担了部分文稿的文字校对。

　　特表谢意！